基于PSoC的小型应用系统设计

赵德正　庞晓兰　著

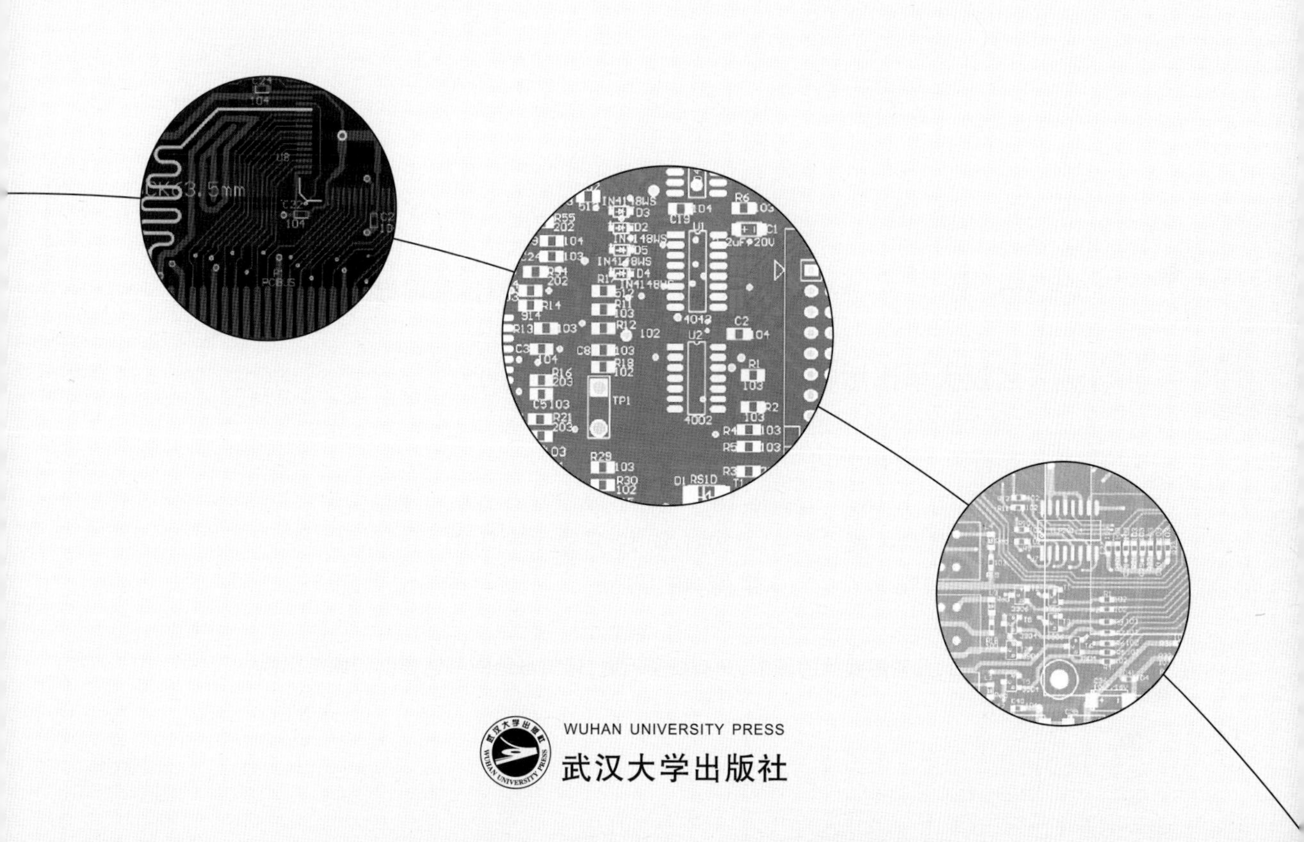

WUHAN UNIVERSITY PRESS
武汉大学出版社

图书在版编目(CIP)数据

基于 PSoC 的小型应用系统设计/赵德正,庞晓兰著 .—武汉:武汉大学出版社,2021.12

ISBN 978-7-307-22776-7

Ⅰ.基… Ⅱ.①赵… ②庞… Ⅲ. 微型计算机—系统设计
Ⅳ.TP360.21

中国版本图书馆 CIP 数据核字(2021)第 257146 号

责任编辑:鲍　玲　　　责任校对:汪欣怡　　　版式设计:韩闻锦

出版发行:**武汉大学出版社**　(430072　武昌　珞珈山)
(电子邮箱:cbs22@ whu.edu.cn 网址:www.wdp.com.cn)

印刷:武汉邮科印务有限公司

开本:787×1092　1/16　印张:16.5　字数:391 千字　插页:1

版次:2021 年 12 月第 1 版　　2021 年 12 月第 1 次印刷

ISBN 978-7-307-22776-7　　定价:49. 00 元

前　言

首次使用可编程片上系统 PSoC®（Programmable System on Chip，PSoC® 是英飞凌(Infineon)旗下赛普拉斯(Cypress)公司的注册商标，以下简称 PSoC)以后，笔者放弃了较为熟悉的作为系统开发基础工具的 51 系列单片机，全面使用可编程片上系统芯片作为应用系统开发的基础工具。可编程片上系统 PSoC 系列芯片包括 PSoC1 系列、PSoC3 系列、PSoC4 系列、PSoC5LP 系列和 PSoC6 系列芯片。其中，PSoC1 系列有多个子系列产品，目前在产的包括 CY8C20xxx 系列、CY8C21xxx 系列、CY8C22xxx 系列、CY8C23x33 系列、CY8C24xxx 系列、CY8C27x43 系列、CY8C28xxx 系列、CY8C29x66 系列。CY8C27x43 系列芯片的性价比较高，可编程模拟量模块数量是 PSoC1 系列芯片中最多的一个系列，CY8C28xxx 系列、CY8C29x66 系列芯片中可编程模拟量模块数量和 CY8C27x43 系列芯片相同，只是在可编程数字模块的数量上有了增加。根据芯片管脚的多少，CY8C27x43 系列可分为 CY8C27143（8 引脚）、CY8C27243（20 引脚）、CY8C27443（28 引脚）、CY8C27543(44 引脚)和 CY8C27643(48 引脚)等 5 种芯片，这 5 种芯片中的可编程数字、模拟模块数量和封装形式也不相同。根据所含数字量、模拟量模块的情况，我们选择利用 CY8C27443 芯片开发第一个应用系统——霍尔电流传感器。在此基础上，我们再把原来完全使用模拟电路控制的大功率激光二极管控制系统改为以 CY8C27443 芯片为核心，进行重新设计，完成了基于 PSoC1 芯片的大功率激光二极管控制系统的开发。此后，笔者先后设计了基于 PSoC1 芯片的光纤激光控制系统、旋转激光标记控制系统、雷管自动卡口控制系统、雷管激光编码防爆保护系统、光纤光栅传感器网络的组合电器触头温度监测系统[33]、活塞环标记自动送料控制系统等一系列功能较为单一的基于片上可编程系统的小型应用系统。之后，笔者又选择 PSoC5LP 系列芯片中的 CY8C5268LP 芯片，设计开发了基于 CY8C5268LP 芯片的激光专用 PCI 总线接口控制卡、USB 接口嵌入式激光标记专用控制系统等一系列基于片上系统的功能更为强大的小型应用系统。

小型应用系统的设计开发一般是以嵌入式计算机(Embedded Computer)或者单片微型计算机(Single-Cheap Microcomputer，以下简称单片机)为基础进行的，嵌入式计算机或者单片机的核心是微控制器单元 MCU(Micro-Controller Unit)。基于 MCU 的应用系统需要花费大量的时间和精力进行片外数字系统和模拟系统的设计和开发，开发周期较长、成本较高、效率较为低下、性价比不高，很难完成很多时效性要求较高应用系统的快速开发和实现。PSoC 很好地解决了这个问题。PSoC 以 MCU 为核心，集成了大量的可编程数字模块和模拟模块，特别是采用开关电容(Switched Capacitor，SC)的方式以数字形式实现模拟系统模块的集成，打破了传统的数字电路系统与模拟电路系统必须独立设计、不能互相融合处理的局限，使系统的设计、开发成本大幅度降低，开发周期大大缩短，具体实现越来越容易[1]。关于通过改变连接于运算放大器输入端和反馈端的开关电容连接方式、开关电容容量、开关频率和开关相位等参数，实现模拟电路系统集成设计的原理，可以查阅参考文献[2]。

PSoC 系列芯片以其独特的架构设计、方便灵活的开发环境、丰富的调试工具、极短的开发周期赢得了市场的青睐。目前，PSoC 系列芯片包含以 8 位哈佛结构处理器(Harvard-architecture processor)M8C MCU 为核心的 PSoC1 系列芯片，以 51 系列 MCU 为核心的 PSoC3 系列芯片，以 32 位 Arm® Cortex® -M0 MCU 为核心的 PSoC4 系列芯片，以 32 位 Arm® Cortex® -M3 MCU 为核心的 PSoC5LP 系列芯片，以 32 位 Arm® Cortex® -M4 和 Cortex® -M0+ 双 MCU 为核心面向物联网设备的 PSoC6 系列芯片。

本书首先介绍小型应用系统设计的一般原则；其次介绍 PSoC 系列芯片的基本原理、架构和功能；然后介绍基于 PSoC 的小型应用系统设计和实现的基本方法，包括集成开发环境的使用、硬件设计制作和软件开发过程；最后通过 7 个实际控制设备中已经完成并成功应用的设计实例介绍小型应用系统设计方法和实现过程。书中设计和实现的小型应用系统在激光加工控制设备中得到了广泛应用，包括基于 PSoC1 芯片的霍尔电流传感器设计、大功率激光二极管控制系统、雷管自动卡口控制系统、光纤激光器控制系统、雷管卡口激光编码一体机控制系统，基于 PSoC5LP 的激光控制系统、USB 接口嵌入式激光控制系统。书中介绍的小型应用系统中，有一部分内容在作者发表的论文中已经部分公开，更多的细节和内容如硬件实现原理和软件源代码以及其他大量从未公开的实例也将作为本书的主要内容展现。本书可以作为计算机、电子类本科专业高年级学生拓展专业知识面的课外读物，也可以作为计算机工业控制行业如激光加工设备设计、制造、维修、维护、应用等从业人员的参考用书。

本书由湖北警官学院赵德正和武汉大学庞晓兰共同撰写。资助本书出版的项目有：2018 年度湖北警官学院教学研究重点项目：基于慕课的双语教学模式探索与实践(项目编号：JYXM2018Al5)；湖北警官学院 2020 年度院级教学研究一般项目：以学生为中心的双语课程教学体系建设与实践(项目编号：JYXM2020B206)；2019 年度湖北警官学院教学研究重点项目：批判性思维下的公安技术类专业教师教学能力提升研究(项目编号：JYXM2019A12)；2017 年度湖北省普通本科高校“荆楚卓越人才”协同育人计划项目：湖北警官学院信息安全专业“荆楚卓越工程师”协同育人计划(项目编号：鄂教高函『2017』29 号 57)。

在本书的撰写过程中，作者试图全面复原激光加工控制设备制造实际应用场景中的多个小型应用系统的设计思想和实现细节，但是由于篇幅有限，更重要的是作者水平有限，难以准确表达心中所思所想，难以完全准确阐述实际应用系统的设计思路和实现方法，书中错误和需要改进的地方在所难免，恳请读者不吝赐教、批评指正。

作　者

2021 年 7 月

目　　录

第1章 小型应用系统设计概述

在计算机应用系统中，存在大量结构较为简单、功能较为特殊单一、不需要过多的输入和输出接口、能够满足通用计算机不能直接完成的具有较为特殊要求的应用系统，这样的系统称为小型应用系统。如在激光加工设备制作的具体应用中，为了满足激光加工的要求，很多应用场景需要对激光加工对象进行专门控制的小型应用系统；生产激光加工设备本身所需部件控制的小型应用系统，如激光器的控制、激光定位扫描的振镜系统控制，也存在一些的特殊控制。这些特殊的控制需要场景，如果采用通用的计算机应用系统实现则成本较高、完成后的系统体积较大，很难满足应用系统的实际需求，可以通过小型计算机应用系统实现，是小型应用系统的主要应用场景。

1.1 小型应用系统应用场景

小型应用系统的实现一般以微控制器 MCU 为核心进行设计。设计小型应用系统的具体思路如下：首先要研究、熟悉使用场景和控制对象。只有先搞清楚需要解决什么样的问题以及问题的复杂程度如何，才能根据需要来选择能够解决实际问题的硬件系统、软件系统和相应的开发工具。研究、熟悉使用场景和控制对象特性，提取系统需要处理的输入量和输出量，根据输入量和输出量的多少设计小型应用系统的 I/O 接口数量；然后综合考虑问题的复杂程度也就是计算量大小后，选择实现小型应用系统的微控制器 MCU 及相应的开发工具，完成小型应用系统的设计、开发和实现。

例如在活塞环的全自动激光标记系统中，实现活塞环移动过程的控制系统就是一个很好的例子。在发动机的工作过程中，小小的活塞环看上去毫不起眼，却起着较为关键的作用。为了完成汽车、摩托车等发动机部件活塞环的激光全自动标记，需要设计专门的机械传动装置和控制系统对活塞环进行专门的运动控制。控制活塞环运动的小型应用系统中的微控制器 MCU 通过控制步进电机的快速运动，推动活塞环向前移动，同时小型应用系统的核心部件微控制器通过光纤传感器检测活塞环移动中的位置，当活塞环标记位置到达激光标记焦平面时，微控制器 MCU 向激光标记系统发送开始标记信号，启动激光标记；为了保证标记效果，激光标记时微控制器控制步进电机实现活塞环减速或者停止前进，同时监测激光标记状态。激光标记系统在检测到小型应用系统的开始标记信号时启动对活塞环的激光标记，激光标记完成时激光标记系统输出标记完成信号，活塞环运动控制系统接收到激光标记系统的标记完成信号时，小型应用系统的核心部件微控制器控制电机推动活塞环快速前进。如此周而复始，直到本次传送装置上的活塞环自动激光标记全部完成，微控制器检测到传送机构上的所有活塞环已经标记完成，控制传送电机回退到初始位置，进料系统把等待标记的活塞环放置到传送机构，小型应用系统微控制器检测到相应信号后启动下一轮激光自动标记。

小型应用系统的另一个例子是雷管自动卡口的实现系统。在工业雷管加工过程中，在基础雷管中完成加药、引信装配、胶塞安装等工序后，需要对雷管进行卡口，然后完成电子雷管写码、激光雷管编码、雷管成品卸载，最后进行包装运输。在雷管加工过程的自动卡口工序中，控制雷管自动卡口的小型应用系统的核心部件微控制器通过监测雷管到位信号是否出现来确定启动卡口执行部件气缸的控制电磁阀的开启时间，电磁阀开启后微控制器 MCU 通过监测卡口到位完成信号确定关闭卡口气缸电磁阀的时间。卡口动作的机械部分设计完成之后，自动卡口过程的控制采用小型应用系统完成比较实用。

小型应用系统的第三个例子是大功率激光二极管的控制系统。以低电压大电流为特点的大功率激光二极管是激光加工设备中的核心功率元件，一般通过控制激光二极管的工作电流来改变激光的输出功率。能否稳定可靠地控制激光二极管，直接关系到激光加工设备的效率、稳定性和可靠性。由于激光二极管的工作电流和控制电压之间是非线性关系，专门控制激光二极管的小型应用系统需要通过监测激光二极管的实际工作电流来实时调节和控制二极管工作电压，以保证激光二极管工作电流的恒定。

对于上面列出的后两个小型应用系统的应用场景，后续的章节将详细介绍其设计过程，其他的一些例子也会有进一步介绍。在工业控制中还存在大量的小型应用系统的应用场景，受篇幅限制，这里就不过多介绍。

1.2　小型应用系统设计的基本原则

小型应用系统设计首先要遵循具体应用场景中的应用功能的完美实现，这是最基本的要求。只有完美实现具体场景的功能要求，系统才是可行的，才有存在的必要。首先，所采用的设计工具和方法选择是应用系统功能设计的关键，设计时选择自己最熟悉的开发工具，采用最简单的方法完成设计，能够用软件实现的功能，只要运行时能够满足应用场景需要，就不用硬件；必须使用硬件设计才能完成的功能，应尽量减少硬件设计所使用的元器件数量，能够用一个电阻完成的功能，就绝对不用两个电阻；能用电阻、电容网络完成的功能，就不用电感；能够采用集成电路完成的功能，就不用分立元件；能够由 CPU 实现的功能，就不用多余的逻辑电路。

其次，需要特别强调印刷电路板设计工艺。在设计印刷电路板时，尽量采用小尺寸电路板，尽量采用单层板或者双层板，以减少制版开支，降低电路板制作成本，提高性价比。除了有特殊要求的信号线，如 PCI 总线的时钟线长度要求、高频信号线的走线要求、触摸电路板的布线要求以及其他一些特殊要求以外，板上信号线以走线最短为优先原则。走线时能够在同一层面完成的，就不使用过孔跨越层面；采用 45°角转弯替代 90°角转折走线，这也符合信号线最短原则；信号线尽量采用粗线代替细线；地线和电源线不能自身形成环路，等等。总之，印刷电路板设计经验很重要，要在不断实践中总结经验，提高印刷电路板的美观性、实用性和可靠性。

再次，小型应用系统设计需要充分考虑安装制作工艺，统筹考虑机械设计的美观和应用系统包括电路板的安装、调试、维护的方便性。除了满足机械安装的要求外，机箱内部和外接的电源线和信号线的走线也很重要。机箱内部电路板之间的信号连接尽量采用机械压制的排线互联，减少接插件焊接，只有不适合排线连接的特殊信号线和大电流电源线才使用焊线插座连接；采用排线中相邻的多根线号线并联的方式，小电流电源线可以通过排线进行印刷电路板之间的互联。

最后，安装印刷电路板的机箱设计需要同时兼顾功能实现的可靠性、使用时设备和人身的安全性、安装调试维护的方便性，以及外观视觉的美观性。美观性的要求没有统一标准，审美观是由时代、环境、人文素质等诸多因素决定的，并且是不断进步和完善的，但是一些基本的审美标准是不会随着社会变迁而改变的，如黄金分割的美学准则、对称美、颜色搭配赏心悦目等基本的美学观点，因此需要遵循基本的大众审美规则进行产品的外观设计。

1.3　小型应用系统开发的工具选择

在熟悉小型应用系统的使用场景之后，首先需要对具体的应用系统和应用场景做进一步的研究，列出需要解决的主要问题和需要处理事件的主要过程。然后根据实际应用的需要提取需要检测的模拟量和数字量，需要控制输出的数字量和模拟量。最后根据所需要的输入、输出情况选择能够满足需要的控制芯片和相应的小型应用系统开发工具。

小型应用系统的开发工具选择的关键是满足应用场景所要解决问题的需要，采用最有效、最经济、性价比最高的开发系统进行开发。一般情况下，现有系统已经能够满足应用场景的，就直接使用而不再重新开发，现有系统不能满足要求的才需要进行重新设计或者在现有系统的基础上改进和扩展设计。应用场景和需要解决的问题如果软件能完成的，首选采用软件实现，软件不能实现的才设计新的硬件。现有的系统已经能够满足大部分功能的，就在原有系统上改进设计。

熟练掌握应用系统的应用场景和实现要求是应用系统设计、开发和实现的先决条件。在熟悉了应用系统应用场景以后，需要根据具体的应用情况列出需要检测的数字量和模拟量以及需要控制输出的数字量和模拟量，可以用表格来展示。设计时以系统应用场景中统计出来的输出量和数量为基础，并保留适当的余量作为芯片和开发工具选择的依据。

以微控制器 MCU 为核心的小型应用系统的开发工具选择范围是非常广泛的，只要是能够满足应用场景需要的 MCU 均可，特定的 MCU 制造商一般均提供相应的开发工具，相对于第三方开发工具，MCU 制造商所提供的开发工具与产品之间的配合更加默契，因此建议直接使用。优先选择自己熟悉的 MCU 和相应的开发工具，因为对于不熟悉的系统需要花更多的时间学习其开发过程和流程，这样可能会影响产品的上市时间。

在众多可选的 MCU 中，可编程片上系统 PSoC 是一个不错的选择。例如在霍尔传感器的开发过程中，选择了可编程的片上系统 PSoC。霍尔传感器广泛运用于直流或脉动电流的检测，霍尔元件是利用霍尔效应原理对电流进行不接触测量的元件，对被测电路无负载效应。由于霍尔元件固有的零位误差和共模信号干扰，输入/输出内阻受温度影响较大，以及霍尔元件的个性差异等原因，常导致测量效果不理想。为了消除霍尔元件的零位误差和共模信号干扰，通常需要利用模拟电路对零位误差和共模干扰信号进行修正。为了消除温度变化引起的测量误差，需要采用恒流源供电和相应的温度补偿电路。即使这样，霍尔电流传感器/变送器的测量精度还是比较低，特别在小电流(测量范围≤20A)时，误差更大。采用可编程片上系统PSoC(Programmable System on Chip)代替原有电路后，只需要一个PSoC芯片CY8C27443外加一个霍尔元件、一个感应磁环就可以实现霍尔电流传感器的全部功能。在CY8C27443芯片上实现了恒流源输出提供霍尔元件的电源，对霍尔元件输入端的温度误差进行有效补偿；片上实现高精度差分输入仪器放大器测量霍尔元件输出电势，一方面减小了温度变化对霍尔元件输出电势的影响，另一方面消除了霍尔元件的零位误差和共模信号的干扰。同时，系统还实现了按键校表功能和测量值的LED实时显示功能，外加一个UART-RS485电平转换芯片75LBC184后在软件上实现基于RS485的MODBUS RTU功能[1][3]。

1.4 小型应用系统外观设计

工程设计是一门艺术，它是将优美的线条和平面组成完美的立方，把解决实际问题的过程和结果以艺术的方式展现在大众面前。电子应用系统的设计也是一门艺术，把需要解决的问题虚拟化、抽象化、形式化、模型化，把问题本身变成无数个0和1，变成一小块塑料基板上的密密麻麻的铜线以及在细密铜线上以光速飞奔的电子流量大小……这是一个枯燥的、无聊的、不为大众所熟知的过程。

设计开发电子应用系统所需知识的积累是创新和创造的前提，是产品设计开发的基础。我们不仅要了解芯片本身的知识内容，包括芯片的架构、工作原理和主要功能，还需要了解利用芯片开发产品的过程、开发环境和工具，掌握产品开发流程、产品开发过程中的调试方法和产品缺陷的弥补方法、性能提升的技巧。

产品设计开发过程也是一个知识积累的过程、缩短应用程序开发周期的过程。在开发过程中不断积累经验，根据处理对象的应用场景需要，在浩如烟海的集成电路芯片中选择最适合、最优秀、性价比最高、开发周期最短的芯片来完成应用系统设计开发。在基本功能得到完全实现的基础上，再进行艺术提升是值得赞许的。

小型应用系统的设计、开发实现的艺术提升必须以完成控制对象所处应用场景的所有功能为前提，不能喧宾夺主。成型产品的外观设计需要满足大众的审美需求，人们对美的追求是永无止境的，是随着生活水平的提高和个体文化修养的不同有所差异的，我们开发的产品需要满足最基本的审美规范，如黄金分割法则、对称美观、赏心悦目等基本的审美观点。此外，外观设计要基于系统的基本功能，不能因为个人的喜好附带不相关的内容，甚至本末倒置。

在完成基本功能以后，设计者还需要不断地思考、改进、提升，以寻求更进一步的艺术效果。例如，在PCI接口的应用系统中，PCI总线扩展接口的时钟信号线对长度的要求尤为苛刻，其长度为2.5±0.1英寸(63.5±2.54mm)，由于PCI总线工作的时钟频率信号有33MHz和66MHz两种，PCI总线扩展接口的时钟信号线设计得稍微不细致就会导致PCI总线扩展卡不能正常工作。为了节省印刷电路板的空间，布线时PCI总线接口的时钟信号布线需要仔细斟酌，在使用圆弧转弯加直线的情况下，使得所设计的印刷电路板时钟信号电气走线既能够满足PCI总线协议的电气要求，又能够达到美观的效果。在一般的应用系统中，除了PCI总线扩展接口的时钟信号线有特殊要求以外，其他的绝大部分信号线在制作印刷板电路时应尽量做到连线最短，连接线最短也就成了硬件电路制作中的一个艺术标准。

第 2 章　PSoC 系列芯片使用简介

PSoC 系列芯片属于英飞凌(Infineon)旗下赛普拉斯(Cypress)公司开发的系列产品，包括以 8 位哈佛结构处理器(Harvard-architecture processor)M8C MCU 为核心的 PSoC1 系列芯片，以 51 系列 MCU 为核心的 PSoC3 系列芯片，以 32 位 Arm® Cortex® -M0 MCU 为核心的 PSoC4 系列芯片，以 32 位 Arm® Cortex® -M3 MCU 为核心的 PSoC5LP 系列芯片，以 32 位 Arm® Cortex® -M4 和 Cortex® -M0+ 双 MCU 为核心面向物联网设备的 PSoC6 系列芯片。PSoC1、PSoC3、PSoC4、PSoC5LP、PSoC6 系列 PSoC 芯片，都集成有相应的微控制器 MCU 系统，同时也集成了不同规模的可编程数字模块和模拟模块。其中，MCU 系统包含相应的 CPU、片内集成的闪存 Flash 组成的程序存储器、片内集成的静态随机存储器 RAM 组成的数据存储器、中断控制器、DMA 控制器等基本数字系统模块。同时，芯片上也集成了不同规模的可编程数字模块，可以对集成开发环境中的器件编辑器进行硬件编程，也可以实现计数器/定时器、SPI/I^2C 等同步通信接口、UART 异步通信接口、USB 通信接口、PWM 脉冲发生器、移位寄存器、CRC 校验器件等基本的数字功能部件和其他一些输入/输出接口。采用开关电容的方式，PSoC 系列芯片上同时集成了不同规模的可编程模拟模块，在集成开发环境中的器件编辑器中进行硬件编程，可以实现基本的模拟量处理外部器件，包括运算放大器、可编程增益放大器、仪器放大器、有源低通滤波器、模拟开关、A/D 转换器、D/A 转换器等。

由于 PSoC 系列芯片在同一个芯片上以 MCU 系统为基础，同时集成了由数字模块和模拟模块组成的混合阵列，因此基于 PSoC 系列芯片设计小型应用系统比传统基于 MCU 的设计方式更加高效。在采用 PSoC 系列芯片设计小型应用系统时，可以省去大量的外部调节电路，节约了开发成本，缩短了开发周期。

赛普拉斯(Cypress)公司在其官方网站上给出了所有芯片的具体介绍，每一个芯片的使用说明都在不断的更新中，在应用时最好下载最新的版本。关于 PSoC 系列芯片的具体应用介绍都可以在其官方网站上查到，芯片组成原理、具体功能、开发流程都有详细介绍，本书就不一一列举。本章首先以 CY8C27443 芯片为例介绍 PSoC1 系列芯片，然后介绍 PSoC1 芯片在集成开发环境 PSoC Designer 软件中完成的应用系统开发过程，最后以 CY8C5268LP 芯片为例介绍 PSoC5LP 系列芯片在集成开发环境为 PSoC Creator 软件中完成的应用系统开发过程。

2.1　PSoC 系列芯片集成开发环境

PSoC1 系列芯片集成开发环境是 PSoC Designer，PSoC Designer 的最新版本为 5.4

SP1，安装程序下载地址为：https：//www. cypress. com/documentation/software-and-drivers/psoc-designer-54-sp1，软件下载时，首先需要使用电子邮件注册，注册成功重新登录以后才可以下载。PSoC Designer 集成开发环境需要使用矢量显示程序 SVGView. exe 进行图形显示，最好提前安装 SVGView，因为在安装过程中安装程序会检测调用 SVGView 功能的动态连接库的安装情况。

PSoC3、PSoC4、PSoC5LP、PSoC6 系列 PSoC 芯片均采用相同的集成开发环境 PSoC Creator，PSoC Creator 的最新版本是 4.4，相对于 PSoC1 系列芯片的集成开发环境 PSoC Designer，PSoC Creator 图形化硬件设计界面更友好，使用更方便。PSoC Creator 安装程序的下载地址为：https：//www. cypress. com/products/psoc-creator-integrated-design-environment-ide，软件下载时同样需要使用电子邮件登录，如果用户不存在则需要先注册。

安装程序下载完成以后即可安装使用，首次使用时需要在线注册，采用下载时的电子邮件即可完成注册，当然也可以选择以后注册软件同样可以使用。PSoC1 系列芯片的集成开发环境 PSoC Designer 早期版本必须输入由代理商提供的专用注册码激活以后才能使用。PSoC Designer 4.4 版本是一个新旧版本的分界线和桥梁，4.4 版本以前的集成开发环境生成的项目在最新的版本中不能直接打开，需要首先采用 PSoC Designer 4.4 打开以前版本产生的项目，把相关的元器件更新到最新版本，并重新编译，保存生成新的项目，然后才能采用 PSoC Designer 5.4 SP1 打开由 4.4 版本编译后的项目。

小型应用系统设计开发过程也是一个系统开发者的自我完善过程，PSoC 所提供的大量可编程数字阵列和可编程的模拟阵列，用户可以直接对阵列进行编程，也可以直接采用集成开发环境中所提供的已经编程好的模拟和数字模块进行系统设计，这些已经设计好的数字或者模拟模块称为用户模块，用户模块的版本更新是随着集成开发环境的版本的不同而变化的，一般情况下，新版本的可靠性要高于旧版本，因此建议在用新版本打开由旧版本创建的项目时，把用户模块也更新到最新版本。另外，为了保存自己的劳动成果，在进行新的项目开发时，可以在原有系统的基础上改进和完善。建议在用新版本打开旧版本的项目时做好备份。

2.2 PSoC1 系列芯片

2.2.1 PSoC1 架构

据赛普拉斯官方网站介绍，PSoC1 是在同一个芯片上集成了可编程的模拟和数字外围功能设备、存储器、微控制器的全球首款可编程嵌入式片上系统[4]。赛普拉斯官方网站给出的最新片上系统 PSoC1 的架构如图 2.1 所示。

PSoC1 的架构包含 4 个主要区域：图 2.1 中 1 为 PSoC 内核，2 为数字系统，3 为模拟系统，4 为系统资源。4 个主要区域当中的 2 和 3 在不同系列芯片中所包含的数字系统可编程逻辑外设单元和可配置模拟系统外设单元的数量有所增减；封装形式不同，管脚数量也不相同；芯片的型号不同，由静态随机存储器 SRAM 组成的数据存储器和由 Flash 组成的程序存储器容量也不相同，图 2.1 中所示存储器容量为 PSoC1 中能够达到的最大容量。

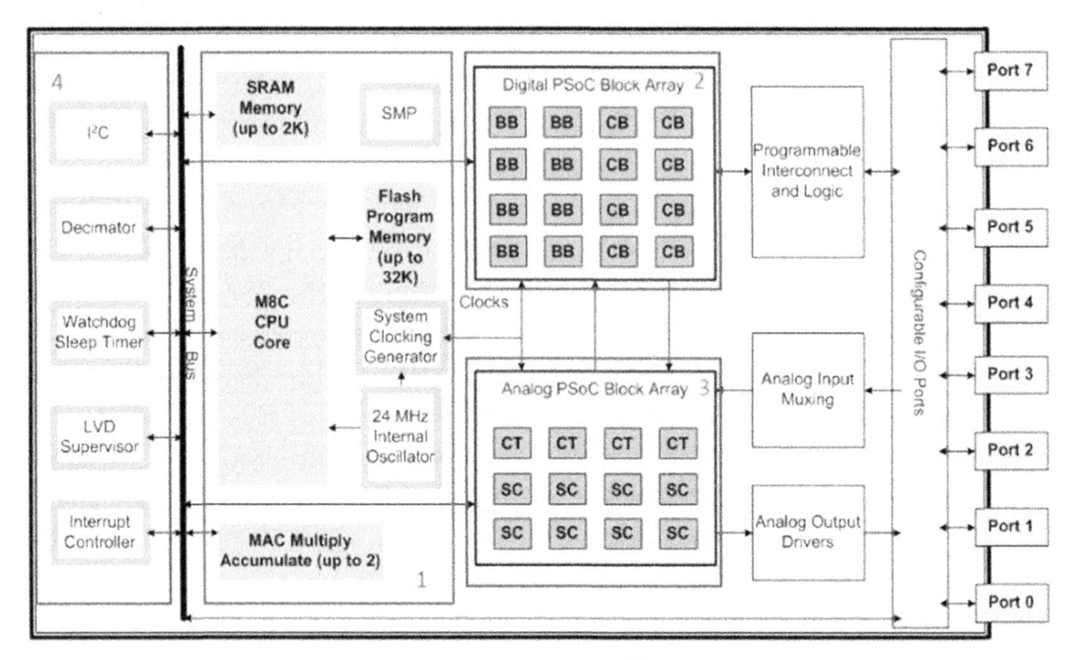

图 2.1　PSoC1 架构[4]

2.2.2　PSoC1 系列芯片主要功能描述

1. PSoC1 内核

图 2.1 中标注为 1 的区域是 PSoC 内核，PSoC 内核基于一个频率高达 24MHz、运算速度为 4 MIPS、8 位哈佛(Harvard)结构微处理器 M8C CPU 进行设计。PSoC 内核包括 M8C CPU、由静态随机存储器 SRAM 组成的容量可达 2KB 数据存储器、由 Flash 组成的容量可达 32KB 的程序存储器、一个 24 MHz 内部主振荡器(IMO)、一个低功耗的 32 kHz 内部低速振荡器(ILO)、系统时钟发生器和可配置的通用输入输出互联模块(GPIO)。另外，PSoC 内核区域提供一个为电池供电的电源电压泵，也就是开关模式泵(Switch Mode Pump，SMP)。在缺失外部供电时，SMP 能够在单片电池供电时保证片内系统仍然能够正常工作。SMP 在有电池和相关外部元器件正常连接时，系统处于正常有效电压供电状态，不使用电池时可以旁路工作。

PSoC GPIO 模块功能较为完善，能够提供与器件内部的 CPU、数字资源和模拟资源的连接途径，每个引脚都有 8 种驱动模式可供选择，在进行外部连接方面具有极强的灵活性。每个引脚还能够在处于高电平、低电平以及自上次读取后发生变化时等情况发生时生成系统中断[5]。

2. PSoC1 系统资源

图 2.1 中标注为 4 的区域是为 M8C CPU 服务的系统资源。系统资源包括具有 17 个向量的中断控制器向 M8C CPU 提供中断服务，睡眠定时器(Sleep Timer)和看门狗定时器

(Watchdog, WDT)向 M8C CPU 提供定时睡眠功能和程序飞车保护功能。系统资源还包括低电压检测监测装置(LVD Supervisor), 用来监视电源电压, 可以设置低电压门限电压, 当电源电压低于该阈值时向 CPU 产生中断。系统资源另外还提供了一个 I^2C 同步串行接口, 可以连接具有 I^2C 串行接口的 EEPROM 等外围设备, 具有 100kHz 和 400kHz 两种传输频率。系统资源中的乘累加(MAC)资源能够提供具有多达两个的使用 32 位累加器(运算能力)的快速 8 位乘法器, 用来协助通用数学运算和数字滤波器功能。抽取滤波器(Decimator)是专门针对数字信号处理应用(包括创建 Δ-Σ 模拟-数字转换器, 即 Delta-Sigma ADC)提供定制硬件滤波器。

PSoC1 器件采用了多个非常灵活的内部时钟发生器, 24 MHz 内部主振荡器(IMO)在有效工作温度和电压下精度高达 2.5%。24MHz IMO 的频率还可以倍增至 48 MHz, 以便供数字系统使用。PSoC 器件为睡眠定时器和 WDT 提供了一个低功耗的 32 kHz 内部低速振荡器(ILO)。如果需要晶振级别的时钟精度, 可将 32.768 kHz 外部钟表晶振(ECO)用作实时时钟(RTC), 并可以使用 PLL 生成具有晶振级别时钟精度的 24 MHz 系统时钟。时钟以及属于系统资源的可编程时钟分频器具有高度的灵活性, 能够使 PSoC 器件满足几乎任何时序要求[5]。

3. PSoC1 可编程数字系统

图 2.1 中标注为 2 的区域为可编程的数字阵列(Digital PSoC Block Array), 最高可以为 PSoC1 芯片提供 16 个数字模块, 图中标注为 BB 的模块表示基本数字模块(Basic Blocks), 标注为 CB 的模块表示带有通信功能的数字模块(Communications Blocks)。其中 CY8C27443 芯片包含 8 个数字模块。每个数字模块都是一个 8 位数字资源, 既可以单独使用, 也可以与其他模块一起组成 8 位、16 位、24 位和 32 位外设(称为用户模块)。可以实现的片上数字外部设备包括: 脉宽调节器 PWM(CY8C27443 芯片可以实现 8 位和 16 位)、带死区的脉宽调节器 PWM(CY8C27443 芯片可以实现 8 位和 16 位)、计数器(8 到 32 位)、定时器(8 位到 32 位)、带可选奇偶校验位的 8 位异步串行接口 UART(CY8C27443 芯片可以实现最多 2 个)、同步串行接口 SPI 从设备和主设备(CY8C27443 芯片可以实现最多两个)、同步串行接口 I^2C 从设备和多主设备(其中一个属于系统资源)、循环冗余校验 CRC 发生器(8 位到 32 位)、红外数据通讯接口 IrDA(CY8C27443 芯片可以实现最多 2 个)、伪随机序列(PRS)发生器(8 位到 32 位)。

数字模块的输入信号、输出信号和中间信号可以由全局数字互联总线连接至任意 I/O 引脚, 也可以直接通过系统总线与 CPU 相连, 还可以通过内部互联机制与模拟模块连接。

4. PSoC1 可编程模拟系统

图 2.1 中标注为 3 的区域为可编程的模拟信号处理阵列(Analog PSoC Block Array), 最高可以为 PSoC1 芯片提供 12 个模拟信号处理模块, 其中 CY8C27443 芯片就达到了最大的模拟模块数量, 包含了 12 个模拟信号处理模块, 这也是选择该芯片的原因。每个模拟信号处理模块都包含一个能够创建复杂模拟信号处理流程的运算放大器电路。图中标注为 CT 的模拟模块表示连续时间(Continuous Time)模块, 标注为 SC 的模拟模块表示开关电容(Switched Capacitor)模块, 是通过开关电容与运算放大器的不同连接方式实现模拟信号处理能力功能的模拟模块。关于通过开关电容构建模拟量处理模块的方式和原理可以参阅参

考文献[2]。

模拟模块构建模拟量处理外部设备的使用方式方法非常灵活，用户可以根据具体的应用要求进行设计和制作。一些常用的 PSoC 模拟功能片上器件已经由厂家设计完成，已经包含安装在集成开发环境中以用户模块的方式提供。可以实现的片上模拟信号处理外部设备包括：

(1)模拟量-数字量转换器 ADC，最多 4 个 ADC，具有可选择 6 位到 14 位分辨率，可以选择转换模式为增量型、Δ-Σ 型模拟-数字转换器和逐次比较型 SAR 模式的模拟-数字转换器 ADC；

(2)对于滤波器：

①可以分别选择 2、4、6 和 8 阶带通滤波器、低通滤波器和陷波滤波器；

②可选增益达 48 倍的增益放大器，最多可以实现 4 个增益放大器；

③可选增益达 93 倍仪器放大器，最多可以实现 2 个仪器放大器；

④具有 16 个可选阈值的比较器，最多可以实现 4 个比较器；

(3)由 6 到 9 位分辨率可以选择的数字-模拟转换器，最多可以实现 4 个 DAC；

(4)由 6 到 9 位分辨率可以选择的乘法数字-模拟转换器，最多可以实现 4 个 DAC；

(5)可作为内核资源的电流驱动能力达到 30mA 的大电流输出驱动器，可以实现 4 个大电流输出驱动器；

(6)由系统资源提供的 1.3V 参考电压；

(7)双音多频拨号器 DTMF(Dual Tone Multiple Frequency signal generator)；

(8)调制器(Modulators)；

(9)检测相关性的相关器(Correlators)；

(10)检测信号峰值的峰值检测器(Peak detectors)；

(11)其他可以使用的模拟量拓扑结构。

2.3　CY8C27443 芯片介绍

2.3.1　用户模块

基于芯片所包含的数字模块和模拟模块等资源数量，充分利用片上数字模块和/或模拟模块，PSoC1 系列芯片提供商赛普拉斯公司设计、实现并封装完成了大部分常用的数字、模拟外部设备器件，在集成开发环境的片上系统硬件设计工具即器件编辑器(Device editor)中可见，在集成开发环境 PSoC Designer 中以用户模块的方式提供，如图 2.2 所示。在器件编辑器中，应用系统设计人员可以以鼠标拖放的形式或者鼠标右键单击的方式较为方便地将片上数字模块和模拟模块设计成符合应用系统要求的信号处理外部设备。采用高级硬件编辑语言 HDL 进行可编程逻辑器件 PLD 硬件开发的过程由开发环境软件实现。对于开发环境没有提供现成封装好的设备功能器件，例如前面提到可以实现的 4、6 和 8 阶带通滤波器、低通滤波器和陷波滤波器，应用系统设计人员可以直接利用数字模块或者模拟模块的现有功能设计完成自己所需的外设器件，然后按照系统要求封装成消费者用户模块，导入到集成开发环境的消费用户模块栏(Custom User Modules)，可供重复使用。

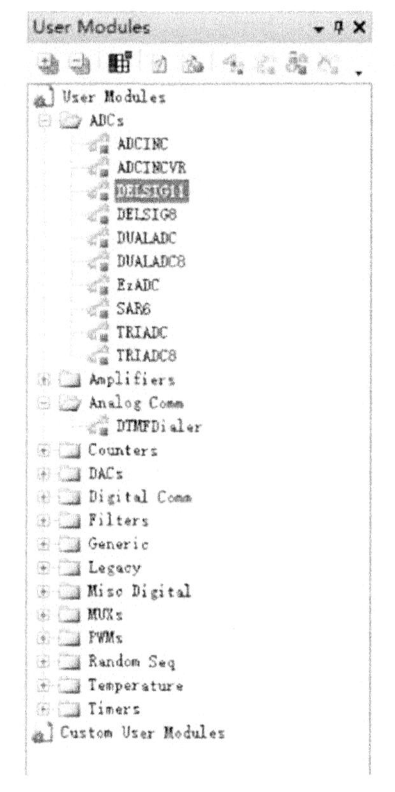

图 2.2　开发环境提供的用户模块

图 2.2 是专门针对 CY8C27443 芯片由最新版本的开发环境 PSoC Designer 提供的用户模块列表，在模拟-数字转换器 ADCs 栏目提供了 10 种已经封装好的由模拟量模块完成的模拟量处理元件，每个器件的使用与一般分立元件的使用相同，具体的使用方法可以用通过：首先右键单击该元器件，然后指针滑向数据手册(Datasheet)选项，再左键单击相应的显示方式，即可查看该器件的使用说明书，使用非常方便。

2.3.2　片内资源

PSoC1 系列芯片所包含的资源容量如表 2.1 所示。

表 2.1　**PSoC1 系列芯片资源容量**[4]

PSoC Part Number	Digital I/O	Digital Blocks	Analog Inputs	Analog Outputs	Analog Blocks	SRAM Size	Flash Size
CY8C29x66	up to 64	16	up to 12	4	12	2 K	32 K
CY8C28xxx	up to 44	up to 12	up to 44	up to 4	up to 12+4	1 K	16 K

续表

PSoC Part Number	Digital I/O	Digital Blocks	Analog Inputs	Analog Outputs	Analog Blocks	SRAM Size	Flash Size
CY8C27x43	up to 44	8	up to 12	4	12	256	16 K
CY8C24x94	up to 56	4	up to 48	2	6	1 K	16 K
CY8C24x23A	up to 24	4	up to 12	2	6	256	4 K
CY8C23x33	up to 26	4	up to 12	2	4	256	8 K
CY8C22x45	up to 38	8	up to 38	0	6	1 K	16 K
CY8C21x45	up to 24	4	up to 24	0	6	512	8 K
CY8C21x34	up to 28	4	up to 28	0	4	512	8 K
CY8C21x23	up to 16	4	up to 8	0	4	256	4 K
CY8C20x34	up to 28	0	up to 28	0	3	512	8 K
CY8C20xx6	up to 36	0	up to 36	0	3	up to 2 K	up to 32 K

在确定所需要设计的应用系统时，根据应用系统对资源数量的需要，可以根据表 2.1 选择相关器件用于实现应用系统的元器件。在应用系统设计的过程中，可以根据该表格查阅正在使用芯片的片上资源情况。本书后续章节有几个应用系统就是采用 CY8C27443 芯片进行设计的。CY8C27443 芯片属于表格中的 CY8C27x43 系列芯片中的一种。CY8C27443 芯片设计有 28 个引脚，其中含有 P0、P1 和 P2 等三个完整的 8 位端口共计 24 个数字 I/O 引脚，另外 4 个引脚分别为电源端 V_{DD}(第 28 号引脚)、信号地 V_{SS}(第 14 号引脚)、外部复位信号输入端 XRES(第 19 号引脚)、组成电源电压泵的其他片外元器件输入端 SMP(第 9 号引脚)。

2.3.3　封装及引脚分类

CY8C27443 芯片根据后缀名的不同有三种封装形式，分别为窄双列直插式(PDIP)封装、贴片(SSOP)封装和标准贴片(SOIC)封装，三种封装的引脚排列顺序是相同的，CY8C27443 芯片三种封装的引脚排列如图 2.3 所示。图 2.3 中，A 代表模拟量(Analog)，I 代表输入(Input)，O 代表输出(Output)。

如图 2.3 所示，CY8C27443 芯片引脚中的 24 个数字 I/O 引脚均可以作为通用的数字输入输出接口，可以通过数字模块或者 CPU 直接驱动，默认情况下由 CPU 直接驱动。可以把 24 个 I/O 引脚分成以下几种情况：

(1)只有数字 I/O 一种基本功能，这样的引脚有 5 个：P1[2]、P1[3]、P1[6]、P2[5]和 P2[7]；

(2)除了具有通用数字 I/O 功能外，还具有模拟输入(I)功能，这样的引脚有 8 个：P0[0]、P0[1]、P0[6]、P0[7]、P2[0]、P2[1]、P2[2]和 P2[3]；

(3)除了具有通用数字 I/O 功能外，还具有模拟输入/输出(I/O)功能，这样的引脚有

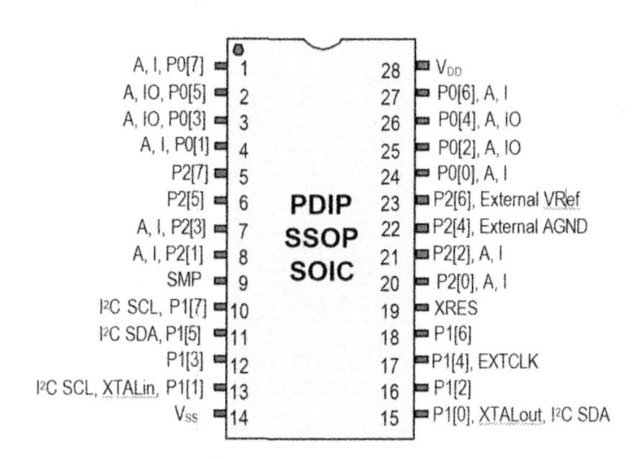

图 2.3 CY8C27443 芯片的三种封装的引脚排列

4 个：P0[2]、P0[3]、P0[4]和 P0[5]；

(4)除了具有通用数字 I/O 功能外，还具有其他特殊功能，这样的引脚有 7 个：P1[0]和 P1[1]这一对引脚除了有基本的通用数字 I/O 功能外，还具有另外两种功能：作为外部钟表晶振的连接端口、分别作为二线制同步串行总线 I^2C 端口的 SDA 信号线和 SCL 信号线，以及和第 19 号引脚的外部复位信号(Pin19 XRES)一起作为芯片在线编程的专用接口 ISSP(In-System Serial Programming Protocol)端口的 ISSP-SDATA 信号线和 ISSP-SCLK 信号线；P1[4]还可以作为芯片可选外部时钟输入 EXTCLK(Optional external clock input)；P1[5]和 P1[7]还可以作为芯片 I^2C 功能模块的总线连接端口；P2[4]还可以作为芯片外部模拟地(External AGND)输入；以及 P2[6]还可以作为芯片外部模拟参考电压(External V_{Ref})信号输入。

2.3.4 多用途引脚的使用

P1[0]和 P1[1]作为外部钟表晶振的连接端口是在一些特殊场合需要标准的实时时钟电路计时的情况下，可以把 32.768kHz 的外部钟表晶振连接到这两端，P1[0]为外部钟表晶振的输出端，P1[1]为外部钟表晶振的输入端。连接外部钟表晶体振荡器的方法和一般的 MCU 系统设计方法相同，建议采用如图 2.4 所示的电路。图 2.4 中 Crystal 为外部钟表晶体振荡器，C1 和 C2 一般选择 10pF~25pF，片上系统资源中的锁相环电路 PLL(Phase-Locked Loop)的使用与否也会影响 C1、C2 的选择。关于 C1、C2 选择的进一步讨论可以参阅赛普拉斯官方网站提供的相关资料[6]。

P1[0]和 P1[1]引脚作为芯片在线编程的专用接口 ISSP 端口，是指 P1[0]、P1[1]和第 19 号引脚的外部复位信号(Pin19 XRES)，以及电源线和地线一起组成 PSoC1 芯片在线编程的专用接口 ISSP，实现芯片在线编程。此时，P1[0]和 P1[1]引脚命名为 ISSP-SDATA 数据信号线和 ISSP-SCLK 时钟信号线。在集成开发环境 PSoC Designer 中根据实际使用需要创建应用系统的片上项目，首先在硬件编辑器(Device editor)中完成片上硬件设计形成硬件的配置文件，产生与硬件相关的 C 或者汇编语言编写的硬件控制程序；其次基于该硬件设计所产生的配置文件，在项目编辑器中，完成 C 和汇编语言的混合项目程

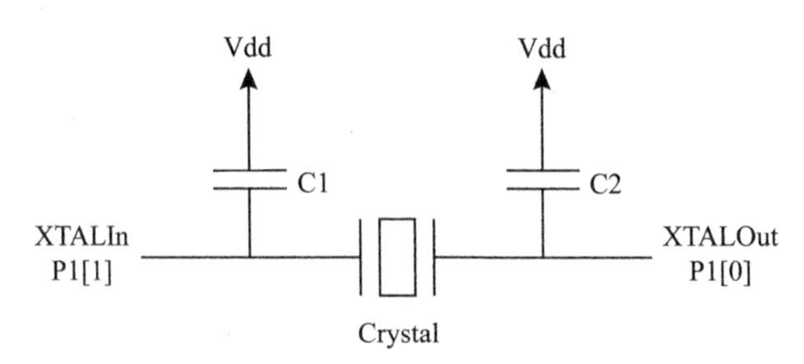

图 2.4　外部钟表晶振接线原理图[5]

序设计；再次由集成开发环境混合编译所有项目和硬件配置文件，构建基于所选芯片的二进制目标文件；最后通过 PSoC1 专用的在线串行编程协议 ISSP 把已经构建好的二进制目标文件下传到所选芯片，写入芯片上集成的闪存(Flash)组成的程序存储器中，完成应用系统的片上系统开发。关于 PSoC1 专用 ISSP 协议的更多信息请查阅参考文献[7]。PSoC1 片上系统资源包含一个系统专用的 I^2C 同步协议模块，与系统复位电路(XRES)和上电复位电路 POR (Power On Reset)一起共同实现 ISSP 协议，完成二进制目标文件的传送，达到片上系统硬件固化的过程，完成芯片硬件编程，也就是我们通常所说的应用系统软件固化。I^2C 用来实现 ISSP 协议达到应用系统软件固化完成芯片硬件编程功能时，P1[0]和 P1[1]作为芯片编程的 I^2C 端口也被称为 ISSP 端口，P1[0]和 P1[1]分别称为 ISSP-SDATA 数据信号端和 ISSP-SCLK 时钟信号端。通过硬件编程主设备实现软件固化完成 PSoC1 系列芯片硬件编程功能的连接原理图如图 2.5 所示。

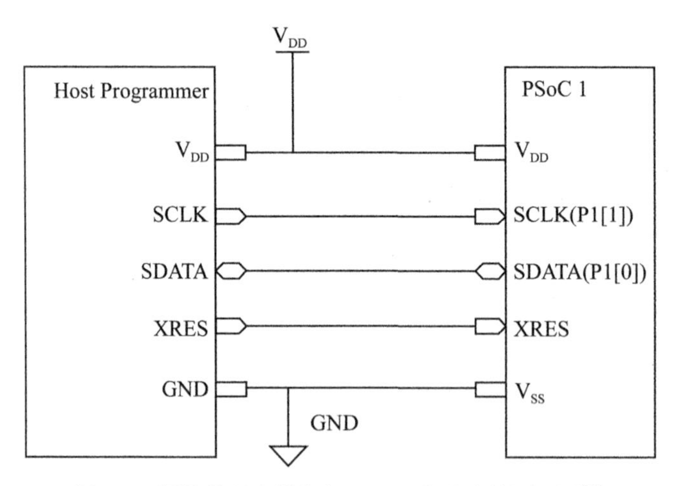

图 2.5　硬件编程主设备与 PSoC1 芯片连接原理图[7]

上电复位(POR)或者设置系统外部复位电路(XRES)有效时，PSoC1 系列芯片 ISSP-SDATA 数据信号端和 ISSP-SCLK 时钟信号端与其他 I/O 端口不同的地方是此时该两个引脚并非处于缺省的高阻状态，从而实现 PSoC1 系列芯片硬件的在线编程功能。CY8C27443

芯片的第 19 号引脚 XRES(pin19)为高电平有效，在芯片内部有一个下拉电阻保证该管脚即使悬空也能处于低电平状态，从而使系统不会受到外部信号干扰，进入复位状态，保证系统正常工作。正常工作状态时，硬件编程主设备保证 PSoC1 系列芯片正常供电，通过设置系统外部复位电路(XRES)有效即可进入在线编程(ISSP)状态。这种方式被称为复位方式编程。PSoC1 系列芯片中，并非所有芯片皆配置有外部复位电路(XRES)引脚，为了确认该引脚是否存在，设计时请查阅相关芯片的数据手册。对于没有配置外部复位电路(XRES)引脚的芯片，可以通过反复上电模式(Power Cycle mode)进行芯片编程。实现反复上电模式编程，需要主编程器具有对 PSoC1 芯片的重复上电的功能，设计编程器时需要注意。

上电复位/系统复位完成后，应用系统处于正常工作状态，在正常工作状态下 P[0]和 P1[1]分别称为数据信号线(I^2C-SDA)和时钟信号线(I^2C-SCL)。I^2C 总线是一种由飞利浦(Philips©)公司最早开发的工业标注，采用二线制(I^2C-SDA 信号线和 I^2C-SCL 信号线)就能够完成系统组网，I^2C 总线系统组成示意图如图 2.6 所示。I^2C 总线由一个 I^2C 主设备(I^2C Master)和至少一个 I^2C 从设备(I^2C Slave)组成。PSoC1 芯片提供的 I^2C 设备可以作为主设备工作，也可以作为从设备工作，总线数据传输速率支出标准的 50/100/400 kbps。PSoC1 芯片提供的 I^2C 资源支持字节-字节(byte-by-byte)层次的数据传输，每一次数据传输均由主设备发起和结束，其数据帧的内容包括：开始(Start)、地址(Address)、读/写方向(R/W Direction)、数据(Data)和一个结束符(Termination)[8]。

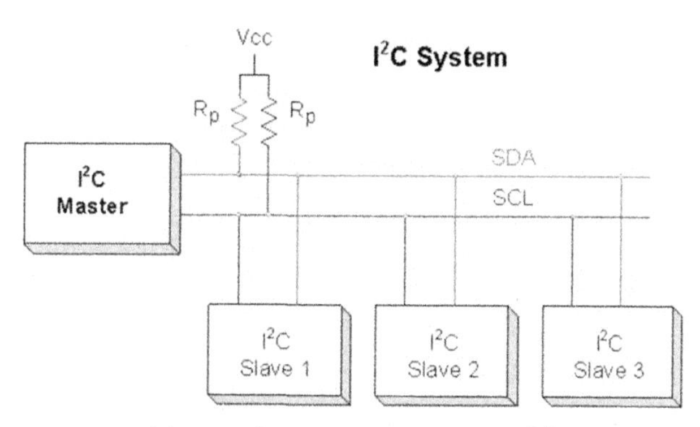

图 2.6 I^2C 总线系统组成示意图[8]

I^2C 主设备用于启动总线传送数据，并产生时钟来驱动传送总线，此时任何被寻址的器件均被认为是从设备。在总线上主和从、发和收的关系不是恒定的，而是取决于此时的数据传送方向。如果主设备要发送数据给从器件，则主设备首先寻址从器件，然后主动发送数据至从设备，最后由主设备终止数据传送；如果主机设备要接收从设备的数据，首先由主设备寻址从器件，然后主设备接收从器件发送的数据，最后由主设备终止接收过程。在这种情况下，主设备负责产生定时时钟和终止数据传送[9]。

P1[5]和 P1[7]同样可以作为芯片 I^2C 功能模块的连接端口，分别作为 I^2C 功能模块的数据信号线(I^2C-SDA)和时钟信号线(I^2C-SCL)，但是不具有芯片编程功能，这里不再赘述。

P1[4]外部时钟输入处理原理上比较简单，直接连线即可，但是在制作印刷板电路板的时候要特别小心。达到 24MHz 以上的时钟信号已经属于高频信号，在印刷电路板上连接高频信号是有很大风险的，一不小心其走线就可能对其他电路产生较大干扰，或者自身信号极易受到其他信号的干扰，使时钟信号产生畸变，可能会导致整个应用系统工作不正常。因此，硬件设计人员、硬件开发实现人员算是一种熟练工种，制作的硬件越多越有经验，走线也越顺畅，硬件制作的成功率会更高、可靠性会更强、产品开发成本会更低、开发周期会更短。

PSoC1 系列芯片的片上模拟系统可以完成绝大部分实际应用系统的设计，可能还需要一部分片外的模拟元件协助处理，这时把片外模拟系统的模拟地线和 PSoC1 系列芯片的外部模拟地(External AGND)输入引脚 P2[4]相连接，可以有效避免片上数字系统和模拟系统的相互干扰，提高应用系统运行的可靠性。在设计制作 PSoC1 应用系统，特别是在制作印刷电路板时，片外数字地和模拟地最好分开走线，CY8C27443 芯片的第 14 号管脚(V_{SS})在片内是数字地连接端。PSoC1 系列芯片的片上模拟模块信号地一般以电源端 V_{DD}÷2 作为模拟模块的公共端即模拟信号地线，片外走线时作为数字地(V_{SS})和片外模拟地的使用，片外数字地和模拟地的连接点最好远离该管脚。

PSoC1 系列芯片的片上参考电压主要在模拟-数字转换器(ADC)和数字-模拟转换器(DAC)中使用，在比较器(Comparators)中作为阈值电压也起到重要作用。CY8C27443 芯片系统资源提供的 1.3V 参考电压，A 型芯片在 1.275V 和 1.325V 之间，B 型芯片在 1.280V 和 1.320V 之间，并且针对相应芯片的电源电压 V_{DD}进行了精确调整[5]。如果其精度还是不能满足特定应用环境的应用系统设计要求，可以设计由片外提供精度更高的参考电压，通过和 P2[6](External V_{Ref})管脚输入到片内，供给模拟模块阵列创建相关模拟外部设备时使用。

需要注意的一点是，具有多种用途的芯片引脚，在集成开发环境 PSoC Designer 中需要专门配置，没有配置的管脚按照系统默认功能设置使用。CY8C27443 芯片中，对于 P0、P1 和 P2 等三组 I/O 接口管脚，默认功能均为由 CPU 直接控制的标准 I/O 接口功能。默认情况下，集成开发环境 PSoC Designer 所建立的所有项目产生一个配置文件，同一个配置文件中每一个多用途的管脚功能都必须是固定的，当需要在线更改其管脚功能时，必须采用多个配置文件的方式在线动态切换配置文件，配置文件更改以后原有系统就变成了新系统。

2.3.5　电池供电方式

部分 PSoC1 芯片集成了通过电池供电的开关模式泵 SMP(Switch Mode Pump)控制逻辑，只要外接少量的其他元器件就可以完成只需要一片电池就可以给 PSoC1 芯片稳定供电的电源电压泵功能。CY8C27443 芯片的 SMP 实现原理如图 2.7 所示。

图 2.7 中的电感 L1 是关键电能转换元件，换能元件 L1 在与 PSoC1 芯片的 SMP 引脚(CY8C27443 芯片的 Pin 9，简称 Pin 9，下同)连接的同时，也通过一个肖特基二极管 D1 与 PSoC1 芯片的 V_{DD}引脚(Pin 28)。SMP 电路通过换能元件 L1 把电池的电压提高到能够

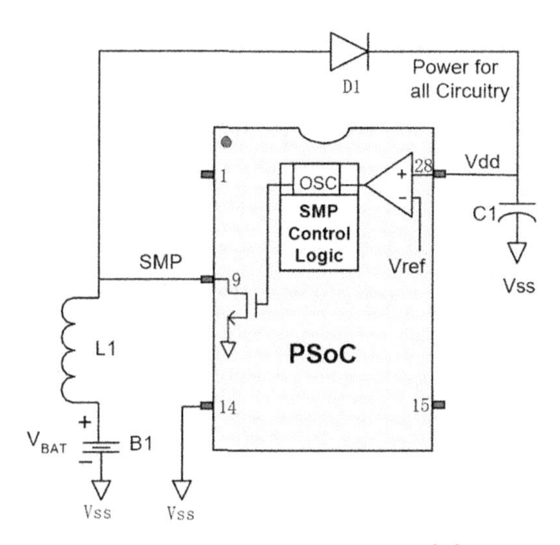

图 2.7 PSoC1 的 SMP 工作原理[10]

稳定工作的电源电压，向整个集成电路供电。

PSoC1 芯片集成的电池供电的开关模式泵控制逻辑(SMP Control Logic)通过检测 SMP (CY8C27443 芯片的 Pin 9)引脚连接至电池的电感 L1 来判断电池是否成功安装。在 PSoC1 集成开发环境 PSoC Designer 中的全局资源窗口栏目设置 SMP(Switch Mode Pump)行选择开关为 ON 状态，在跳闸电压(Trip Voltage[LVD(SMP)])行选择 SMP 的启动电压，SMP 开关设置和启动电压参数在全局资源窗口设置栏目的选择配置情况如图 2.8 所示。

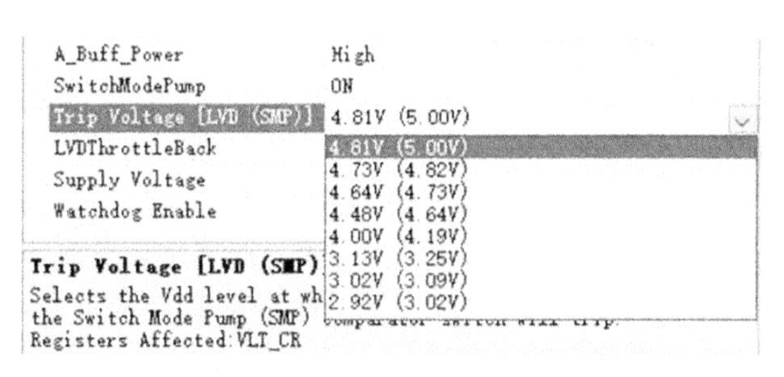

图 2.8 在全局资源窗口配置 SMP

当低电压检测 LVD(Low Voltage Detect)电路检测到电源 V_{DD}引脚的电压下降至图 2.7 中的 V_{ref}(根据图 2.8 的选择，典型值为 2.92V)以下时，由上电复位电路 POR(Power on Reset)延迟集成电路 IC(Integrated Circuit)的操作，同时启动 SMP 振荡器开始工作，打开集成到芯片上的 SMP 开关，电池通过 SMP 开关向换能电感 L1 充电储能。由于电感的电流不能突变，通过 SMP 开关增长以后的电流在 SMP 开关关闭时通过肖特基二极管 D1 继续向芯片的 V_{DD}引脚提供电流，向连接于 V_{DD}引脚的滤波电容充电。SMP 开关开启关闭的频率通常为 1.3MHz，SMP 控制逻辑电路通过监视 V_{DD}引脚的电压改变 SMP 开关开启的占空比，达到恒定供电的目的。

图 2.7 中外接元器件 D1 一般选用肖特基二极管，L1 一般选用 10μH 电感，C1 一般选用 10μF 钽电容。关于 PSoC1 芯片 SMP 效率提升的方法，可以参考网络资源(Increasing the Output Power of the PSoC 1 Switch Mode Pump(SMP)-KBA94769)[10]。

2.3.6　CY8C27443 芯片架构

前面描述的 PSoC1 主要功能包含了 CY8C27×43 系列芯片的所有功能，已经描述的功能可以查看 2.2.2 节的相关内容，这里以 CY8C27443 芯片为例主要描述 CY8C27×43 系列芯片在使用时需要注意的相关事项。目前，赛普拉斯公司在产的 CY8C27×43 系列芯片包括 CY8C27143、CY8C27243、CY8C27443、CY8C27543 和 CY8C27643 等五种，其中除了 CY8C27143 芯片只有一种 8 引脚的标准双列直插(8-pin DIP)封装以外，其他四种均包含有多种封装形式，设计时请查阅芯片手册。可以查阅到每一种封装的热阻(Thermal Impedances)不同，设热阻记为 Q_{JA}(°C/W)，测量得到环境温度(Ambient Temperature)，记为 T_A(°C)。如果能够监测到芯片的功耗，记为 P(W)，则可以计算出芯片的结温(Junction Temperature) $T_J = T_A + P \times Q_{JA}$(°C)[5]。

芯片手册给出 CY8C27×43 系列芯片架构的逻辑框图如图 2.9 所示[5]，CY8C27x43 系列芯片由四部分组成，分别为：CY8C27x43 内核(PSoC CORE)、数字系统(Digital System)、模拟系统(Analog System)和系统资源(System Resources)，四个部分通过系统总线(System Bus)相互连接。

1. 内核

CY8C27x43 系列芯片内核由 CPU (M8C)、SRAM 组成的数据存储器(256 Bytes)、Flash 组成的程序存储器(16KB)、中断控制器、睡眠和看门狗电路(Sleep and Watchdog)以及多路时钟源(Multiple Clock Sources)组成。

由 CPU、SRAM 组成的数据存储器和 Flash 组成的程序存储器构成基本的微控制器(MCU)系统。

具有 18 个中断向量的中断控制器向 M8C CPU 提供中断服务。18 个中断向量列表可以在集成开发环境 PSoC Designer 生成项目以后产生，在项目管理器的树形列表点击“项目名称”→“Source files”→“boot. asm”，双击打开 boot. asm 文件并查看。每个中段向量由 4 个字节构成，一般放置一条跳转指令转到真正的中断服务程序。18 个中断向量对应 18 个中断源，包括：复位中断、电源电压低中断、模拟模块中断 4 个(每列共用一个中断，四列共有 4 个中断源)、VC3 中断、GPIO 中断、数字模块中断 8 个(每个数字模块一个中断源，共计 8 个中断源)、I²C 中断和睡眠定时器中断。在一个项目中 boot. asm 文件中的完整中断向量列表如下：

```
AREA TOP (ROM, ABS, CON); boot. asm 文件中的中断向量开始位置
org   0                   ; 复位中断向量
jmp   __Start             ; 复位完成后执行的第 1 条指令
org   04h                 ; 电源监视中断向量
halt                      ; 电源下降过低时停止执行程序
```

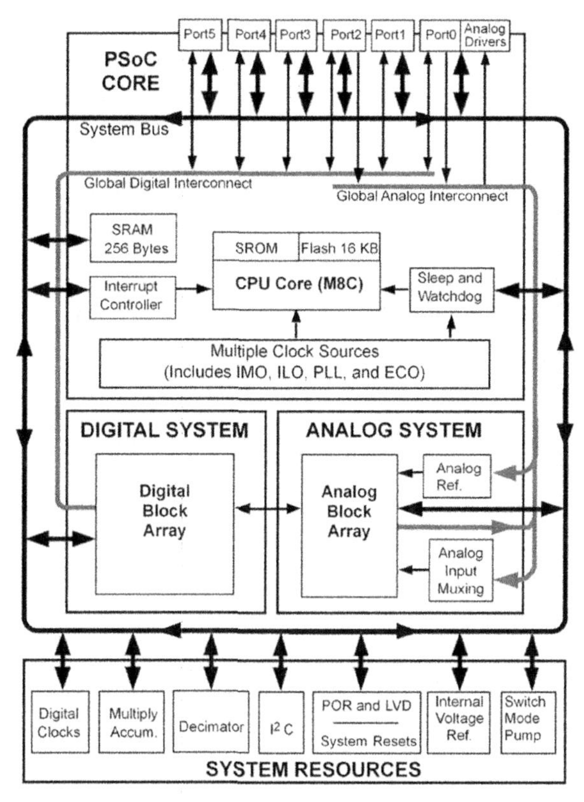

图 2.9 CY8C27x43 逻辑框图[5]

```
org    08h                        ; 第 0 列模拟模块中断向量
// callvoid_handler
reti
org    0Ch                        ; 第 1 列模拟模块中断向量
ljmp_FlashTemp_1_FlashTempInt
reti
org    10h                        ; 第 2 列模拟模块中断向量
// callvoid_handler
reti
org    14h                        ; 第 3 列模拟模块中断向量
// callvoid_handler
reti
org    18h                        ; 全局时钟 VC3 中断向量
// callvoid_handler
reti
org    1Ch                        ; GPIO 中断向量
// callvoid_handler
```

```
reti
org    20h                    ; 数字系统模块 DBB00 中断向量
ljmp_ADCINCVR_1_CNT_ISR
reti
org    24h                    ; 数字系统模块 DBB01 中断向量
ljmp_Counter8_1_ISR
reti
org    28h                    ; 数字系统模块 DCB02 中断向量
ljmp_SPIM_1_ISR
reti
org    2Ch                    ; 数字系统模块 DCB03 中断向量
ljmp_Counter8_2_ISR
reti
org    30h                    ; 数字系统模块 DBB10 中断向量
// callvoid_handler
reti
org    34h                    ; 数字系统模块 DBB11 中断向量
ljmp_ADCINCVR_1_PWM16_ISR
reti
org    38h                    ; 数字系统模块 DCB12 中断向量
ljmp_UART_1_RX_ISR
reti
org    3Ch                    ; 数字系统模块 DCB13 中断向量
ljmp_UART_1_TX_ISR
reti
org    60h                    ; I2C 中断向量
// callvoid_handler
reti
org    64h                    ; 睡眠时间定时器中断向量
// call void_handler
reti
```

boot. asm 文件中的中断向量名称会根据设计者在器件编辑模块所用的用户模块名称而改变，改变的时间是用户“产生应用”(‘Generate Application’)的时候，也就是对在硬件编辑器(Device Editor)完成的硬件设计进行编译，产生硬件配置文件的时候，开发系统确定了用户模块的名称，同时也就确定了对应的中断向量的名称。

设置睡眠定时器和看门狗定时器有效以后，由中断控制器向 M8C CPU 提供定时睡眠功能和程序飞车保护功能。

时钟源包括内部主振荡器(IMO)提供的 24MHz 主时钟、内部低频振荡器(ILO)提供的

32kHz 时钟、外置钟表晶体振荡器构成的振荡器(ECO)组成的 32.768kHz 实时时钟和锁相环(PLL)电路。使用外置钟表晶体振荡器组成振荡器产生 32.768kHz 精确时钟源时，可以通过片上集成的锁相环电路校准内部主振荡器提供的主时钟，并且可以把 24MHz 主时钟倍频到 48MHz 供片上高速器件使用。

图 2.9 所示内核中还含有一个管理只读存储器 SROM(Supervisory ROM)，SROM 保存有实现 PSoC 芯片器件启动、电路校准和执行 Flash 程序存储器操作功能的代码，这些功能函数由操作码(opcode)为 00h 的管理系统调用指令 SSC(Supervisory System Call instruction)调用执行。

2. 系统资源

图 2.9 所示系统资源包括数字时钟(Digital Clocks)产生电路、用于快速 8 位乘法的 32 位累加器(Multiply Accum.)模块电路、抽取滤波器(Decimator)、二线制同步通信(I^2C)模块电路、上电复位(POR)电路、低电压检测(LVD)电路、系统复位(System Resets)电路、内部参考电压(Internal Voltage Ref.)产生电路和集成的开关模式泵(Switch Mode Pump)控制逻辑电路。所有系统资源都连接到系统总线。

CY8C27x43 系列芯片系统资源与 2.1.2.1 和 2.1.2.2 描述的对应资源相同。其中，低电压检测器监测(LVD)电路用来监视电源电压，可以设置低电压门限电压，当电源电压低于该阈值时向 CPU 产生中断；I^2C 串行接口提供工业标准的二线制同步通信协议，可以连接具有 I^2C 串行接口的 E^2PROM 等外围设备，具有 50kHz、100kHz 和 400kHz 三种传输频率；系统使用 32 位累加器实现的快速 8 位乘法器，用来协助通用数学运算和数字滤波器功能。抽取滤波器专门针对创建 Δ-Σ 模拟-数字转换器提供定制硬件滤波器。

3. 数字系统

数字系统(Digital System)主要由数字模块阵列(Digital Block Array)组成，CY8C27x43 系列芯片的数字模块阵列均为 8 个模块，按照 2 行 4 列的方式排列，其中，第 1 列和第 2 列为基本的数字模块(DBB)，第 3 列和第 4 列为带有通信功能的数字模块(DCB)。所有的数字模块都是一个独立的长度为 8 位的数据通路(data path)，输入端都带有多路复用器，输出端都带有多路反复用器，同时带有级联信号和相应的配置寄存器。每一个数字模块的功能都是独立的，不受其他任何模块的限制，每一个模块都可以得到最多 7 个配置寄存器为其服务。每一个数字模块都可以独立配置成以下 5 个基本功能中的一种：定时器 timer、计数器 counter、脉宽调制器 PWM(Pulse Width Modulator)、伪随机系列发生器 PRS(Pseudo Random Sequence)和循环冗余校验器 CRC(Cyclic Redundancy Check)。这些基本功能都可以单独使用，也可以通过级联信号形成宽度高于 8 位的相应功能部件。数字模块还具有两种额外的功能：主/从同步通信接口 SPI 和全双工的异步通信接口 UART。

所有数字模块都连接到系统总线，可以通过 CPU 查询状态和控制输出。

数字系统可以通过全局数字互联(Global Digital Interconnect，GDI)信号线与芯片端口引脚相连接，GDI 总线包含 4 组 8 位信号线，其中，两组输入 GI(Global Input)、两组输出 GO(Global Output)。集成开发环境 PSoC Designer 中，GDI 总线根据所选芯片的引脚奇/偶数端口号进行进一步的细分标注，能够连接到偶数端口管脚的输入线，标注为 GIE(Global Input Even)总线；能够连接到奇数端口管脚的输入线，标注为 GIO(Global Input

Odd)的总线。GDI 输出总线标注为 GOE(Global Output Even)的总线，表示能够连接到偶数端口管脚的 GDI 总线输出信号线；标注为 GOO(Global Output Odd)的总线，表示能够连接到奇数端口管脚的 GDI 总线输出信号线。因此，4 组 8 位 GDI 总线分别标注为：GIO[7：0]和 GIE[7：0]为输入总线，GOO[7：0]和 GOE[7：0]为输出总线。

数字系统模块按照行的方式排列，每一行共用 4 根输入信号线和 4 根输出信号线，分别标注为 RI 和 RO。由于 CY8C27443 芯片含有 8 个数字模块，按照两行排列，每行 4 个模块。因此，针对 CY8C27443 芯片 RI0[3：0]和 RO0[3：0]分别表示第 0 行的输入信号线和第 0 行输出信号线，RI1[3：0]和 RO1[3：0]分别表示第 1 行的输入信号线和第 1 行输出信号线。这种信号线被称为行互联 RDI(Row Digital Interconnect)总线。在集成开发环境 PSoC Designer 中，行互联输入总线采用红色线条绘制，位于模块的上面；行互联输出总线采用蓝色线条绘制，位于模块的下面，如图 2. 10 所示。

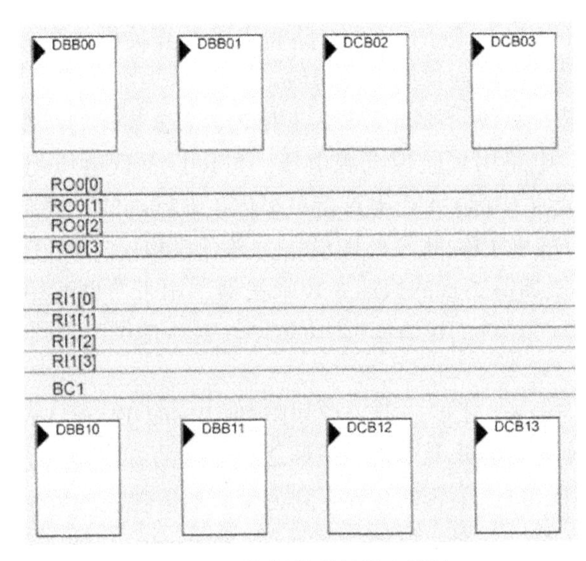

图 2. 10　按行排列的数字模块

因此，如果某个管脚所连接的外部信号需要直接输入到某个数字模块进行处理，首先需要在这个位置放置处理器件(如定时器或者计数器)，其次把这个数字模块输入信号通过输入多路复用器连接到某条行输入线 Rix[y]，然后点击该行输入线的多路复用开关，选择某条 GDI 输入总线 GIE[z]/ GIO[z]，接下来点击未被使用的管脚，设置驱动(Drive)方式为高阻抗(High Z)，选择连接到对应的 GDI 输入信号线 GIE[z]/GIO[z]。

4. 模拟系统

模拟系统(Analog System)主要由模拟块阵列(Analog Block Array)和模拟参考电压(Analog Ref.)电路、模拟输入多路复用(Analog Input Muxing)电路组成，CY8C27443 芯片的模拟块阵列为 12 个模块，按照以列为单位排列的方式编排为 4 列 3 行，其中每列的第 0 行都是连续时间模拟模块 ACB(Analog Continuous Time blocks)；每列的第 1 行和第 2 行均为开关电容模拟模块(Switched Capacitor Block)，分别由一个 C 型开关电容模块(ASC)和一个 D 型开关电容模块(ASD)组成。在集成开发环境 PSoC Designer 中，模拟模块的标注还增加了模块所在位置的行列号，如图 2.11 所示。图中 ACB02 表示位置在第 0 行第 2 列的连续时间模拟模块，ASD11 表示位置在第 1 行第 1 列的 D 型开关电容模拟模块，ASC23 表示位置在第 2 行第 3 列的 C 型开关电容模拟模块。

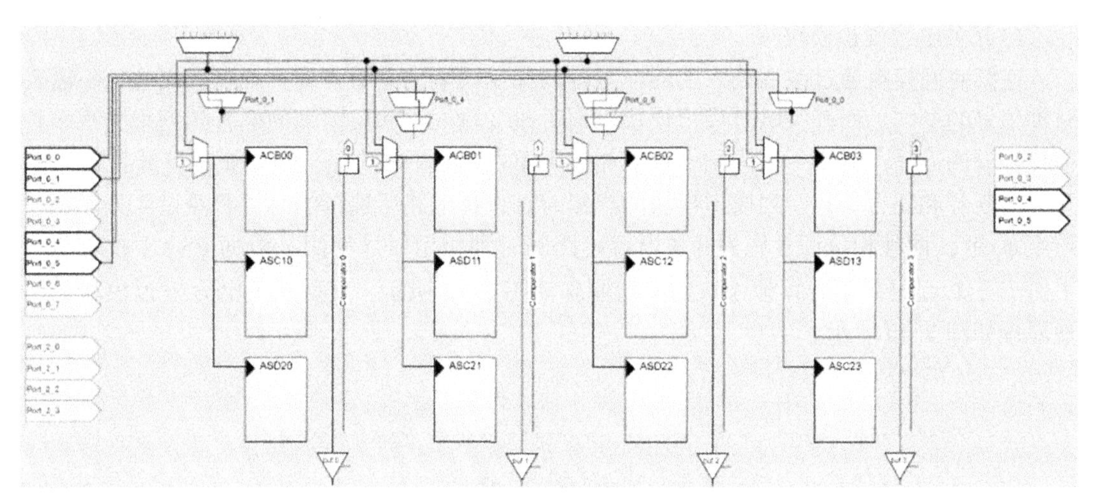

图 2.11 以列为单位排列的模拟模块

1)输入多路复用器

模拟时钟选择电路由 2 个全局模拟时钟选择器和 4 个列模拟时钟选择器组成。全局模拟时钟选择器是 8 选 1 的多路复用器，其输入为芯片所包含的 8 个数字模块的输出，其输出均作为列模拟时钟选择器的 4 个输入之一。列模拟时钟选择器的另外两个输入为 VC1 和 VC2，VC1 和 VC2 是可以在全局资源管理器中进行设置的全局时钟。从图 2.11 看出，每一列模拟模块都共用同一个时钟源，每一列的时钟源都可以通过本列独有的 4 选 1 的列模拟时钟选择器选择 4 时钟源的 1 种作为本列模拟模块共同使用的时钟。

同理，图 2.11 中所示的每一列模拟模块的输入信号由四个 4 选 1 模拟开关和两个 2 选 1 的模拟开关完成，每一列的输入信号都可以通过这 6 个多路复用器把 P0 端口的 8 个信号引脚的任何一个信号作为本列的输入信号源。

2)以列为单位共用输出

模拟系统的输出信号也是按照以列为单位排列的方式共用的，包括向 CPU 提供状态的 CBUS(Comparator bus)总线和 4 个强电流模拟信号输出驱动器。每一列的 CBUS 总线同一时间只能由该列中三个模拟模块中的一个驱动。

每一列均含有一个强电流模拟信号驱动器，分别驱动 P0 端口的 P02、P03、P04 和 P05 管脚，同一时间每一列只能由该列三个模拟模块中的一个控制该驱动器。

3)连续时间模拟模块

每一列的第 0 行都是由连续模拟模块组成的，连续时间模拟模块从原理上来讲和一般的模拟集成电路区别不大，其核心是一个输入和输出均为轨对轨(Rail to Rail)的、低偏移的、低噪声的高精度运算放大器，以及可配置的高精度电阻阵列和较为完善的多路复用电路。通过设置控制寄存器的每一位对多路复用器进行不同选择，实现在运算放大器输入端的电阻阵列和输入端与输出端之间的反馈电阻阵列进行精确配置，可以实现多种高精度的基于运算放大器的模拟外部设备。连续时间系统可以实现的外部设备包括：可调增益和幅值的放大器、适度响应时间的模拟比较器、由两个连续时间模块构成的微分增益仪器放大器。

4）开关电容模拟模块

连续时间模块通过改变输入端的电阻阵列和反馈端的电阻阵列实现多种用途，不需要时钟信号的参与。而开关电容模拟模块则通过改变输入端和反馈端的电容阵列来实现多种模拟外设的设计，需要一个同频率、双相位无重叠的两种时钟信号 φ_1 和 φ_2 持续控制电容开关的断开和闭合。每一列模拟模块的模拟时钟选择电路所选择的时钟源经过 4 分频以后产生 φ_1 和 φ_2 两种相位信号作为开关电容电路的时钟相位信号使用。根据 PSoC1 技术参考手册[11]，C 型开关电容模拟模块的实现原理如图 2. 12 所示，D 型开关电容模拟模块的实现原理如图 2. 13 所示。

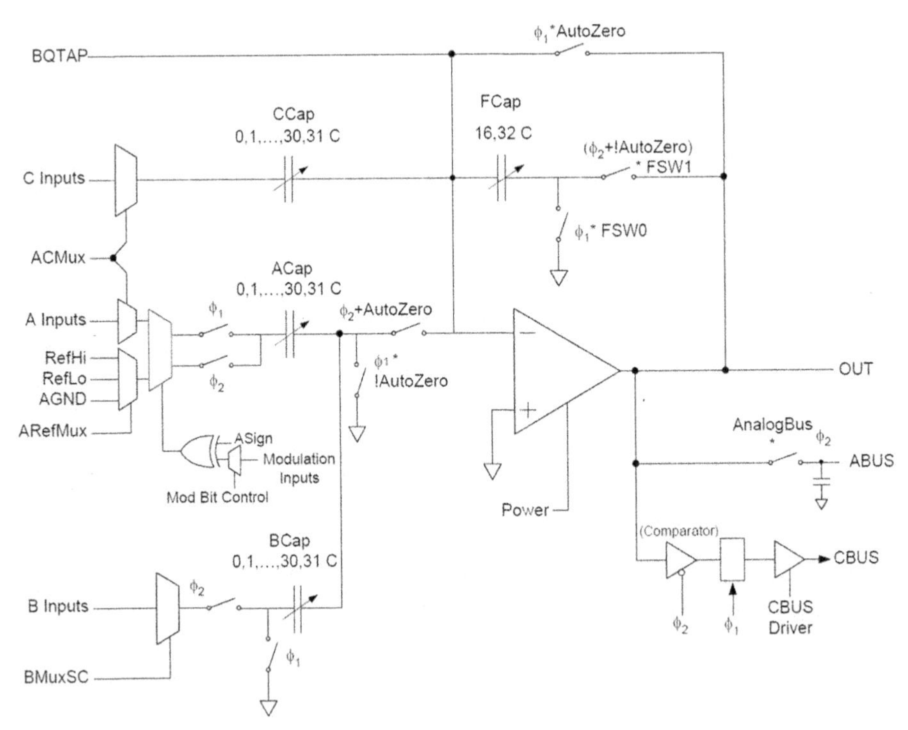

图 2. 12　C 型开关电容模拟模块[11]

无论是 C 型还是 D 型开关电容电路，改变运算放大器输入端的电容阵列 ACap、BCap、CCap 和输入端与输出端的反馈电容阵列 FCap 的电容容量以及连接方式，整个电路的效果都会发生改变，可以设计构建不同的模拟外部设备。模拟系统通过开关电容控制寄存器来实现图中 ACap、BCap 和 CCap 电容值的改变，在每一个开关电容模拟模块中，如果三组 ACap、BCap 和 CCap 电容中的一组电容所对应的控制寄存器名称为 XCap，那

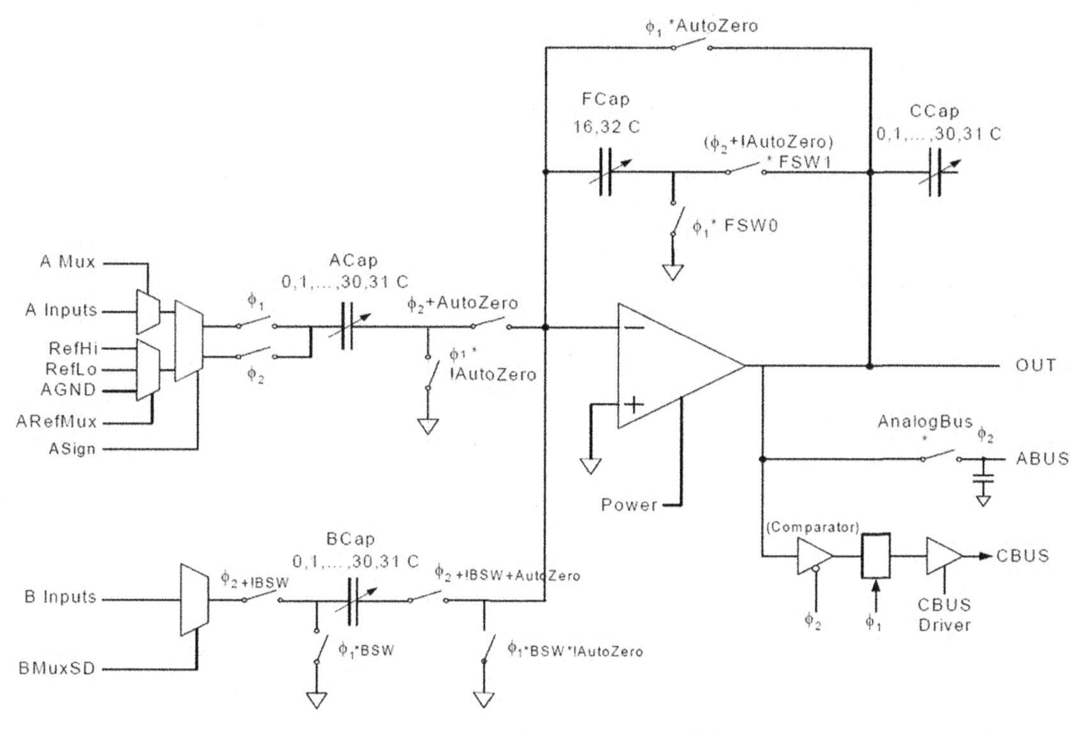

图 2.13　D 型开关电容模拟模块[11]

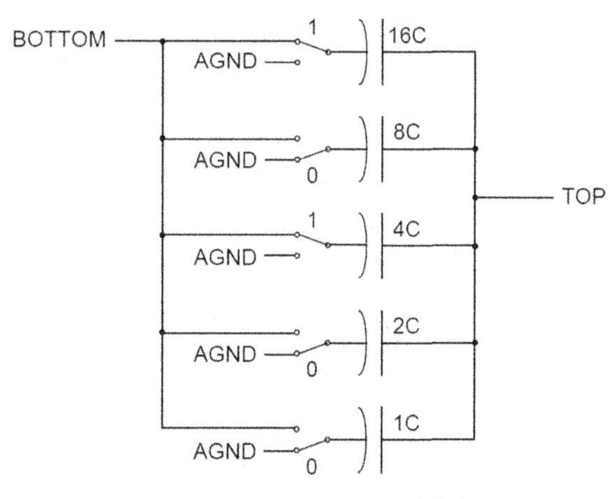

图 2.14　开关电容的配置[11]

么，图 2.14 所示电容开关开启/闭合示例为图中开关所对应的控制寄存器 XCap[4：0]=14h=10100b 时所出现的效果。

通过改变 ACap、BCap、CCap 和 FCap 的电容容量，可以实现 Δ-Σ 型、逐次逼近型和增量型模拟-数字转换器、电容型数字-模拟转换器、开关电容滤波器。

在集成开发环境 PSoC Designer 软件中，通过器件编辑器（Device Editor），可实现模拟模块的配置，创建系统所需的模拟外部器件，构建片上模拟系统。

2.4　PSoC Designer 的使用

在使用 PSoC 系列芯片之前，笔者曾经采用 51 系列单片机（MCU）系统研制开发过一些小型应用系统，如火电厂制氢站的超声液位仪、火电厂油库储油罐的油位/油量监测系统、梯级水电站远程监测系统、火电厂锅炉供煤管道中风粉混合速度监测系统等。这些小型应用系统的开发主要分成三大部分，核心是 MCU 系统的设计，其次是数字系统的设计，最后是模拟系统的设计。MCU 系统以单片机为核心，采用 EPROM/E^2PROM 芯片作程序存储器，选用静态 RAM 芯片作数据存储器，系统三大部件之间往往还需要选用专用的总线驱动器连接。如果是多路复用总线，则还需要总线锁存芯片参与完成去复用功能才能实现；数字系统的设计一般采用 74 系列 TTL/CMOS 逻辑芯片或者 4000 系列 CMOS 芯片进行设计；模拟系统的设计更是要小心谨慎，高精度、低偏移量和低噪声运算放大器的选择不仅要考虑精度，还需要考虑其成本，ADC/DAC 芯片的选择更需要花费额外的代价。

以单片机为核心的小型应用系统研制、开发和实现，首先设计采用运算放大器、电阻和电容阵列实现小信号的调理、放大和滤波的小信号处理模拟电路，然后设计放大整形以后的标准模拟信号与 CPU 之间的接口电路(ADC/DAC)，最后才是软件系统的设计和实现。三种系统在同一块印刷电路板上实现，其尺寸大小甚至超过了今天的一台个人电脑的主机主板。

由于可编程片上系统系列芯片的出现这一切得到了终结。PSoC 可编程片上系统系列芯片，集成了以微控制器 MCU 为核心的数字系统和模拟系统，把三种系统集成在同一个芯片上，使系统研发、设计和实现过程大大简化，从而减轻了开发人员的负担，提高了所开发应用系统的可靠性，降低了成本。

当然任何事情都存在两面性，减轻了应用系统研发人员开发工作负担的同时，也增加了学习任务。新系统的学习包括芯片内容的了解和集成开发环境的熟练掌握，这都需要花费大量的时间和精力，仅仅是一个芯片的使用说明书就超过 300 页，技术手册超过 500 页。更重要的一点，特别是硬件系统开发人员，需要抛弃自己经过长期积累所掌握的技能，这是需要勇气的。

学习了芯片的基本原理、所能实现的功能和芯片本身的封装形式、大小尺寸、引脚排列和相关电气规范、使用要求以及其他参数以后，就可以考虑使用该芯片来开发相关的应用系统了。PSoC1 系列芯片的应用系统开发分为硬件和软件两个方面：片上硬件和系统软件的开发设计在集成开发环境 PSoC Designer 中实现，片外硬件系统开发需要连同 PSoC1 芯片一起在印刷电路板上实现。

小型应用系统需依靠印刷电路板实现，首先需要专用的电路板设计软件进行原理图的绘制，根据所绘制的原理图进行 PCB 电路板设计，然后由 PCB 电路板制造公司根据所绘制的 PCB 电路图制作 PCB 电路板成品，电路板外协加工回来以后再在 PCB 电路板成品上焊接所需要的集成电路、电阻电容等外部元器件，最后把自己在集成开发环境 PSoC Designer 中设计完成的片上应用系统编译创建的目标文件(.HEX)下载写入 Flash 存储器所组成的程序存储器。这样基于 PSoC1 系列芯片的应用系统开发才算完成，当然其中可能还需要不断地调试、改进设计和重新制作电路板等。

关于电路图原理图绘制和 PCB 电路板的设计制作需要专门的软件完成，这样的软件有很多，作为小规模、小批量的电路板制作软件，一般采用老版本的 Protel 以及新版本的 AD(Altium Designer)软件。关于 AD 电路板制作软件的使用视频和书籍有很多，本书不再作专门介绍。

学习芯片的特性、原理和功能以及学习芯片的开发环境和工具，都是为了应用，为了设计新的应用系统，以便创造代替人工劳作的更好的劳动工具，降低劳动力成本，提高生产效率。学习—应用—在应用中学习—在学习中应用，是一个非常好的正反馈循环。

2.4.1　PSoC Designer 主要窗口

PSoC1 系列芯片的集成开发环境是 PSoC Designer 软件，该软件最新版本是 5.4SP1，是一款基于 Windows 操作系统的免费专用开发工具，可以方便实现 PSoC1 系列芯片的片内硬件系统和应用系统软件的集成开发。在赛普拉斯官方网站使用电子邮件注册、登录后，下载 PSoC Designer 安装程序，完成安装后可以双击图标开始运行。PSoC Designer 首次启动界面如图 2.15 所示，可以选择后注册，软件同样可以使用。软件注册成功以后的登录界面如图 2.16 所示。点击 PSoC Designer News 下面的“Log in”(登录)链接，软件调用 IE 浏览器，跳转到官方网站用户登录页面。

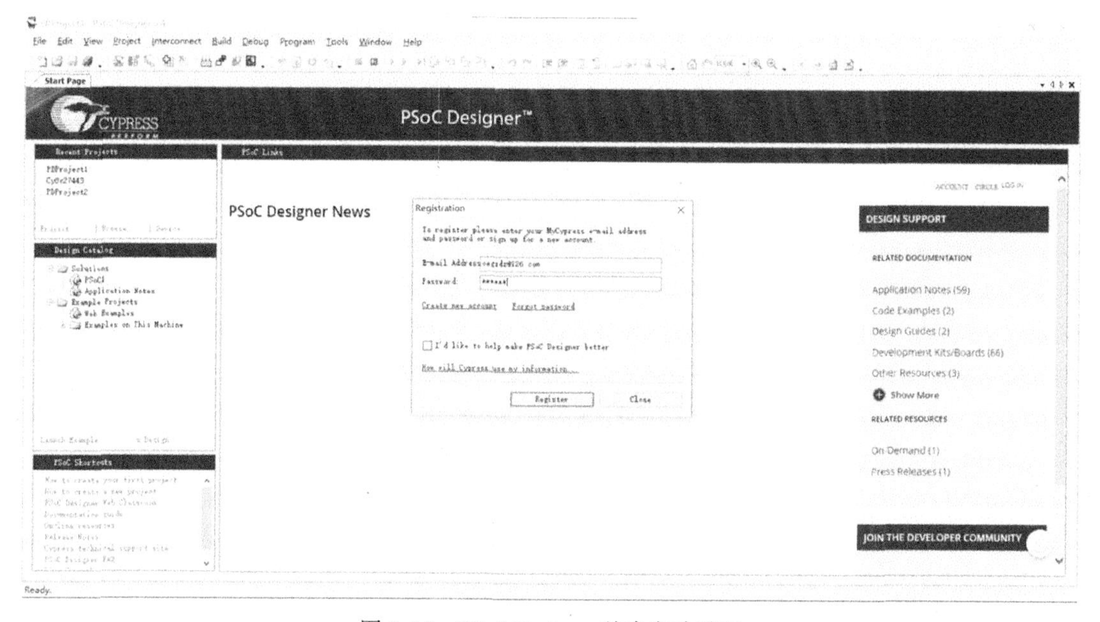

图 2.15　PSoC Designer 首次启动界面

新建一个项目(鼠标单击“File”→“New project...”或者使用“Ctrl+Shift+N”快捷键)后弹出项目选项窗口如图 2.17 所示。在这里我们可以完全采用默认的所有参数，也可以修改新项目的名称和存放的目录，选择单独为这个工程创建新的目录，或者选择完全新建项目、克隆已经完成的项目或者克隆现有的例子来新建项目，或者选择目标器件或者采用系统默认的目标器件创建项目，还可以选择软件的编译环境是用 C 语言设计新系统还是用汇编语言设计新的系统。

小型应用系统的研制、设计和开发是一个学习—实践—总结提高的过程，特别是对硬

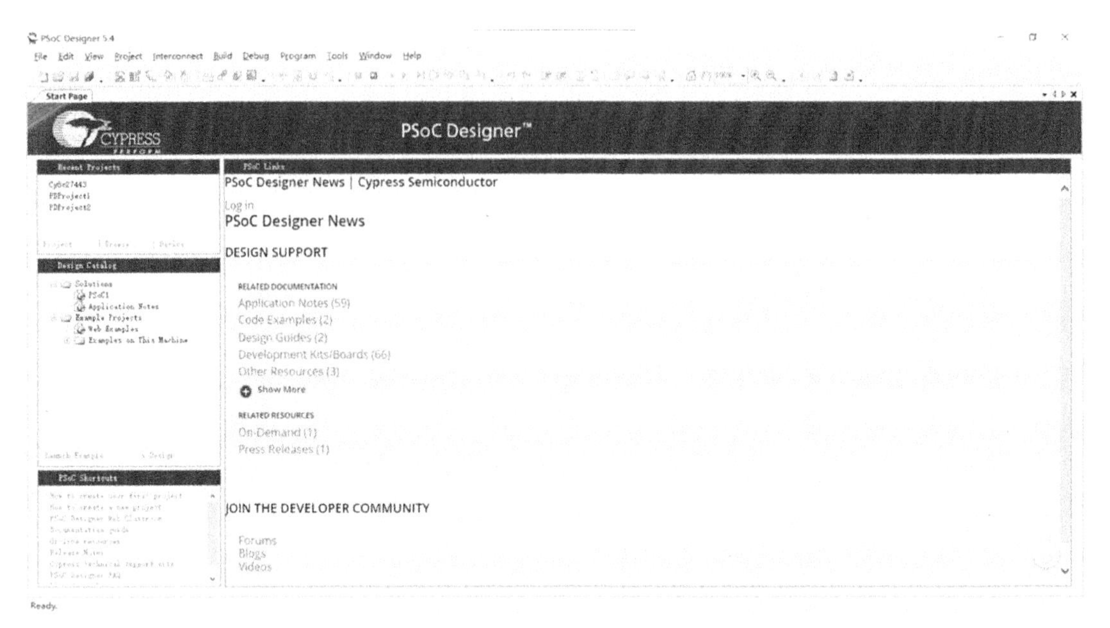

图 2.16　PSoC Designer 注册后的启动页面

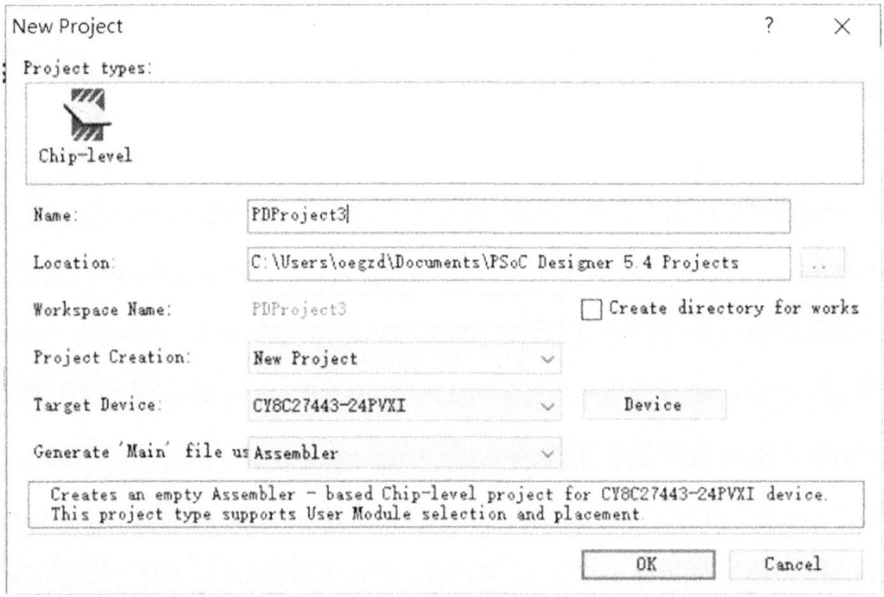

New Project
Project types:
Chip-level
Name: PDProject3
Location: C:\Users\oegzd\Documents\PSoC Designer 5.4 Projects
Workspace Name: PDProject3　Create directory for works
Project Creation: New Project
Target Device: CY8C27443-24PVXI　Device
Generate 'Main' file us Assembler
Creates an empty Assembler - based Chip-level project for CY8C27443-24PVXI device.
This project type supports User Module selection and placement.
OK　Cancel

图 2.17　新建项目选项

件开发人员来说，这更是一种经验积累。因此这里的选项中“克隆项目”的选择非常重要，这是充分利用原来所积累的经验和成果来实现新的应用的过程。另外，在这里目标器件(Target Device)的选择也比较关键，这里的目标器件指的就是 PSoC1 系列芯片的具体型号选择。因为芯片型号不同，其片内所包含的系统资源、数字系统和模拟系统的模块数量也不相同，甚至是封装形式也各有差异，而在系统设计过程中没有找到其他地方可以重新选择更改已建项目的目标器件。目标器件的选择可以在下拉列表中直接查找，也可以单击器件(Device)按钮，在弹出的器件种类(Device Catalog)选择窗口中进行选择，如图 2.18 所示。

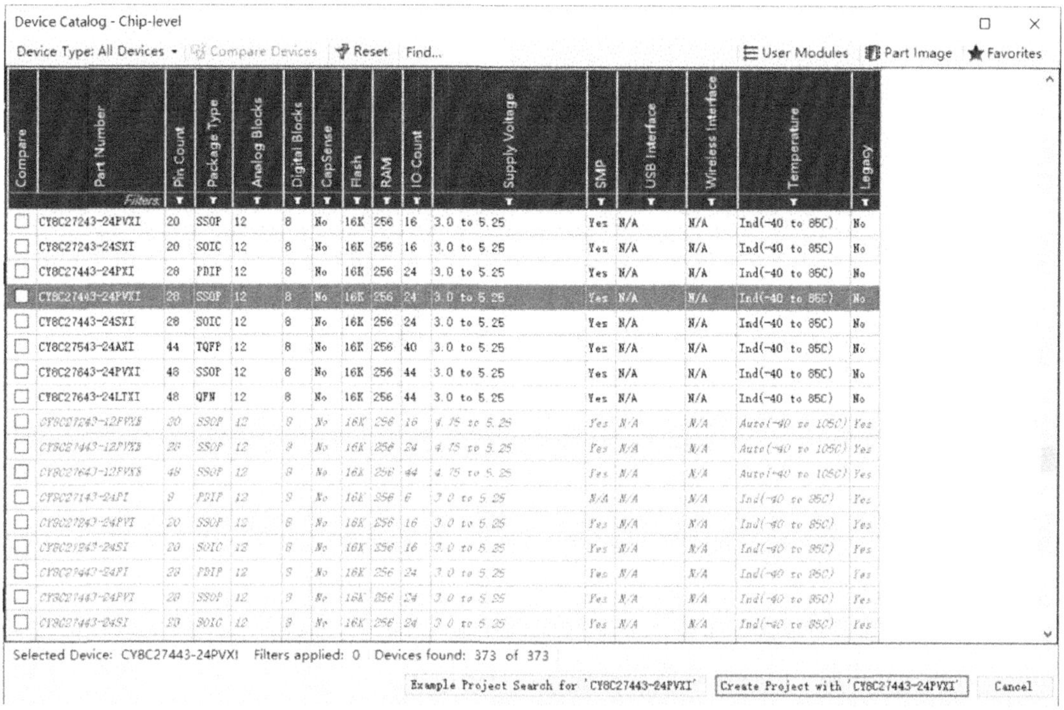

Device Catalog - Chip-level

Device Type: All Devices ▾ | Compare Devices | Reset | Find... | User Modules | Part Image | Favorites

Compare	Part Number	Pin Count	Package Type	Analog Blocks	Digital Blocks	CapSense	Flash	RAM	IO Count	Supply Voltage	SMP	USB Interface	Wireless Interface	Temperature	Legacy
☐	CY8C27243-24PVXI	20	SSOP	12	8	No	16K	256	16	3.0 to 5.25	Yes	N/A	N/A	Ind(-40 to 85C)	No
☐	CY8C27243-24SXI	20	SOIC	12	8	No	16K	256	16	3.0 to 5.25	Yes	N/A	N/A	Ind(-40 to 85C)	No
☐	CY8C27443-24PXI	28	PDIP	12	8	No	16K	256	24	3.0 to 5.25	Yes	N/A	N/A	Ind(-40 to 85C)	No
☐	CY8C27443-24PVXI	28	SSOP	12	8	No	16K	256	24	3.0 to 5.25	Yes	N/A	N/A	Ind(-40 to 85C)	No
☐	CY8C27443-24SXI	28	SOIC	12	8	No	16K	256	24	3.0 to 5.25	Yes	N/A	N/A	Ind(-40 to 85C)	No
☐	CY8C27543-24AXI	44	TQFP	12	8	No	16K	256	40	3.0 to 5.25	Yes	N/A	N/A	Ind(-40 to 85C)	No
☐	CY8C27643-24PVXI	48	SSOP	12	8	No	16K	256	44	3.0 to 5.25	Yes	N/A	N/A	Ind(-40 to 85C)	No
☐	CY8C27643-24LTXI	48	QFN	12	8	No	16K	256	44	3.0 to 5.25	Yes	N/A	N/A	Ind(-40 to 85C)	No
☐	CY8C27243-12PVXE	20	SSOP	12	8	No	16K	256	16	4.75 to 5.25	Yes	N/A	N/A	Auto(-40 to 105C)	Yes
☐	CY8C27443-12PVXE	28	SSOP	12	8	No	16K	256	24	4.75 to 5.25	Yes	N/A	N/A	Auto(-40 to 105C)	Yes
☐	CY8C27643-12PVXE	48	SSOP	12	8	No	16K	256	44	4.75 to 5.25	Yes	N/A	N/A	Auto(-40 to 105C)	Yes
☐	CY8C27143-24PI	8	PDIP	12	8	No	16K	256	6	3.0 to 5.25	N/A	N/A	N/A	Ind(-40 to 85C)	Yes
☐	CY8C27243-24PVI	20	SSOP	12	8	No	16K	256	16	3.0 to 5.25	Yes	N/A	N/A	Ind(-40 to 85C)	Yes
☐	CY8C27243-24SI	20	SOIC	12	8	No	16K	256	16	3.0 to 5.25	Yes	N/A	N/A	Ind(-40 to 85C)	Yes
☐	CY8C27443-24PI	28	PDIP	12	8	No	16K	256	24	3.0 to 5.25	Yes	N/A	N/A	Ind(-40 to 85C)	Yes
☐	CY8C27443-24PVI	28	SSOP	12	8	No	16K	256	24	3.0 to 5.25	Yes	N/A	N/A	Ind(-40 to 85C)	Yes
☐	CY8C27443-24SI	28	SOIC	12	8	No	16K	256	24	3.0 to 5.25	Yes	N/A	N/A	Ind(-40 to 85C)	Yes

Selected Device: CY8C27443-24PVXI Filters applied: 0 Devices found: 373 of 373

Example Project Search for 'CY8C27443-24PVXI' | Create Project with 'CY8C27443-24PVXI' | Cancel

图 2.18 目标器件种类选择窗口

图 2.18 所示的目标器件种类选择窗口列出了能够在 PSoC Designer 软件中作为目标器件的所有芯片，包含片上资源等绝大多数的参数都有列表，当前不再生产的芯片为不可选用的灰色，选择非常直观。新项目创建完成以后进入集成开发环境的主界面，直接进入器件编辑器界面，默认隐藏程序设计界面，如图 2.19 所示。

在图 2.19 PSoC Designer 窗口布局中，数字标注所对应的区域所属窗口分别为：1 为全局资源(Global Resources)设置窗口，2 为参数(Parameters)显示窗口，3 为引脚(Pinout)参数设置窗口，4 为芯片级编辑器(Chip-Level Editor)窗口，5 为工作区(Workspace)浏览器窗口，6 为用户模块(User Modules)窗口，7 为已经自动隐藏的当前有效器件的数据手册(Datasheet)显示窗口，8 为已经使用的片内可用器件资源统计表(Device Resource Meter)窗口，9 为已经自动隐藏的编译、构建、调试等信息输出(Output)显示窗口。

系统主界面中，图 2.19 中 4 所标注的器件编辑器窗口区是 PSoC Designer 软件的主工作区，其他所有窗口都是为主工作区的器件编辑器服务的。如果选择关闭器件编辑器主工作区，则其他 8 个窗口都将自动关闭，软件自动进入如图 2.16 所示的 PSoC Designer 的启动页面，如果启动页面也已经关闭，PSoC Designer 将只剩下最上面的软件名称及版本标

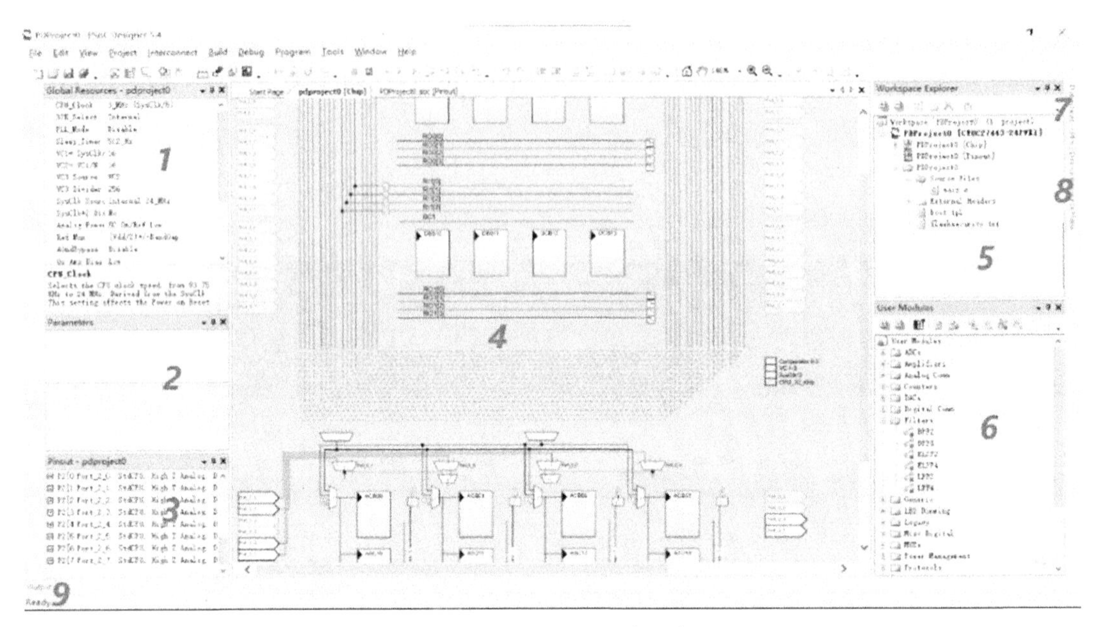

图 2.19　PSoC Designer 窗口布局

题栏、菜单栏、快捷图标栏和软件主窗口以及最下面的状态栏，上述所有 9 个窗口所在的位置将变成灰底空白区，表示当前主工作区没有已经打开的项目。

在图 2.17 新建项目选项中产生主文件(Generate‘Main’file using…)可以选择 C 语言和汇编语言两种方式创建。选择 C 语言创建时，自动产生 main.c 的主文件名；选择汇编语言创建时，产生 main.asm 的主文件名。C 语言和汇编语言编辑器环境所在的应用系统软件开发调试窗口在图 2.19 中并未显示出来，而是处于自动隐藏状态。可以在图 2.19 中标注为 5 的工作区浏览器窗口所属的树形列表中找到程序源文件，C 语言程序的主文件名是 main.c，汇编语言程序的主文件名是 main.asm，用鼠标双击该文件名，软件将进入程序设计状态。标注为 4 的器件编辑器窗口自动转变为一个只显示页面名称为“项目名称[Chip]”的页面，而页面器件编辑主界面自动隐藏，4 所在的器件编辑器窗口自动切换成源程序编辑窗口，除了 5 标注的工作区浏览器窗口保留以外，其他所有窗口将自动隐藏。PSoC Designer 进入程序设计状态以后的窗口排列和一般的软件集成开发环境类似，这里不再重复。

2.4.2　PSoC Designer 片内系统设计

下面以 CY8C27443 芯片为目标器件，通过在芯片内部设计一个片上 AD 转换器过程为例，说明集成开发环境中各个窗口的作用，以及采用集成开发环境实现 PSoC1 系列芯片的片内系统设计流程。

首先双击 PSoC Designer 软件图标运行集成开发环境，新建以 CY8C27443PVXI 芯片为目标器件，以 C 语言为开发软件的新项目，进入如图 2.19 所示的主界面。我们将看到标注为 4 的器件编辑器窗口中的所有数字系统模块和模拟系统模块均为空白，也就是说没有设计成我们所期望的外部元件，其他所有的参数均为缺省参数，如在全局资源窗口中 CPU 的工作频率(CPU_Clock)被缺省设置为“3MHz(SysClk/8)”，也就是说系统内部主振荡器所产生的时钟频率除以 8 以后所得到的时钟频率 3MHz 作为 CPU 工作主时钟的频率。为了提高器件的工作效率，我们期望 CPU 采用最高频率 24MHz 工作，因此通过单击“3 MHz(SysClk/8)”右边的下拉列表框，选择第 1 项，把该项设置为“24MHz(SysClk/1)”，也就是令 CPU 的工作时钟频率为 24MHz。用同样的方法可以设计其他的全局资源变量，需要注意的一点是，VC1、VC2 和 VC3 这三个全局时钟源的频率设置是内部主震荡时钟频率或者对应时钟源的分频数即除数。设置完成后的完整全集资源如图 2.20 所示。下面对图 2.20 所示的全局资源设置项目逐一进行解释介绍。

Global Resources - cy8c27443

CPU_Clock	24_MHz (SysClk/1)
32K_Select	Internal
PLL_Mode	Disable
Sleep_Timer	1_Hz
VC1= SysClk/N	2
VC2= VC1/N	2
VC3 Source	VC2
VC3 Divider	10
SysClk Source	Internal 24_MHz
SysClk*2 Disable	Yes
Analog Power	SC On/Ref High
Ref Mux	(Vdd/2)+/-BandGap
AGndBypass	Enable
Op-Amp Bias	Low
A_Buff_Power	High
SwitchModePump	ON
Trip Voltage [LVD (SMP)]	4.81V (5.00V)
LVDThrottleBack	Disable
Supply Voltage	5.0V
Watchdog Enable	Disable

图 2.20　PSoC1 全局资源设置

1. 全局资源设置

(1)CPU 时钟(CPU_Clock)选择：可以通过下拉列表选择 8 种频率之一，由片内集成的主振荡器产生的系统时钟分频后得到。

(2)32k 时钟选择(32K_Select)：可以通过下拉列表选择内置振荡器所产生的 32kHz 或者外接钟表晶体振荡器后由芯片 P1[4]引脚提供的外部 32.768kHz 时钟。

(3)锁相环模式(PLL_Mode)选择：可以通过下拉菜单选择无效(Disable)或者外部锁定(Ext Lock)两种方式之一。

(4)睡眠定时器(Sleep_Timer)参数设定：可以通过下拉菜单选择 512Hz、64Hz、8Hz 和 1Hz 四种频率之一。睡眠定时器是一个由 15 位增量型计数器构成，由前项选中的 32kHz 全局时钟源驱动。如果允许睡眠定时器中断，计时到设定时间时产生中断，睡眠定时器的中断向量在 org 64h 处。睡眠定时器可以让 CPU 进入睡眠状态，也可以改变睡眠定时器的中断服务程序，作为通常通用的定时器使用。

(5) VC1 和 VC2：由片内集成的主振荡器产生的系统时钟分率后得到的全局链接时钟源，可以提供给数字系统和模拟系统使用。根据需要填写分频数。

(6) VC3：可以设置时钟源和分频数(VC3_Source and VC3_Divider)。与 VC1 和 VC2 类似，但是 VC3 可以使用系统时钟倍频后所得到的时钟作为时钟源，可以设置更广泛的频率时钟提供给数字系统使用，不能给模拟系统使用。

(7) 系统时钟源和系统时钟倍频允许(SysClk_Source and SysClk * 2 Disable)：可选内部时钟源或外部时钟源和是否允许倍频。

(8) 模拟系统功耗选择(Analog Power)：在下拉菜单中选择关闭开关电容模块或者提供不同驱动能力的参考电压形式来减小模拟系统的功耗，共有 7 种选择。

(9) 参考电压源(Ref Mux)选择：通过下来菜单选择系统使用的参考电压，共有 8 种参考电压可供选择。

(10) 模拟地旁路(AGndBypass)允许与否选择：选择允许时，需要在外接模拟地输入引脚 P2[4]外接滤波电容，滤波电容值在 0.01μF 到 10μF 之间选择，推荐使用 1μF 的外接滤波电容。

(11) 运算放大器偏差(Op-Amp Bias)：通过下拉菜单选择高(High)或者低(low)两种之一。选择高偏差时运算放大器会消耗更多的电流，同时也会增加其带宽和开关速度，降低其输出电阻。

(12) 模拟系统输出缓冲器驱动功率(A_Buf_Power)：通过下拉菜单选择高(High)或者低(Low)两种之一。用来选择模拟系统中每列共用一个的模拟输出器的驱动能力，影响驱动电流和反应时间。这 4 个模拟驱动器分别驱动 P0[2]、P0[3]、P0[4]和 P0[5]四个端口引脚。

(13) 电源电压泵(SwitchModePump)开关：开关模式泵的工作需要外接一些元器件和电池的供电，如果不需要电池供电则选择关闭。

(14) 跳闸电压(Trip Voltage [LVD(SMP)])选择：通过下拉菜单可以选择 8 种选择之一，前一个(括号外的)数字是触发低电压检测 LVD 电路产生中断的阈值电压，后一个(括号内的)数值是 SMP 电路需要提供的输出电压。该功能由已经集成到 PSoC1 芯片内部的精密上电复位电路 POR 提供。

(15) 低电压允许减速(LVD ThrottleBack)选择：选择允许时，LVD 检测到低电压时 CPU 降频运行。

(16) 供电电压(Supply Voltage)选择：可以选择 5.0V 和 3.3V 两种供电方式。

(17) 看门狗(Watchdog Enable)电路允许选择：选择允许时，计数时间到系统复位。程序正常运行时，为了防止系统进入复位状态，必须在三个睡眠时间以内复位该计数器。

2. 片上元器件设计

我们通过在片内设计一个 11 位分辨率的 Δ-Σ 模拟-数字转换器来简单地说明片内外围设备的设计方法。图 2.2 所示的用户模块列表中模数转换器由集成开发环境 PSoC Designer 软件提供了 8 种已经设计封装好的元器件可供开发人员直接使用，其中 11 位分辨率的

Δ-Σ模拟-数字转换器在用户模块中命名为 DELSIG11。选择用户模块 ADCs 子树下的 DELSIG11 节点，鼠标左键双击/右键单击选中放置(Place)/按住鼠标左键拖动到器件编辑器这三种方式均可实现使用片上数字系统和模拟系统完成 11 位分辨率的 Δ-Σ 模拟-数字转换器的片内操作。系统提供了两种 DELSIG11 ADC 实现的拓扑结构，因此在放置之前系统会自动弹出拓扑结构选择对话框，第 1 种实现方式称为 DS111，由一个开关电容模拟模块和一个数字模块构成，第 2 种实现方式称为 DS112，由两个开关电容模拟模块和一个数字模块构成。放置之前的用户模块拓扑结构选择如图 2.21 所示，默认选择第 1 种 DS111 实现方式时，单击“确定”即可完成该元件的放置。从器件编辑器中可以看出已经占用了一个数字模块 DBB00，该模块的标识名称也变成了 TMR，模拟系统中的 ASC10 模块也被标注为 ADC。两个被占用的模块均改变了颜色，表示这两个模块已经被用来设计我们所需要的 11 位分辨率的 Δ-Σ 模拟-数字转换器。同时图 2.19 中标注为 2 的参数窗口也已经不再空白，而是变成了刚刚由一个数字模块和一个开关电容模块构成的 11 位分辨率的 Δ-Σ 模拟-数字转换器的参数显示，如图 2.22 所示。

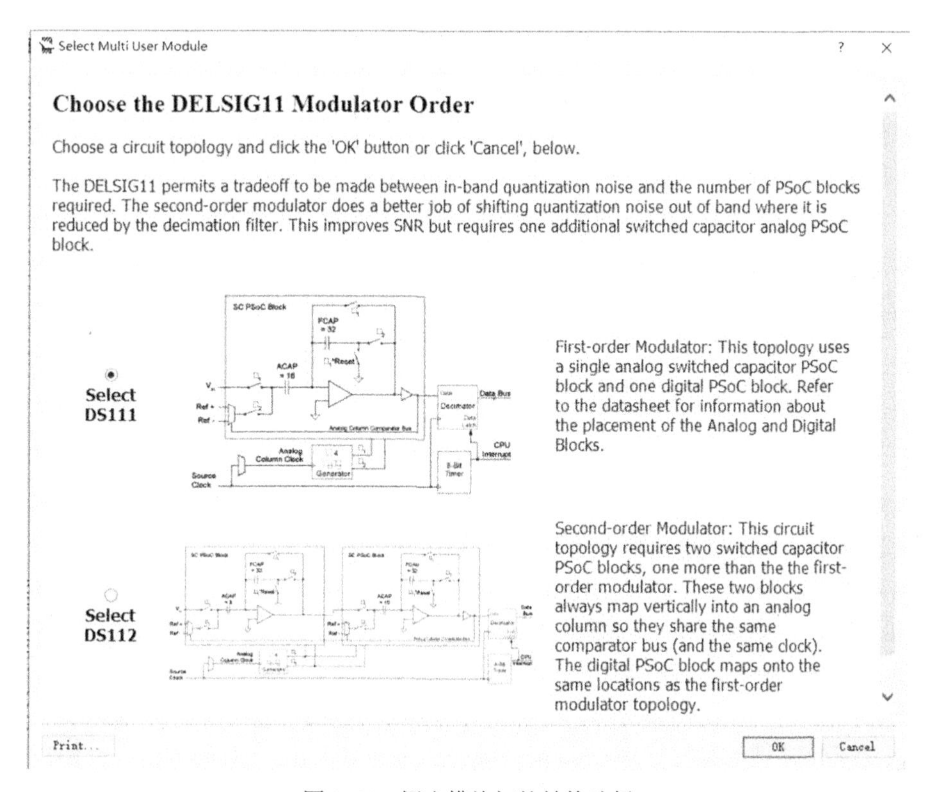

图 2.21　用户模块拓扑结构选择

在参数设置窗口中，可以对当前选中的器件进行参数设置和显示，能够设置的参数为正常颜色，不能设置只能显示的参数是灰色。在参数设置窗口可以把实现的器件名称按自己的要求进行更改，例如我们已经把刚刚实现的 11 位分辨率的 Δ-Σ 模拟-数字转换器的名称改变为“MyFirstADC”，另外需要设置的参数包括定时器的时钟、输入信号、时钟相位、数据组织方式和是否允许轮询方式工作等内容，图 2.22 显示的是已经设置完成的参数。

图 2.22　参数设置窗口

元器件参数的设置，除了可以在参数设置窗口中进行，也可以在所建立的元器件所在的模块中设置，窗口中的参数会随之改变。命名为“MyFirstADC”的 DELSIG11 器件有 5 个参数可以设置，其中，定时器时钟参数 TMR Clock 指的是构成“MyFirstADC”器件的数字系统中数字模块的时钟参数，数字系统的时钟参数可选范围非常广。鼠标单击参数 TMR Clock 右边的下拉列表框或者单击已经标注为 TMR 的数字模块 DBB00 的时钟输入端，可以看出参数 TMR Clock 可选的 14 种时钟源。由于数字系统是按照行排列的，任何一个数字模块都可以把本行数字模块所对应的 4 条行输入线、4 条行输出线和本行广播线上的信号作为时钟输入信号，另外还可以选择系统时钟的倍频 SysClk * 2 时钟、内部 32kHz 的低速时钟、全局通用时钟 VC1、VC2 和 VC3 作为模块时钟，因此有 14 个时钟源可供选择。但是 DELSIG11 器件手册中强调，组成 DELSIG11 器件的定时器时钟 TMR Clock 须要和对应构成本器件的 C 型开关电容模块所在模拟模块那一列所选择的时钟相同，才可以正常工作。以列为单位排列的模拟模块能够选择的时钟包括 8 个数字系统模块所产生的输出以及 VC1 和 VC2，VC1 是开关电容模块所能够得到的最高频率时钟。C 型开关模块 ASC10 选择了最高频率时钟源 VCR1，因此参数 TMR Clock 也选择 VCR1。

根据器件手册，DELSIG11 器件参数 TMR Clock 所选择的时钟源称为数据时钟 Data Clock，决定了该器件的采样速率(Sample Rate)：Sample Rate = Data Clock ÷ 1024。

MyFirstADC 的输入信号选择参数(Input)是该 ADC 器件的信号输入源，可以是构成该器件的 C 型开关电容模块 ASC10 周边的 4 个模拟模块 ACB00、ACB01、ASD11 号 ASD20 的输出信号，也可以直接把 P2[1]端口所在的引脚作为输入信号。

时钟相位(Clock Phase)选择参数的设置可以选择正常(Normal)和反转(Swap)两种。开关电容模块把该列的输入时钟 4 分频以后形成两个相位不重叠时钟(φ_1和 φ_2)，正常情况下 DELSIG11 器件在 φ_1相位采样输入信号，但是有些模块在 φ_1相位时间进行自动零校正操作，这种情况下应该选择反转工作方式，也就是 DELSIG11 器件在 φ_2 相位时间采样输入信号。

数据位置(Data Position)参数的选择可以选择左对齐(Left Justified)和右对齐(Right Justified)两种方式。DELSIG11 器件的输出数据是 11 位，需要用到两个 8 位寄存器，左对齐指的是数据占满高字节寄存器，低字节的低 5 位保留抽取滤波器的结果；右对齐指的是数据占满低字节寄存器，高字节的高 5 位是转换结果补码的符号位扩展。AD 转换的零位是由全局参数设置当中的参考电压多路选择器(Ref Mux)的参数选择决定的，如果采用 5.0V 供电方式，参考电压多路选择器选择的是(Vdd/2) +/-(Vdd/2)，DELSIG11 器件 AD 转换的零位就是 2.5V。

轮询(Polling)方式允许选择，可以选择允许(Enable)和禁止(Disable)两种方式。默认轮询为禁止方式，由中断服务程序(DELSIG11_ADConversion_ISR)中的汇编语言读取转换结果；选择允许时开发系统另外增加两个静态随机存储器(RAM)变量，一个用来保存转换结果的拷贝，另一个用来描述该结果的有效性。轮询方式允许选择会影响硬件配置文件中的应用程序接口函数产生和使用方式。

图 2.23 显示的是已经完成 MyFirstADC 硬件设计的数字系统和模拟系统，数字系统被占用的一个基本数字模块是 DBB00，模拟系统被占用的一个 C 型开关电容模块是 ASC10，左边为数字系统模块占用情况截图，右边为模拟系统模块占用情况截图。

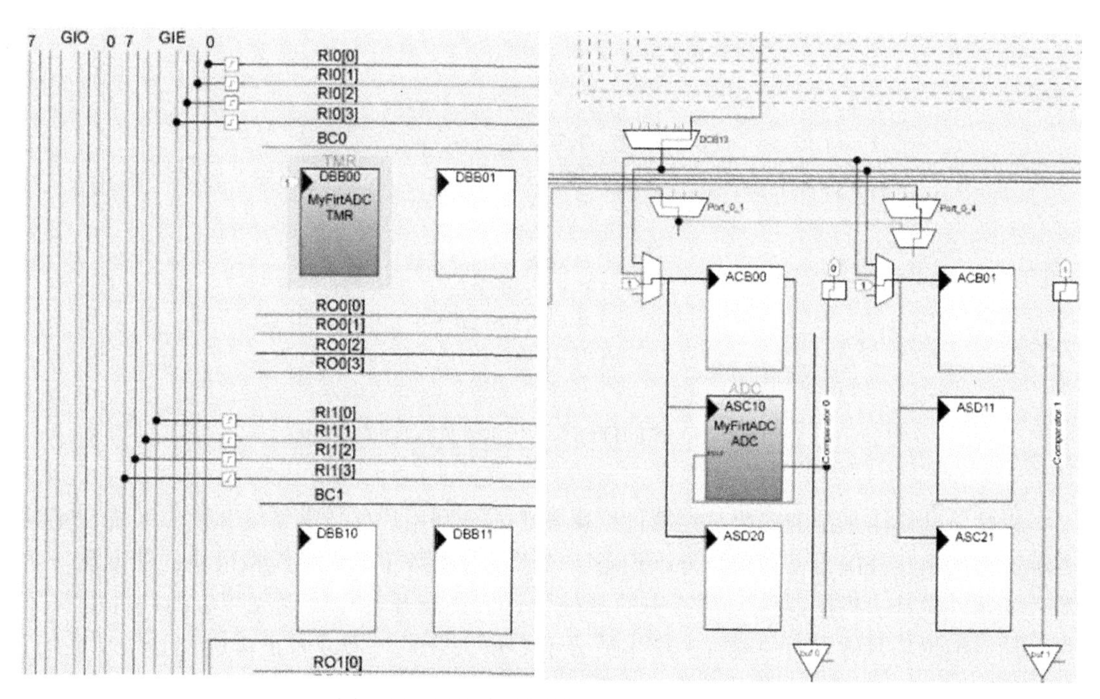

图 2.23 已经完成硬件设计的 MyFirstADC

需要注意的一点是，所占用的数字模块的时钟应该与所占用列的模拟模块列的时钟相同，因此都选用全局时钟 VC1，定时器 TMR 时钟可以选择系统时钟的倍频，而模拟系统不能选用，因此最高时钟频率只能选择 VC1。

到这里我们已经完成了在集成开发环境的器件编辑器中实现 11 位分辨率的 Δ-Σ 模拟-数字转换器 MyFirstADC 的硬件设计，为了能够通过 CPU 控制 AD 转换器的启动、转换结果数值读取和数字信号处理等一系列工作，我们还必须把当前的硬件设计转化为应用系统软件可以直接调用的程序接口。单击项目快捷按钮栏的产生配置文件（Generate Configuration for‘project name’Project）快捷按钮，或者使用“Ctrl+F6”快捷键，或者单击“Build”→“Generate Configuration for‘project name’ Project”菜单，系统开始创建配置文件。创建配置文件完成以后，如图 2.24 所示，可以在工作空间浏览器窗口（图 2.19 中标注为 5 区域的窗口）中发现在软件设计列表中多了一个 lib 节点，该节点多了一系列以 MyFirstADC 命名的汇编程序和 C 的头文件，这些文件中包含了刚刚设计的以 MyFirstADC 命名的 11 位分辨率的 Δ-Σ 模拟-数字转换器的程序调用接口函数，可以在系统实现程序中直接使用。

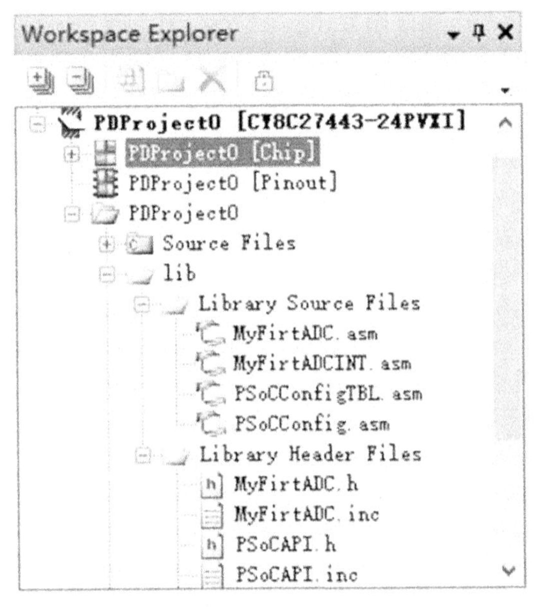

图 2.24　由硬件配置产生的硬件程序接口

根据设计应用系统的需要，在器件编辑器中充分利用片上数字系统和模拟系统，完成各种类型的数字外围设备和模拟外围设备，或者混合了数字模块和模拟模块的外围设备元器件的硬件设计。根据器件编辑器中的硬件设计，集成开发环境生成相应的硬件配置文件，然后根据项目建立时的配置，产生适合于 C 语言开发环境或者汇编语言开发环境的、与硬件配置文件相一致的应用开发所需要的硬件接口程序。接下来的工作就变成了基于硬件设计的软件开发。

在工作空间浏览器窗口找到并用鼠标双击 MyFirstADC.h 文件，集成开发环境则进入程序设计状态，然而打开 MyFirstADC.h。打开的 MyFirstADC.h 文件占据主工作空间，可以在该文件中找到硬件接口函数。关于这些函数的使用，可以在器件编辑器中右键单击该器件，然后选择该器件数据手册(Datasheet)，在器件手册显示窗口显示刚刚建立的 11 位 Δ-Σ 模拟-数字转换器数据手册，该手册包含了所建立元器件的所有参数，包括创建原理、所用的数字系统和模拟系统、所占用的寄存器，以及该器件的使用方法、程序接口函数及其调用实例程序等内容，所形成的器件原理和使用方法与单独购买的独立集成电路所构成的电子元器件相同。

下面是已经完成硬件设计的 11 位 Δ-Σ 模拟-数字转换器软件接口：

```
//MyFirtADC 应用程序接口 API 函数原型.
extern void MyFirtADC_Start(BYTE bPower);          //带功率设置的 ADC 器件启动运行
extern void MyFirtADC_SetPower(BYTE bPower); //ADC 器件功率设置
extern void MyFirtADC_StartAD(void);               //ADC 器件启动 AD 转换
extern void MyFirtADC_StopAD(void);                //ADC 器件停止 AD 转换
extern void MyFirtADC_Stop(void);                  //ADC 器件停止运行
#if(MyFirtADC_POLL_ENABLE)
extern BYTE MyFirtADC_fIsDataAvailable(void);//查询转换数据是否准备好
extern INT MyFirtADC_iGetData(void);               //读取转换数据
extern INT MyFirtADC_iGetDataClearFlag(void);//读取转换数据，同时清除转换结束
标志
extern void MyFirtADC_ClearFlag(void);             //清除转换结束标志
#endif
```

只要在 C 语言开发环境的应用系统实现主函数文件(main.c)的开始部分包含应用程序接口头文件(MyFirtADC.h)，就可以在主文件中直接调用这些函数，对所有使用数字系统和模拟系统设计的外围设备进行操作。这里显示的前 5 个函数可以直接使用，没有任何条件限制。后面在#if…#endif 之间的函数是在参数窗口中设置为允许轮询方式时才可以使用，也就是用查询的方式来读取转换结果。如果不允许运行轮询方式，就只能用中断方式在中断服务程序中由汇编语读取模数转换的结果，不能直接调用这些函数读取 MyFirtADC 模拟-数字转换器的转换结果。

2.5　PSoC5LP 系列芯片的使用

PSoC1 系列芯片是一类集成了 MCU 系统、数字系统和模拟系统的可编程嵌入式片上系统，采用该系统开发的实际小型应用系统具有可靠性高、价格便宜和开发周期短等巨大优势。PSoC1 系列芯片依然占有极大的市场，但是随着芯片技术的快速发展，应用系统的要求越来越高，基于 8 位 MCU 系统芯片的 PSoC1 系列芯片使用的局限性也逐渐凸显出来，使用场景也受到了一定的限制。赛普拉斯公司实时推出了功能更加强大、使用更方便的 PSoC3、PSoC4、PSoC5LP 和 PSoC6 系列芯片，这 4 个系列可编程片上系统芯片，所使用的开发环境相同，均可以在相同的集成开发环境 PSoC Creator 软件中实现实际应用系统片上部分的快速开发，让应用系统开发人员具有更多的更自由的芯片选择余地。本节将通

过 PSoC Creator 软件环境中创建基于 PSoC5LP 系列芯片的片上外围器件的方法简要介绍 PSoC3、PSoC4、PSoC5LP 和 PSoC6 系列芯片的开发流程，关于每一个具体芯片的详细内容可以查阅芯片的使用说明书。

2.5.1　PSoC5LP 系列芯片

PSoC5LP 系列芯片包含 CY8C58LP、CY8C56LP、CY8C54LP、CY8C52LP 四个系列的可编程片上系统芯片，系列芯片的差别主要体现在模拟系统功能所能够实现的元器件上面，具体表现在 ADC 和 DAC 的数量、比较器的数量、独立的开关电容/连续时间模拟模块个数、运算放大及数量，以及是否含有数字滤波器和是否含有 CAN 总线接口功能等方面。其他方面各种功能的区别不大，4 种系列芯片所含有的片上资源列表如表 2.2 所示。

表 2.2　**PSoC5LP 系列芯片所含的片上系统资源表**[13]

In System Devices \ ICs	PSoC 58 LP	PSoC 56 LP	PSoC 54 LP	PSoC 52 LP
Core	Arm-Cortex M3	Arm-Cortex M3	Arm-Cortex M3	Arm-Cortex M3
Max CPU Speed	80 MHz	80 MHz	80 MHz	80 MHz
Flash/SRAM (KB)	256/64	256/64	256/64	256/64
ADCs	1x20-bit Del-Sig 2x12-bit SAR	2x12-bit SAR	1x12-bit SAR	1x12-bit SAR
DAC	4	4	2	1
Comparators	4	4	4	2
SC/CT Analog Blocks	4	4	2	0
Opamps	4	4	2	0
Digital Filter Block	Y	Y	N	N
CapSense	Y	Y	Y	Y
Universal Digital Blocks	24	24	24	24
Timer/PWM	4	4	4	4
FS-USB	Y	Y	Y	Y
CAN 2.0B	Y	Y	N	N
GPIO	62	62	62	62
SIO	8	8	8	8

1. CPU 系统

PSoC5LP CPU 系统以一个围绕着三级流水线建立的工作于 80MHz 时钟频率的哈佛结构 ARM® Cortex-M3® 处理器为核心构建，PSoC5LP 的指令集采用标准 ARM® Cortex-M3® 的 Thumb-2 指令系统。PSoC5LP CPU 系统的非易失性存储器由 256KB 的具有保护功能的闪烁(Flash)存储器和电擦除可编程只读存储器(E^2PROM)构成，完成监控程序和用户系统程序的程序存储器功能；数据存储器由 64KB 的静态随机存储器 SRAM 构成。PSoC5LP CPU 系统包含一个可编程的嵌套矢量中断控制器和一个可以完成外部器件之间的数据传输而无需 CPU 参与的 DMA 控制器。PSoC5LP CPU 系统提供了 1KB 容量具有 4 种工作方式的程序高速缓存(cache memory)，提高了程序寻址的效率[12]。另外，PSoC5LP CPU 系统还集成了外部存储器接口模块 EMIF(external memory interface)电路。

2. 系统资源

系统资源包含内部时钟发生器、电源系统、集成的升压变压器(Boost Converter)睡眠模式工作电路，以及三种类型的 I/O 接口。

完善的时钟产生、管理和分配系统负责整个 PSoC5LP 系统内的时钟生成、分频和分配工作。对于大多数系统，均不需要额外的外部晶体振荡器。结合使用片内主振荡器 IMO (Internal Main Oscillator)和锁相环 PLL(Phase-Locked Loop)电路，可以生成频率高达 80MHz 的系统时钟，在正常工作电压和温度下，该时钟的精度为±2%。通过使用额外的内部和外部时钟源，可以根据设计需要优化准确度、功耗和成本。所有系统时钟源都可以用于在 16 位时钟分频器和 UDB 中为用户所需的任何部件(例如 UART 波特率生成器)生成其他时钟频率。时钟生成和分配是根据整个系统的要求，通过 PSoC Creator IDE 图形界面自动配置。它能够明显加快设计进程。利用 PSoC Creator，设计人员只需要极少的输入，即可构建时钟系统。得益于 PSoC 固有的可编程性，可以指定所需的时钟频率和精度，软件将定位或构建符合所需规范的时钟[13]。

PSoC5LP 供电系统采用单独的模拟、数字和 I/O 供电引脚，这些引脚分别为 Vdda、Vddd 和 Vddio。此外，还包含两个电压为 1.8V 的内部电压调节器，为内部内核逻辑提供数字电源 Vccd 和模拟电源 Vcca。这些电源引脚的布线需要特别注意。电压调节器的输出引脚 Vccd、Vcca 和 I/O 供电引脚 Vddio 必须连接外部 0.1μF 电容，电容和电源引脚尽量靠近。另外，需要采用尽量短的走线将两个 Vccd 引脚连接在一起，然后将其连接到一个 1μF 的外部电容上。供电系统还包含睡眠电压调节器、I^2C 电压调节器和休眠电压调节器。

根据 PSoC5LP 系列芯片数据手册的描述[13]，PSoC5LP 输入输出接口(I/O)具有高度灵活性。每个通用功能输入输出 GPIO(General Purpose I/O)电路都具有模拟和数字 I/O 功能。所有 I/O 都具有多种可在上电复位(Power-On Reset，POR)时设置的驱动模式。PSoC5LP 还通过 Vddio 引脚提供多达四个 I/O 电压域。每个器件上都有两种 I/O 引脚；带 USB 的器件则有三种 I/O 引脚。通用功能输入输出 GPIO 和特殊功能输入输出 SIO(Special I/O)提供类似的数字功能，主要区别在于 SIO 功能引脚具有模拟电路驱动强度。带 USB 总线接口的器件还提供两个 USBIO 引脚，可支持特定的 USB 直接接口功能。所有 I/O 引脚均可作为 CPU 与数字外设的数字输入和输出使用，所有 I/O 引脚均可产生中断。PSoC5LP 系列芯片 I/O 具有灵活的高级功能，任意信号均可连接至任意引脚，大大简化了电路设计和电路板布局。所有 GPIO 引脚均可用作模拟输入、液晶显示码段(LCD segment)驱动和电容感应(CapSense)传感器输入，SIO 引脚可以用作超出 Vdda 供电电压的可编程输出电压引脚。

另外，PSoC5LP 还包含一系列的复位功能。包括初始的上电复位 IPOR(Initial Power-On Reset)、内部调压器低电压监视复位 PRES(Precise Low-Voltage Reset)、电源低电压监测中断复位 LVI(Low-Voltage Interrupt/Reset)、睡眠和休眠复位 HRES(Hibernate Reset)、外部复位引脚复位 XRES(External Reset)、软件启动复位 SRES(Software Initiated Reset)和看门狗定时器复位 WRES(Watchdog Reset)。

3. 数字系统

PSoC5LP 数字系统采用其独特的可配置功能，向设计者提供预先设计好，并经过了测试的标准化数字外部设备。这些数字外部设备通过数字系统互联总线 DSI(Digital System Interconnect)可以连接到芯片的任意一个引脚。PSoC5LP 数字系统也向应用系统开发人员提供功能灵活的通用数字模块 UDBs(Universal Digital Blocks)，这些功能小型化、快速化、低功耗的模块以阵列的方式展现。

集成开发环境 PSoC Creator 软件所提供的 UDBs 模块预先构建的经过测试的标准化外设可以映射到任意一个 UDB 阵列，可以用来实现异步串行通信(UART)接口、同步串行通信 SPI 和 I^2C 接口等通信功能模块，实现循环冗余校验(CRC)、定时器(Timer)、计数器(Counter)、脉宽调制器(PWM)等数字功能模块，还可以实现与门(AND)、或门(OR)、异或门(XOR)等基本的数字逻辑功能元器件。

PSoC Creator 软件也提供了非标准数字外围设备的实现方法，可以采用如 Verilog 软件所使用的硬件描述语言 HDL(Hardware Description Language)实现应用系统所需的特殊功能外设。

PSoC5LP 数字系统还提供了一些具有特殊可编程功能的数字模块阵列。包括 16 位的计数器/定时器/脉宽调制器功能模块、I^2C 从设备/主设备/多重主设备功能模块、全速 USB 模块、CAN 2.0b 模块等。这些具有特殊功能可编程数字模块根据芯片系列不同会有所变化，使用时需要参考该芯片数据手册中的列表。

PSoC5LP 数字系统所提供的每一个通用数字模块(UDB)，都包含一个可编程的阵列逻辑 PAL(Programmable Array Logic)和可编程的逻辑器件 PLD(Programmable Logic Device)，这两种功能采用一种小型的状态机引擎来实现更为广阔的外设用途。

通用数字模块(UDB)功能构建如图 2.25 所示。一个通用数字模块 UDB 中包含一对基本的 PLD 逻辑模块、一个含有算术逻辑单元(ALU)功能的数据通路(Datapath)以及控制和状态、时钟和复位功能部件。

在图 2.25 中，时钟和复位控制(Clock and Reset Control)模块可提供本模块的时钟和复位选择的控制。状态和控制(Status and control)模块为 CPU 固件提供与 UDB 交互操作和同步的功能。

数据通路(Datapath)包含一个动态可编程的 8 位 ALU、4 个寄存器、2 个先进先出存储器(FIFOs)、比较器(Comparators)和一个状态产生器。其中的 ALU 可以执行以下 8 种操作：加 1、减 1、加法、减法、逻辑与、逻辑或、逻辑异或和直通功能。从功能选择上来讲，可以通过配置静态存储器进行功能选择。在 ALU 的输出端可以实现独立的移位功能和屏蔽功能，移位功能包括左移、右移和半字节交换。正是由于含有 ALU 的数据通路参与存在，通用数字模块(UDB)的使用更加灵活多样、更加广泛。

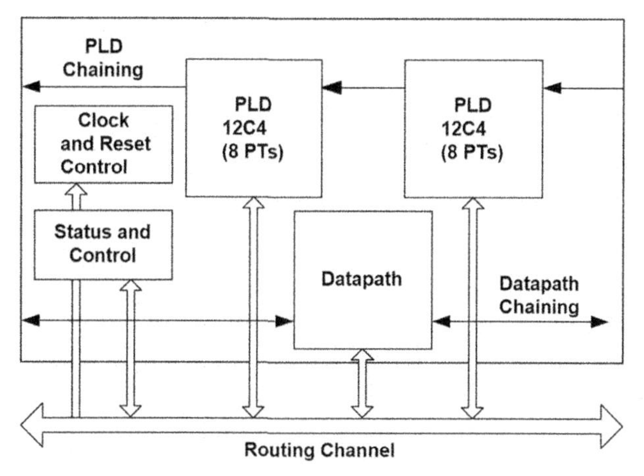

图 2.25 UDB 模块图[13]

通过模块间 PLD 级联和 Datapath 级联，可以拓展 UDB 模块功能和使用范围。通过路由通路(Routing Channel)多个 UDB 模块形成模块阵列。状态寄存器、控制寄存器和模块的所有其他静态存储器单元都与系统总线连接，并映射到系统空间，CPU 和 DMA 控制器都可以参与控制并同步数字模块，与数字模块进行数据交换。

UDB 模块中的两个 12C4 形式 PLD 模块的结构如图 2.26 所示。

图 2.26 的 PLD 模块由与门电路阵列(AND Array)、或门电路阵列(OR Array)和宏单元电路阵列(MC0~MC4)所构成。与门电路阵列由 8 个输入端个数均为 12 的与门电路组成，每个与门电路的输出均连接至或门阵列的输入；或门阵列由 4 个输入个数均为 8 的逻辑或门电路组成，或门阵列的输入是与门阵列的输出，每个或门阵列的输出均连接至宏单元阵列的输入；宏单元阵列由 4 个宏单元组成，每个宏单元的输入连接至对应或单元的输出。因此，图 2.26 中的 12C4 可以简单地理解为每个 PLD 模块中："12C4"中的"12"表示每个 PLD 模块有 12 个输入，或者是每个与门单元都有 12 个输入；"4"指的是有 4 个输出，或者是有 4 个或门电路构成或阵列，也可以说模块中是 4 个宏单元；"C"指的是中间部件的个数为常数(Constant)，这个常数为 8，可以理解为 8 个与门组成了与门电路阵列，或者说或阵列中每一个或门电路有 8 个输入。

在逻辑运算中与运算也被称为乘积(Product)运算，与门阵列中的与逻辑单元也被称为乘积单元，参与与运算的输入称为端 PT(Product Terminals，简称 Product terms，即图 2.26 中的 PT0，PT1，…，PT7)。PLD 的 12 个输入(IN0，IN1，…，IN12)也就是乘积部件的输入端，每一个输入均可以选用真值 T(True)作为输入，也可以选其补码 C(Complement)作为输入，或阵列选用的都是真值补码 C。

这种结构与我们所熟悉的 PLD 的构造结构相类似，如可编程逻辑芯片 22V10，唯一的差别是 22V10 器件的中间部件 PT 个数、或门电路的个数是可变的，而这里 PT 个数、或运算门电路的个数是固定数字 8。

这种结构可用来实现状态机、完成输入或者输出的状态转换并创建查询表格。多个

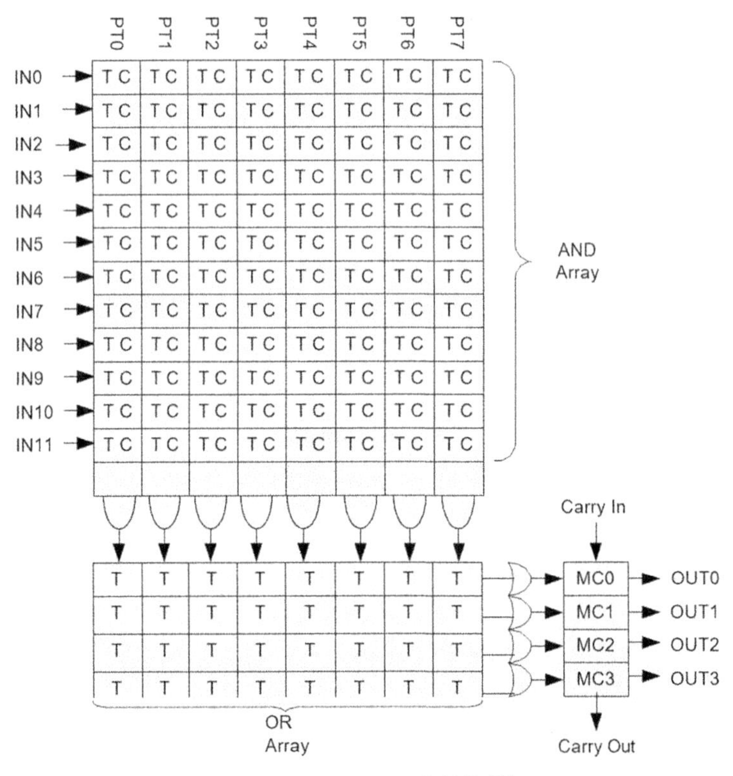

图 2.26　PLD 12C4 的结构[13]

PLD 可以执行算术功能、数字同步系列和产生状态。通用功能的寄存器级转换电路都可以被综合映射到 PLD 模块。PLD 模块的更多构造细节可以查阅 PSoC5LP 系列芯片数据手册[12]。

PSoC5LP 系列芯片还包含一个专用的全速(12 Mbps)USB 2.0 收发器，支持所有四种 USB 传输类型，即控制传输、中断传输、批量传输和同步传输，集成开发环境 PSoC Creator 软件提供全面的 USB 配置支持。USB 通过两个专用的 USBIO 引脚与主机连接。

PSoC5LP 系列中的 CY8C5268AXI-LP047 芯片是一个具有 100 个引脚、100-TQFP 封装的 PSoC52LP 芯片，其中包含有 24 个通用数字模块 UDB。CY8C5268AXI-LP047 芯片集成了由 256K 闪存 Flash 组成的程序存储器、由 64KB 静态随机存储器 RAM 组成的数据存储器、2KB E^2PROM 组成的监控系统和非易失性数据存储器，全部的 72 个 I/O 引脚中包括 62 个 GPIO 引脚、8 个 SIO 引脚和 2 个 USBIO 引脚。数字系统中，CY8C5268AXI-LP047 芯片还含有四个 16 位可作为定时器/计数器/PWM 的特殊功能数字模块。另外，模拟系统中，CY8C5268AXI-LP047 芯片集成了一个 12 位的 SAR(Successive Approximation Register)型 ADC、一个 DAC 和两个比较器。

4. 模拟系统

PSoC52LP 系列芯片的模拟子系统基于一个温度和电压误差小于 0.2%的高精度的绝

对电压基准设计。可配置的模拟子系统包括模拟多路复用器、比较器、混频器、电压基准、模数转换器(ADC)和数模转换器(DAC)。所有 GPIO 引脚都可以使用内部模拟总线将模拟信号路由到设备中或从设备中传出，允许设备连接多达 62 个离散模拟信号。图 2.27 给出了 PSoC52LP 系列芯片的模拟子系统模块图。

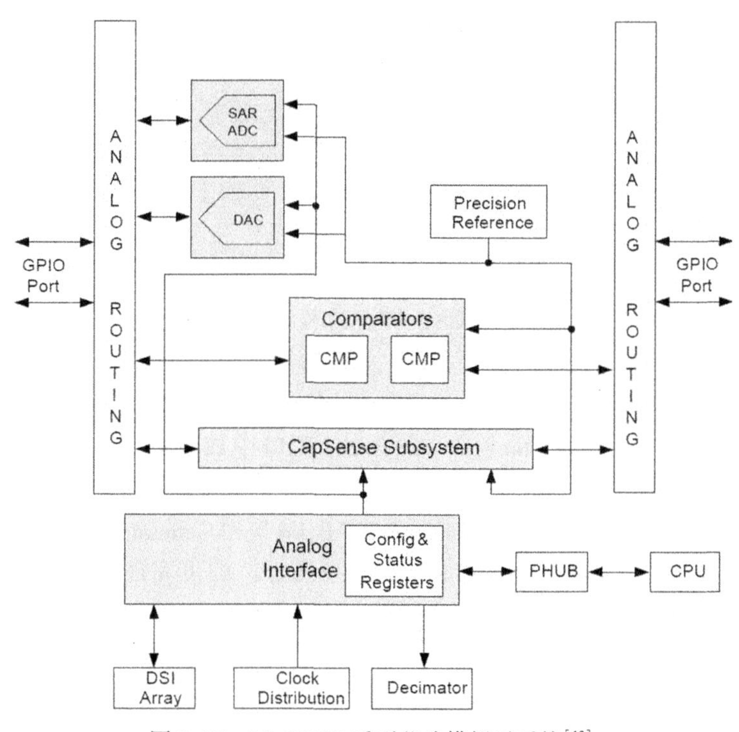

图 2.27　PSoC52LP 系列芯片模拟子系统[13]

由图 2.27 可以看出，PSoC52LP 模拟子系统提供的主要功能包括一个 12 位的 SAR 型 ADC、一个 DAC、两个比较器和电容感应功能。芯片集成了一个高精度的电压基准为模拟子系统模块提供服务，提供模拟子系统与具有 GPIO 功能的引脚互联功能接口的是模拟路由(Analog Routing)功能模块，实现模拟子系统与数字子系统和 CPU 连接功能的是模拟接口(Analog Interface)电路。

1)模拟接口 ANAIF

模拟接口 ANAIF(Analog Interface)电路一方面向模拟系统各功能模块提供由时钟产生和分配电路产生的模拟时钟信号。同时，模拟接口电路还提供抽取滤波器的功能。其次，CPU 通过外围集线器 PHUB(Peripheral hub)模块读取模拟接口电路中状态寄存器的内容来获取模拟子系统的工作状态；通过向模拟接口电路中的控制寄存器写入控制信号来控制和同步模拟子系统的工作。另外，模拟接口电路也提供了与数字互联(DSI)总线接口的功能，实现了模拟子系统与数字子系统之间的互联。

CapSense 系统采用了一种使用 Δ-Σ 调制器的电容式感测方法。使用开关电容技术以及 Δ-Σ 调制器来提供电容式感应功能，从而将感应电流转换为数字代码。

2）模拟路由

PSoC5LP 具有灵活的模拟路由体系结构，可在 GPIO 和模拟资源模块如 ADC 和 DAC 之间路由信号。这种灵活的路由体系结构的一个优点是，它允许动态配置到不同模拟模块的输入/输出。例如，比较器输入可以通过 DSI（Digital System Interconnect）控制信号和寄存器设置在两个 GPIO 之间动态切换。

模拟全局总线（AG）和模拟复用器总线（AMUXBUS）能够在 GPIO 与各种模拟模块之间提供模拟连接。PSoC5LP 系列中有 16 个 AG。每个 GPIO 都通过模拟开关连接到相应的模拟全局总线。模拟复用器总线是共享的路由资源，通过模拟开关连接到每个 GPIO。

PSoC5LP 中有两个 AMUXBUS 总线，其中一个在左半部分（AMUXBUSL），另一个在右半部分（AMUXBUSR），模拟局部总线（ABUS）是位于模拟子系统中的走线资源，用于不同的模拟模块之间信号布线。

PSoC5LP 中有 8 个 ABUS 走线，其中 4 个在左半部分（abusl[0：3]），另外 4 个在右半部分（abusr[0：3]），通过使用 ABUS，在互连模拟模块时可省去模拟全局总线和模拟复用器总线。复用器和开关位于各种总线上，用于将信号输入和输出到模拟模块。复用器在任意时间都只能有一个连接，而开关可以同时有多个连接。

在集成开发环境 PSoC Creator 中的器件设计窗口中放置一个 SAR 型 ADC，命名为 MyFirstPSoCADC，假设需要采集的模拟信号已经连接至第 80 号引脚的 P4[2]端口，保存硬件设计并产生硬件配置文件。通过鼠标单击“Build”→“Generate Application”菜单选项，或者直接单击名称为“Generate Application”的快捷图标，即可完成硬件配置文件的生成过程。完成硬件设计，并产生硬件配置文件以后，在项目浏览器“DWR（Design Wide Resources）”子树下找到并双击“Analog”节点，即可看到如图 2.28 所示的模拟路由图形显示。

图 2.28 中没有使用的模拟总线是灰色的，可以看到 P4[2]引脚首先连接到了模拟全局总线左边的第 7 根信号线的 AGL[6]，SAR 型 ADC 的正向模拟输入线也连接到了该全局模拟总线上。这样的连接也就可以实现位于芯片第 80 号引脚 P4[2]的模拟信号的采样。

由此看出，正是由于存在可配置的模拟全局总线、模拟局部总线和模拟复用总线的合理配合，模拟系统的设计变得相对简单，应用系统开发成本大大降低。

3）逐次逼近 ADC

PSoC52LP 器件系列集成了一个 12 位逐次逼近（SAR）ADC，最高支持 1Msps 采样速率，可以配置为单端输入或差分输入，适用于 LED 驱动控制、电机控制、读磁卡、高速数据采集、电源表和脉搏血氧仪等应用。

图 2.29 是 PSoC Creator 软件中 12 位逐次逼近型 SAR ADC（ADC Successive Approximation Register）数据手册给出的逐次比较型 ADC 的实现原理示意图。

图 2.29 中，SAR ADC 主要由采样保持器和 DAC 阵列（S/H DAC Array）电路、比较器（Comparator）和数字化（SAR Digital）部件三大部分构成。采样保持器保证输入信号与 DAC 输出信号能够有效比较；假设模拟信号的采样范围是 0～Vdd V，首次采样时 DAC 转换电路输出 Vdd/2 V 与输入信号进行比较，如果输入信号大于 DAC 的输出信号，则令 AD 转换的最高位 MSB 为 1，同时让 DAC 输出（Vdd～Vdd/2）/2 V，启动第 2 次采样，并确定次

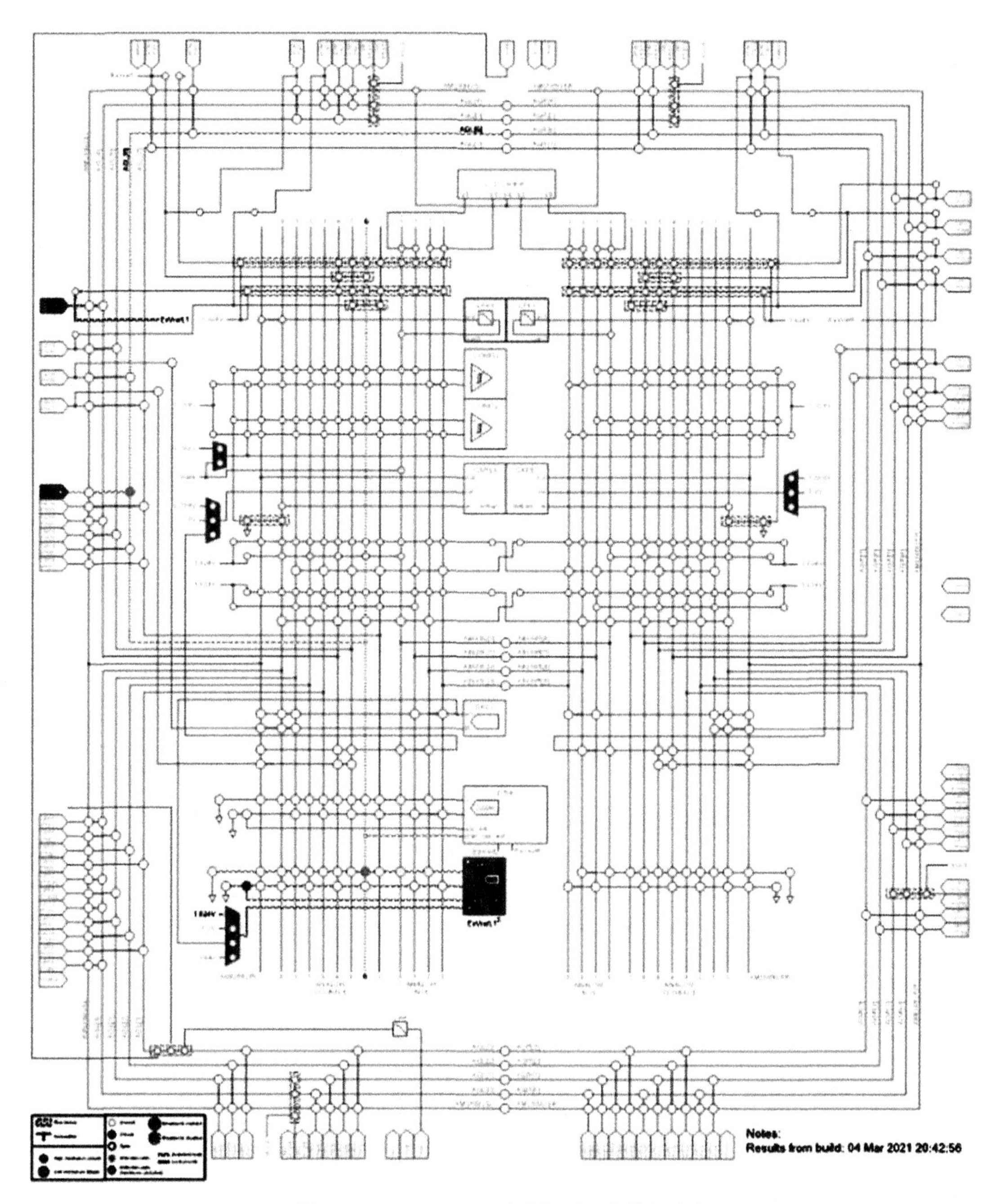

图 2.28 PSoC Creator 中实际展现的模拟路由

高位的取值和下一次的采样中间值；如果输入信号小于 DAC 的输出信号范围，则令 AD 转换的最高位 MSB 为 0，同时让 DAC 输出(Vdd/2)/2 V，启动第 2 次采样；如此下去，直到 12 次采样完成。在每一次的采样过程中，如果发现是 DAC 的输出信号与输入信号相

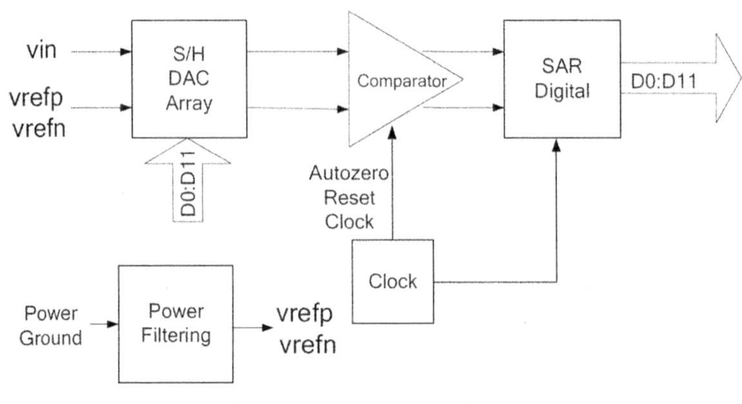

图 2.29　SAR ADC 实现原理

同，同样可以结束，并且剩下的所有二进制位均为 0。这种算法称为二进制搜索算法，使用二进制搜索算法对输入模拟信号进行采样，并与 DAC 的输出进行比较，以便确定从 MSB 到 LSB 的连续转换位。

4）触摸电容感应（CapSense）子系统

PSoC52LP 系列芯片提供一种电容检测功能，这种功能被称为 CapSense。CapSense 系统为在触摸感应按键、滑条、接近检测等应用中测量电容提供了一种通用而高效的方式。CapSense 系统主要使用一组系统资源（包括一些主要提供给 CapSense 的硬件功能），具体的资源使用情况在 PSoC Creator 中的 CapSense 组件内进行了详细说明。

每一个 GPIO 引脚均可配置为一个电容传感器的输入端，当 GPIO 引脚配置为 CapSense 模式时，与引脚相连的芯片内部等效电路如图 2.30（a）所示。传感器电容的测量可以设置为充电和放电两种模式，硬件上，两种模式的测量电路和相应的 CSD（CapSense Delta Sigma Algorithm）测量算法也会随之做出调整。通过内置的开关对引脚电容进行充电或者放电，可以把引脚上的电容值测量转换成与之等价的电阻值的测量。GPIO 引脚的待测电容通过模拟复用总线（AMUXBUSx）充电的等效电路，如图 2.30（b）所示；GPIO 引脚的待测电容通过模拟复用总线（AMUXBUSx）放电的等效电路如图 2.30（c）所示。

图 2.30 中的等效电阻 R_S 可以通过以下式子计算 $Rs=\frac{1}{f_S C_S}$。式中，f_S 为模拟时钟频率，C_S 为引脚上所对应的电容传感器的电容值，图中的 φ_1 和 φ_2 为开关电容的非重叠时钟。CapSense 系统使用 Δ-Σ 调制器（CSD）的电容式感应测量方法。使用开关电容技术和 Δ-Σ 调制器提供电容式感应功能，从而将感应电流转换为数字代码[13]。

5）温度传感器

PSoC52LP 系列芯片集成了一个测量内模温度（Internal Die Temperature）的温度传感器。在对片内 Flash 进行写操作时需要这个 Die 温度作为编程参数。Die 温度的测量是使用基于正向偏置晶体管（Vbe）电压变化的专用传感器测量得出的，温度传感器数字化采样采用一个专用的 11 位分辨率辅助模数转换器。这个 11 位分辨率的 ADC 设计的主要用途

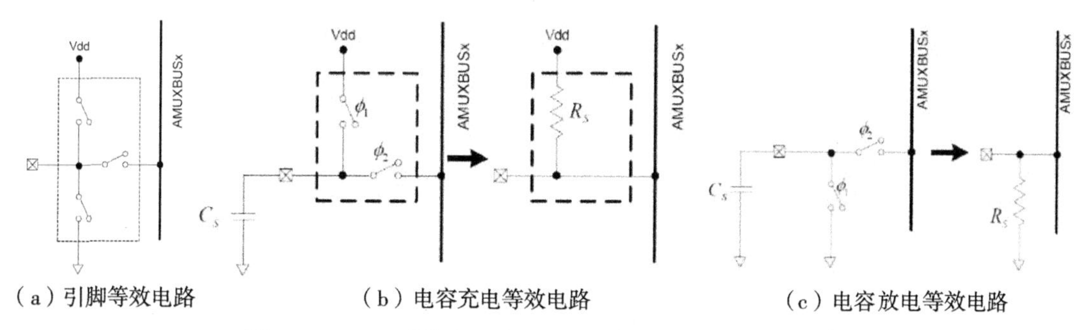

图 2.30　GPIO 引脚配置为 CapSense 模式时的等效电路[13]

是提供给系统性能控制器 SPC(System Performance Controller)测量温度传感器的输出。也可以把温度测量模块的温度专用二极管 Vbe 路由到其他模拟模块，采用分辨率更高的 ADC 进行温度测量。

6)DAC

PSoC52LP 系列芯片集成了一个具有本质上单调性的 8 位 DAC，配有一个 8 位的校准电路能够纠正±25%的增益误差。这个 8 位的 DAC 可以配置为电压输出或者电流输出，电流输出时可以配置为源电流输出方式或者陷电流方式，转换速率可以达到 8Mbps，电压输出时转化速率为 1Mbps。这个 8 位的 DAC 支持 CapSense、电源供电调节和波形信号生成的波形发生器。DAC 的数据源可以由 CPU 或者 DMA 提供，也可以从数字系统互联(DSI)总线直接路由提供。

7)比较器

PSoC52LP 系列芯片集成了两个比较器，如图 2.31 所示。

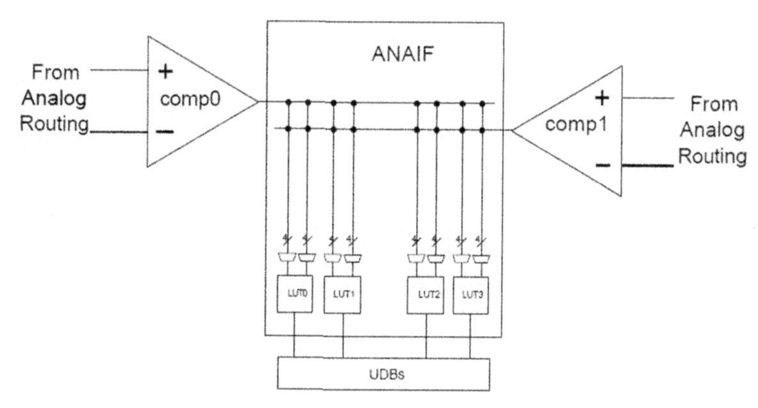

图 2.31　片内集成的比较器[13]

输入偏移量出厂预设值小于 5mV 的两个比较器的正向和负向输入信号均可以通过输入复用器连接到模拟全局总线、模拟复用器总线、模拟局部总线和电压参考，输入选择非常灵活。每个比较器的输出信号通过模拟接口(ANAIF)模块电路同步路由到二输入查询表

LUT(Two-Input Lookup Table)，LUT 的输出连接到数字系统互联总线 DSI。

CY8C52LP 系列芯片集成了两个查询表(LUT)器件。LUT 器件是一个双输入、单输出的查询表，它可以由芯片中的任何一个或两个比较器驱动。任何 LUT 的输出都会连接到 UDB 阵列的数字系统接口。这些信号可以从 UDB 阵列的数字系统接口连接到 UDB、DMA 控制器、I/O 引脚或中断控制器，还可以通过 LUT 的控制寄存器设置查询表的逻辑功能，LUT 查询表的逻辑功能如表 2.3 所示。

表 2.3　**LUT 查询表的逻辑功能**[13]

Control Word (Binary)	Output (A and B are LUT Inputs)
0000	FALSE('0')
0001	A AND B
0010	A AND (NOT B)
0011	A
0100	(NOT A) AND B
0101	B
0110	A XOR B
0111	A OR B
1000	A NOR B
1001	A XNOR B
1010	NOT B
1011	A OR (NOT B)
1100	NOT A
1101	(NOT A) OR B
1110	A NAND B
1111	TRUE ('1')

集成的两个比较器具有迟滞使能功能，设置该功能有效时可以有效避免所检测到的信号噪音干扰。当芯片处于休眠或者睡眠状态时，可以使用比较器的输出唤醒芯片；比较器的输入偏移量依赖于输入端的共模信号，出厂时已经针对输入范围在[0.1~Vdd-0.1] V 的共模电压进行了校正，输入偏移量已经控制在 1mV 以内。应用系统设计人员如果知道使用环境中的共模信号范围，可以采用用户校准的方法把输入偏移量纠正到更小的范围。另外，还可以通过比较器的控制寄存器来设置比较器的功耗以及两个比较器的输出是否需经过毛刺滤波器。

8)LCD 直接驱动功能

CY8C52LP 系列芯片集成了液晶显示 LCD(Liquid Crystal Display)驱动系统，每个

GPIO 引脚都有一个 LCD 驱动器电路。集成开发环境 PSoC Creator 软件提供了一个 LCD Segment 驱动组件，可以指定 segment 引脚和 common 引脚以及其他选项。借助组件向导，能够灵活配置 LCD 资源。PSoC 系列芯片通过 LCD 资源的参数设置，进行高度配置的片上 LCD 驱动器系统可以直接驱动 LCD 显示屏。所有 LCD 驱动所需要的不同等级电压都在芯片内部生成，彻底消除了依赖片外元器件等外部组件进行额外调整的需求。借助高达 1/16 的复用率，CY8C52LP 系列芯片的 LCD 驱动器系统可以驱动多达 736 个段。此外，PSoC LCD 驱动器模块在设计时还充分考虑了便携器件的省电要求，能够采用不同的 LCD 驱动模式和断电模式以达到省电的目的。

PSoC LCD Segment 系统的关键特性包括：

(1)LCD 显示屏直接驱动；

(2)支持 A 型(标准)和 B 型(低功耗)波形；

(3)支持 LCD 显示屏宽偏置电压范围(2V 到芯片供电电压 V_{dd})；

(4)支持静态、1/2、1/3、1/4、1/5 偏置电压电平；

(5)偏置电压在芯片内部生成；

(6)总计达 62 个段(common 和 segment)输出；

(7)采用 1/16 的复用率，最多能够实现 16 个公共玻璃板(common glasses)输出；

(8)能够驱动多达 736 个段(segment)(16 个背板×46 个前面板)；

(9)软件控制多达 64 级的对比度调节；

(10)能够无需 CPU 的干预，通过 DMA 将显示数据从存储器缓冲区移至 LCD 驱动器；

(11)LCD 刷新率可从 10Hz 到 150Hz 范围调整；

(12)能够显示负像的 LCD 反转显示；

(13)不同的 LCD 驱动器驱动模式，可以优化显示功耗。

综上所述，PSoC52LP 模拟子系统提供的模拟功能可以概括为：由模拟全局总线、模拟复用器总线和模拟局部总线组成的模拟路由体系，提供灵活、可配置的模拟布线架构；由一个逐次逼近(SAR)ADC 和一个 8 位 DAC 组成的模数转换和数模转换电路，能够提供模拟信号的数字化和数字信号的电压或电流模拟输出；两个比较器，可连接到可配置 LUT (Lookup Table)输出；触摸电容式感应功能(CapSense)子系统，为在触摸感应按键、滑条、接近检测等应用中测量电容，提供了一种通用而高效的方式。

2.5.2 PSoC Creator 软件

集成开发环境 PSoC Creator 软件程序提供了一个方便片内系统开发使用的设计界面，在配置 GPIO 与各种模拟资源之间的连接以及从一个模拟资源到另一个模拟资源的连接等方面可以实现所见即所得，具体的布局和连线由 PSoC Creator 软件自动完成。PSoC Creator 同时提供了丰富的经过了测试的标准化组件、器件库，借助这些标准化的元器件、组件库，可以快速配置各种数字和模拟模块，完成针对不同应用场景的片内功能部件和系统的快速设计。该工具还能够生成 API 接口库，方便对允许在模拟外设与 CPU/存储器之间进行通信的固件进行读写操作。

先注册，再登录，然后下载基于 Windows 的免费集成开发环境 PSoC Creator 软件的安装程序，完成安装后运行该程序。鼠标左键单击“File”→“New”→“Project…”进入项目类型选择窗口，如图 2. 32 所示。

图 2. 32　PSoC Creator 项目类型选择

鼠标左键单击“Target device”，出现目标器件选择窗口，首先按照类型选择芯片，可以选择 PSoC3、PSoC4、PSoC5LP、PSoC6 和 FM+系列芯片。单击下一步以后选择创建的类型，包括从代码样例库中创建代码样例工作空间和创建空白的原理图空间，这里选择创建空白的原理图工作空间；下一步选择工作空间、存放目录和项目名称，在这里假设创建名字为“MyFirstPSoC52LPApp”的工作空间和项目名称为“MyFirstCrearorProject”的项目。需要注意的一点，存储目录不能有汉字等其他非西文符号。从器件库列表“3”中选择一个 12 位的逐次比较型模数转换器放入片内硬件设计空间“1”中，并双击该器件，弹出器件配置窗口以后得到如图 2. 33 所示的 PSoC Creator 工作空间窗口布局图。

在如图 2. 33 所示的 PSoC Creator 工作空间窗口布局图中，“1”所标注的区域为主要的器件设计及片内应用原理图设计空间，在这里可以通过拖放元器件图标的方式来构建自己所需要的片内元器件，元器件的连接关系可以直接在此空间中画线完成；图中标注“2”所在的区域是带有 PSoC 片内硬件的集成了 C 语言程序编译器的应用系统固件开发项目管理浏览器，双击该区域所对应的节点可以在整个工作空间内的子项目之间任意切换；“3”所标注的窗口是利用包括数字系统和模拟系统的片内系统资源创建的应用元器件标准库浏览窗口，可以从这里拖放库里已经建立完成的外围元器件；“4”所标注的窗口用来配置元器件的参数完成器件应用功能设计；“5”所标注的区域是元器件库浏览窗口“3”的子窗口，用来显示所选用器件的缩略图标，同时从这里可以直接调用该器件以 PDF 文件为存放格式的使用手册。

PSoC3、PSoC4、PSoC5LP 和 PSoC6 系列芯片的集成开发环境 PSoC Creator 软件提供

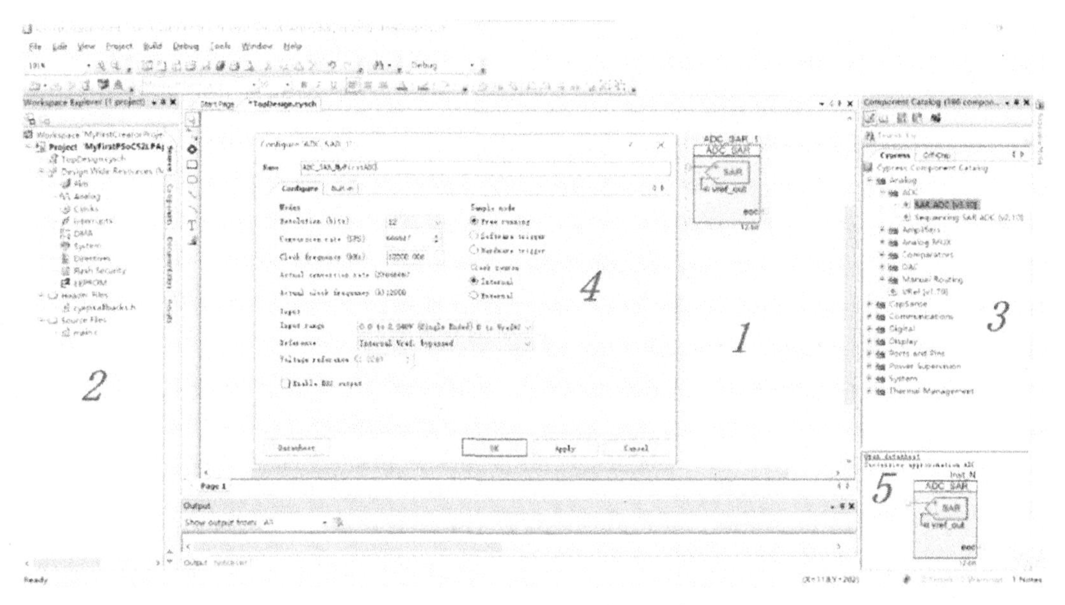

图 2.33　PSoC Creator 工作空间布局

了较为丰富的基于片内系统的标准器件库，这些是基于片内数字系统、模拟系统和系统资源预先设计好的，并且经过了测试的标准外围设备元件，分门别类地放在如图 2.33 所示的标注为 3 的位置显示，这些标准元器件被放置在名称为“Cypress”的第 1 个页面中，按照树形结构显示。软件也提供了方便原理图整体设计的片外元件库，排列在第 2 个页面名称为“Off-chip”中。PSoC Creator 软件提供了用户自己设计元器件库文件的方法，设计者可以设计自己的器件库。设计者根据器件作者引导(Component Author Guide)的要求根据片内系统资源设计并创建自己的用户自定义库文件，并通过编译以后，在需要的系统中通过鼠标单击菜单“Project”→“Dependency”进入依赖(Dependencies)关系页面，单击“New Entry”(新入口)按钮，然后选择已经编译好的文件扩展名称为 .cyprj 的用户自定义元器件库文件，导入项目中。按照依赖关系把自己设计好的元器件库文件导入项目以后，这些用户自定义的元器件库将自动在第 3 个页面显示。图 2.34 为设计好的用户自定义库文件的所包含的 5 个元件。

系统设计时，将所设计的元器件库命名为“oegLibrary”，该库导入软件以后的第 3 页自动命名为“oegLib”。这个元器件库是专门针对一些特殊用途而设计的，例如，在一些特殊的场合，需要有特别的接口电路。图 2.34 中的 xy2Clock 元件是为了解决在元器件间同步串行接口的特殊要求而设计的，采用标准的 SPI 协议接口无法完成。关于该元件库的具体用途和设计过程将在第 8 章进一步介绍。

PSoC Creator 软件所提供的标准元器件库，可以在芯片内部快速完成包含模拟系统和数字系统的应用系统大部分功能设计。只需把图 2.33 所示“3”所在区域所列举的标准元器件拖放到标注为“1”所在区域的顶层原理图设计空间，双击该元器件后，在配置窗口中完成参数设置，就可以完成包括数字系统的 PLD 模块的编程设计和模拟系统的外围设备

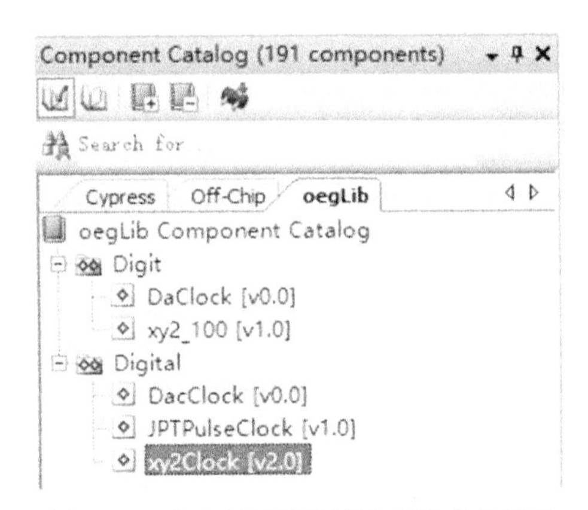

图 2.34　自定义元器件库在系统中的显示

设计工作。完成单个数字系统、模拟系统或者数字模拟混合系统元器件的设计以后，利用软件所提供的电气连线工具(Wire Tool)可以实现同一个页面内的不同元器件之间的电气连接，跨页面的电气连线采用的是页面间的电气连线工具——图纸连接线(Sheet Connector)。图纸连接线采用信号名称的方式形成网络表进行连线，信号名称也就是网络表的名称，名称相同的信号线互相连接，因此图纸连接线也可以在同一个页面内部进行信号连接，可以减少信号线之间的交叉，使设计原理图看上去更简洁更直观。顶层原理图设计空间也提供了其他一些基本图形的绘制工具，包括画直线、弧线、长方形和椭圆，以及导入图形文件中所包含的图形图像。但是采用这些方式所绘制的图形图像不具有电气连接关系，只能用来美化设计的原理图，让原理图看起来更直观。只有图内的连线工具 Wire Tool 和不同页面间的图纸连线工具 Sheet Connector 所完成的连接关系才具有信号直接相连的作用。电气连线工具和图纸连线工具均可采用单线连接或者总线连接方式，也可以通过指定总线某一位的方式对单线和总线进行连接，总线信号范围设置相同时也就是单根连线。

顶层原理图设计空间的电气连线工具 Wire Tool 和 Sheet Connector 的使用非常方便，与一般的电路原理图绘制工具使用方法类似，可以有效连接已经建立的各个元件之间的信号。在顶层原理图设计空间完成应用系统所需要的数字、模拟或者二者混合外围元件的设计，并使用电气连线工具完成片内各个元件之间的信号连接，也就完成了应用系统的片内硬件设计。芯片内部硬件设计完成以后，可以进入与硬件有关的软件设计。单击产生应用(Generate Application)快捷按钮或者鼠标单击菜单“Build”→“Generate Application”，PSoC Creator 软件将产生以片内硬件设计相关的应用程序接口 API(Application Programming Interface)函数。PSoC Creator 软件默认采用 C 语言完成系统设计，在顶层原理图设计空间所放置的每一个硬件设备，均会产生一个以该设备接口的 C 程序，这个 C 程序所在的文件名就是在原理图中对该元器件的命名，一般包含两个文件，分别是“元器件名 . c”和“元器件名 . h”。应用系统的实现程序中应该包含这个“元器件名 . h”文件，才能通过对应的 API 函数对该器件进行操作。不同的应用系统所设计的片内外围部件数目相差可能很大，根据硬件创建应用系统接口时，PSoC Creator 软件自动创建一个名为“project.h”的文件，自动把同一个项目中的所有元件所对应的头文件包含其中，同时也包含了针对本次硬件设计进行 C 语言软件设计的条件函数，因此只要在应用程序中包含“project.h”，就可以通过 C 语言编程由 CPU 或者 DMA 对自己所设计的硬件进行操作了，进一步通过软件设计实现应用系统的固件开发。

通过图 2.33 中标注为“2”区域的项目浏览器进入固件开发状态，图中标注为“1”的顶层原理设计空间自动切换到程序设计空间。进入程序设计空间以后，PSoC Creator 软件界面与一般的软件集成开发环境类似，除了能够直接操作硬件以外没有差别。完成了针对硬件设计的程序设计以后，还需要对整个项目进行编译形成目标文件，通过不同系列芯片所提供的编程接口，把已经完成的目标文件下载到芯片中由 Flash 组成的程序存储器中，完成软件的固化功能。

完成了包括片上模拟系统和数字系统在内的硬件与软件的系统设计以后，片上应用系统的实现还需要相关的片外信号处理过程才能最终实现实际应用系统的开发。片上系统与片外系统的信号连接通过芯片引脚完成。

第 3 章　霍尔电流传感器设计

第 2 章以 CY8C27443 芯片为例介绍了 PSoC1 片上系统系列芯片的工作原理和 PSoC1 系列芯片的开发工具 PSoC Designer 的使用方法。本章开始介绍以 CY8C27443 芯片为基础开发的几个具体应用实例。

艾德文·霍尔(Edwin Hall)于 1879 年发现了霍尔效应(Hall Effect)：垂直于磁场的导体中通过恒定电流时，在导体中垂直于磁场方向和导体中的电流方向可以测量到与磁场强度成正比的霍尔电压(磁感应电势差)，当磁场方向或者导体中的电流方向改变时，霍尔电压方向也随之改变。限于霍尔效应元件材料的制作工艺，长期以来霍尔效应的实际应用受到了极大的限制。随着半导体技术的快速发展，人们发现在许多半导体材料中同样具有霍尔效应，采用半导体材料作为霍尔效应元件材料的制造工艺也取得了巨大进展，霍尔效应的应用越来越广泛。采用霍尔元件制造的传感器(以下简称"霍尔传感器")得到了非常广泛的应用，例如在汽车制造行业中，霍尔传感器被广泛应用于汽车踏板位置检测、车架悬架调整检测控制、节气门位置检测、前照灯调平和转向扭矩感应检测等诸多位置。

我们知道，导体中的电流是由于导体载流子即电子受电场 E_x 的影响发生移动产生的，导体中的电子移动方向和电流方向相反。当导体处于磁场 B_z 中时，导体中移动的电子会受到洛伦兹力的影响，洛伦兹力 F 的大小与电子的移动速度 $\boldsymbol{v}$、电子的电荷量 q 以及磁场强度 B 成正比：$F=q\boldsymbol{v}\cdot B$。正是由于移动中的电子受到了洛伦兹力的影响发生了移位堆积现象，从而产生了感应电势差。也正是由于磁场的存在影响了导体中的电流，从而产生了电场，这个电场被称为霍尔电场 E_y。正是由于霍尔电场中所存在的电势差让我们监测到了霍尔电压 V_H。形成导体中电流的电场 E_x方向与霍尔电场 E_y垂直，形成霍尔电场的磁场 Bz 方向与电场 E_x 方向和霍尔电场 E_y 方向均垂直。

受到电场 Ex 影响的半导体中，形成电流的不仅仅有负电载离子即电子存在移动，同时还有正电载离子即空穴存在移动。当半导体同时受到磁场 Bz 影响时，形成霍尔电场 E_y 不仅仅有负电载流子电子，同时还有正电载离子空穴的影响。电子和空穴所具有的电荷量大小相同，方向相反，所产生的霍尔效应具有叠加效果，因此采用半导体材料制造的霍尔元件测量效果会更好。

根据麦克斯韦的电磁场理论，导体中有电流存在时，垂直电流方向的空间会产生与电流方向垂直的感应磁场，感应磁场强度与导体中的电流大小成正比。在导体电流产生的感应磁场中，霍尔元件的霍尔效应同样存在。霍尔元件产生的霍尔电压与磁感应强度(磁通密度)B 成正比，因此可以通过测量霍尔元件产生的霍尔电压来测量磁感应强度，通过磁感应强度和电流的关系计算出导体中的电流。霍尔效应元件为不接触测量导体中的电流提供了极大的便利，采用霍尔元件制作的电流传感器得到了越来越广泛的应用，特别是在许多危险场景的电流监测中得到了更多的关注和应用。

霍尔电流传感器广泛应用于直流或脉动电流的检测，霍尔元件是利用霍尔效应原理对电流进行不接触测量的元件，对被测电路无负载效应。由于霍尔元件固有的零位误差和共模信号干扰，输入/输出内阻受温度影响较大，以及霍尔元件的个性差异等原因，常使测量效果不理想。为了消除霍尔元件的零位误差和共模信号干扰，通常需要采用模拟电路对零位误差和共模干扰信号进行修正。为了消除温度变化引起的测量误差，需要采用恒流源供电并采用相应的温度补偿电路。即使这样，霍尔电流传感器/传感器的测量精度还是不太理想，特别在小电流(测量范围≤20A)时，误差更大[3]。

本章将以 CY8C27443 芯片为核心，采用线性霍尔元件实现电流不接触测量的霍尔电流传感器的设计和实现过程。

3.1 霍尔电流传感器处理对象和实现过程分析

霍尔效应的存在是由于导体中形成电流的载流子受到磁场所产生的洛伦兹力作用形成的结果，形成电流的载流子在洛伦兹力的作用下发生偏移堆积产生了霍尔电压。因此要产生霍尔效应，导体或者半导体中首先需要有电流的存在，给霍尔元件提供电流的方式可以是恒压源方式也可以是恒流源方式。由于一般的霍尔元件的输入电阻受温度的影响较大，采用恒压源方式工作时，所提供的电流大小受温度的影响也很大，因此采用恒流源方式工作时可以有效地抑制温度误差。

霍尔效应中，霍尔元件的输入电流与感应电压的方向相互垂直，产生霍尔效应的有效磁场方向与霍尔元件输入的电流方向垂直。为了提高电流检测效果，霍尔效应要求磁场方向与霍尔元件的电流方向垂直。为了满足这一要求，一般采用软磁铁芯进行磁场束向，把霍尔元件插入磁铁芯的气隙中进行固定，软磁铁芯围绕着被测电流的导体固定，被测电流的导体从磁铁芯的中心穿过。由于磁铁芯的存在会产生磁滞现象，对小电流的测量不利，因此检测电路中需要有放大电路增益的调整装置。

无论是霍尔元件插入磁铁芯的气隙中固定，还是被测导体穿过软磁铁芯组成的磁环，以及传感器的固定，各个传感器的安装参数都会有机械误差，这会导致检测敏感程度的不同。因此，每一个霍尔电流传感器都需要有一个现场安装过程中的霍尔电压偏移量校准电路和敏感系数校准电路。

霍尔传感器的输出量即霍尔电压 V_H 还会随着温度的变化而变化，虽然半导体霍尔材料的制造工艺在不断进步和改善，受温度的影响越来越小，但始终不能完全克服温度所造成的误差，霍尔电压 V_H 温度漂移始终存在，因此霍尔电流传感器还需要有额外的环境温度监测和温度补偿电路才能达到较为理想的测量效果。

3.2　霍尔电流传感器的 PSoC1 实现

3.2.1　系统内部模块配置

利用 PSoC1 实现霍尔电流传感器的原理框图如图 3.1 所示。

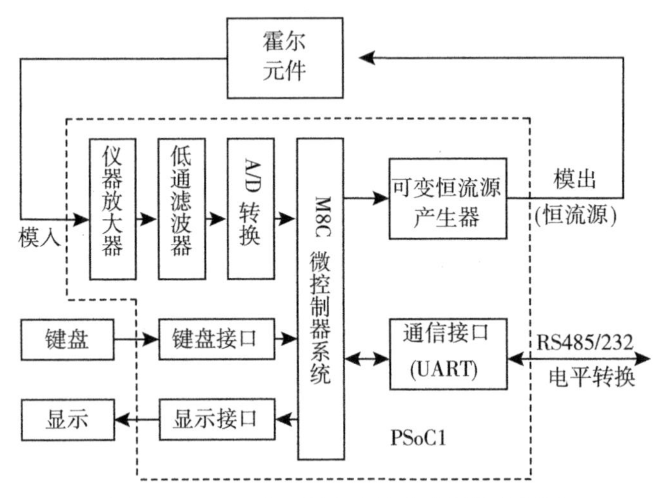

图 3.1　PSoC1 实现霍尔电流传感器原理框图

图 3.1 中，可变恒流源产生器由 PSoC1 内部构造的一个增益为 1 的仪器放大器、一个 6 位 DAC 器件和外部添加的一个 100Ω 的精密电阻组成，增益为 1 的仪器放大器由两个 CT 模块(ACB00 和 ACB01)和一个 SC 模块(ACD11)构成，DAC6 由一个 SC 模块(ASD22)构成。对霍尔传感器的输出(模入)进行处理的仪器放大器由两个 CT 模块(ACB02 和 ACB03)构成；低通滤波器是二阶巴特沃兹滤波器，由两个 SC 模块(ASC12 和 ACD13)构成；13 位双极型 A/D 转换器由一个 SC 模块(ACS23)和三个数字模块(DBB00、DBB10 和 DBB11)构成。键盘接口采用三个通用数字输入接口组成，不占用内部模块。显示接口由一个数字模块(DCB02)配置成主 SPI 接口，外接动态 LED 驱动器 MAX7219 组成。通信接口由两个数字模块(DCB12 和 DCB13)配置成 UART 方式，外接 75LBC184 实现 UART 到 RS485 的电平转换。

1. 可变恒流源电路实现

可变恒流源产生原理如图 3.2 所示。图中 DAC6 由一个 PSoC1 内部的 D 型开关电容模块 ASD22 组成，给图中的仪器放大器 Inst Amp 提供负向输入端电压 V_{set}；增益为 1 的仪器放大器 Inst Amp 由 PSoC1 内部的两个连续时间模块 ACB00、ACB01 和一个 D 型开关电容模块 ACD11 构成。另外，需要在芯片外部添加一个 100Ω 精密电阻作为电流设定电阻。由于组成 DAC6 的 ASD22 模拟模块与组成仪器放大器的三个模拟模块不能通过芯片内部模拟多路复用开关实现连接，DAC6 的输出连接至 P04 端口所对应的引脚，由片外连线连接至仪器放大器的负向输入端 P00 所对应的引脚。根据仪器放大器的基本特点，正向和负向的输入电阻可以认为接近于无穷大，因此仪器放大器正相输入电流和负相输入电流均可以设定为 0。假设仪器放大器的输出电压 V_{out}，仪器放大器正向输入端的电压值就是负载电压 V_{load}，负向输入端的电压值为 V_{set}，流过取样电阻 R_{set} 的电流和流过负载电阻 R_{load} 的电流相同，均为 i，则有：

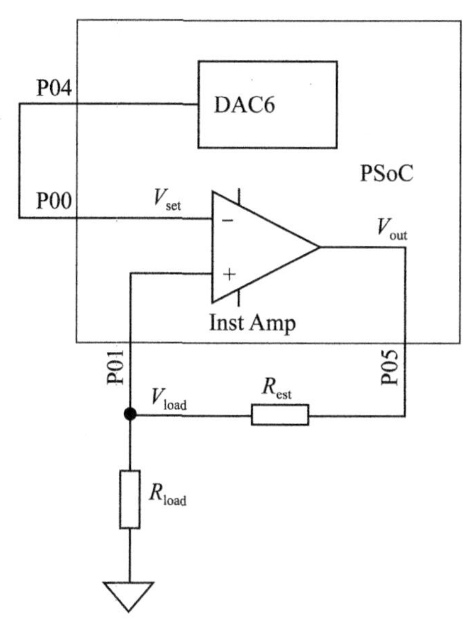

图 3.2　PSoC1 恒流源产生原理

$$i=\frac{V_{out}-V_{load}}{R_{set}} \tag{3-1}$$

由于图 3.2 中仪器放大器 Inst Amp 的增益倍数设置为 1，为了实现增益为 1 的仪器放大器，芯片内部使用了两个连续时间模块和一个开关电容模块。由图 3.2 可以得到：$V_{out}=(V_{load}-V_{set})\times 1$，因此可得：

$$V_{load}=V_{out}+V_{set} \tag{3-2}$$

将式(3-2)代入式(3-1)得到：

$$i=\frac{V_{out}-(V_{out}+V_{set})}{R_{set}}=\frac{-V_{set}}{R_{set}} \tag{3-3}$$

由式(3-3)可以看出，在电源电压允许的情况下，流过负载电阻 R_{load} 的电流大小与负载电阻 R_{load} 的阻值大小无关。由此可见，作用于负载电阻 R_{load} 的电流 i 取决于 DAC6 的输出电压 V_{set} 和外接电阻 R_{set} 的大小，与负载电阻 R_{load} 的大小无关。砷化镓霍尔元件 TSH119 的输入电阻 R_d 电阻值是随着环境温度的升高而增大的，电阻值在 450Ω 到 900Ω 之间。当温度升高到 120℃、输入电流固定在 5mA 时，查阅曲线可知 R_d 电阻值在 780Ω 左右。外接电阻 R_{set} 选择 100Ω，负载端电压为 $V_{load}=i\times R_d=0.005\times 780=3.90(V)$，是可以保证电源电压为 5V 时，在全温度范围内提供 5mA 的恒流源驱动霍尔传感器的。即使传感器的输入

电阻 R_d 达到了极限值 900Ω，采用 5mA 恒流供电，负载端所对应的电压为：$V_{load}=i\cdot R_d=0.005\times900=4.5(V)$。该电压也在模拟输出范围之内。图 3.2 中仪器放大器 Inst Amp 的输出连接到第 2 列的模拟输出总线，通过模拟器输出驱动器驱动引脚所对应的端口 P05，设置该端口的输出模式为强(Strong)模式就能够满足要求。

模拟系统的 AD 模块和 DA 模块都是基于由电压参考多路复用器 RefMux 选择的共用参考电压 V_{ref}，由于砷化镓霍尔元件 TSH119 的输出电压 V_H 是过零点的小信号，处理小信号 V_H 时片内处理电路的需要，模拟系统参考电压选择 1.6×BandGap±1.6×BandGap，也就是 1.6×1.3±1.6×1.3V，此时 DAC6 的输出电压范围为 $0\leqslant V_{set}\leqslant4.16$V。DAC6 的数据格式采用二进制偏移量(OffsetBinary)的方式，分辨率为 $\frac{4.16}{63}=66$mV，因此，恒流源产生电路的最大输出电流为 $i=\frac{V_{set}}{R_{set}}=\frac{4.16}{100}=41.6(mA)$，电流分辨率为 $\frac{66}{100}=0.66(mA)$，能够满足要求。当驱动电流设置为 5mA 时，可以得到设置电压即 DAC6 的输出电压为 $V_{set}=i\times R_{set}=0.005\times100=500(mV)$，$500\div66=7.56$，即 DAC6 的设定值应该为 7 或者 8。当 DAC6 的设定值为 8 时，实际的设定电压为 $V_{set}=8\div63\times4.16=553(mV)$，输出电流为 $i=V_{set}\div R_{set}=553\div100=5.53(mA)$；当 DAC6 的设定值为 7 时，实际的设定电压为 $V_{set}=7\div63\times4.16=462(mV)$，输出电流为 $i=V_{set}\div R_{set}=462\div100=4.62(mA)$。当用 5 毫安恒流供电时，砷化镓霍尔元件 TSH119 的输出电压 V_H 最大值在 170 mV 左右。由于霍尔电压 V_H 与供电电流成正比，因此可以适当加大霍尔元件的恒流供电电流，适当提高霍尔电压的输出值，这样有助于小信号仪器放大器的设计。

根据砷化镓霍尔元件 TSH119 的数据曲线，采用恒流源供电时可以把 0℃ 到 80℃ 的温度漂移从采用恒压源供电时的 6mV 降低到 1mV 左右。虽然不能完全消除温度漂移，但情况已经好了很多。由于 PSoC1 芯片内部集成了一个温度传感器，该温度传感器内置在 ASC21 模块中，可以粗略监测芯片 PSoC1 微控制器的结温，通过微控制器结温估算出环境温度以后，可以在数值上进行温度补偿，进一步压降温度漂移。但是不建议用这种方法进行温度补偿，因为内置在 ASC21 模块中的温度传感器所测量的温度是粗略的，并不精确，因此为了得到更进一步的温度补偿，需要外置温度传感器精确测量环境温度。只有得到精确的环境温度后进行的温度补偿才是可取的。

恒流源产生电路的关键部件是增益为 1 的仪器放大器，仪器放大器片内实现如图 3.3 所示。该仪器放大器由两个运算放大器和一个 D 型开关电容模块构成，运算放大器分别由连续时间模拟模块 ACB00 和 ACB01 构成，D 型开关电容模块由 ASD11 组成。仪器放大器的正向输入端通过第 1 列的输入模拟多路复用器连接至 P01 端口所对应的引脚，仪器放大器的负向输入端通过第 2 列的输入选择开关和模拟输入多路复用器连接字 P00 端口所对应的引脚，仪器放大器的输出信号驱动第 2 列的输出总线通过模拟驱动器 Buf_1 连接至已经被设置为模拟信号强输出的 P05 端口所对应的引脚。

图 3.3 中第 1 列剩余的一个 C 型开关电容模拟模块 ASC10 和一个 D 型开关电容模拟模块 ASD20 设置成一个 9 位分辨率的电压输出 DA 转换器 DAC9，DAC9 输出端驱动第 1 列的模拟输出总线，通过模拟驱动器 Buf_0 连接至已经被设置为模拟信号强输出的 P03 端

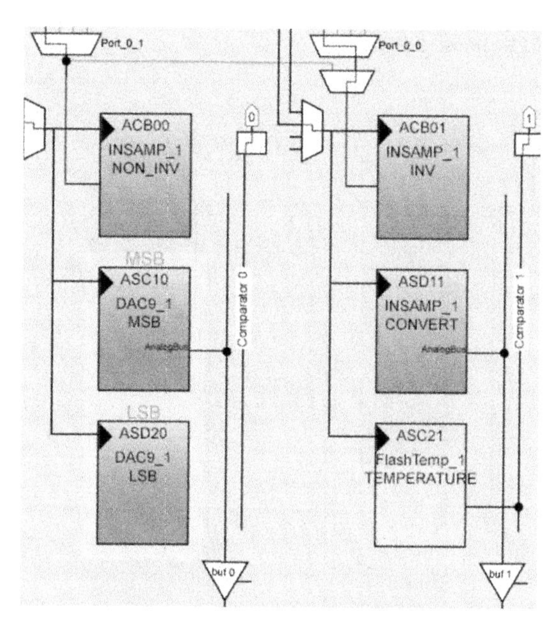

图 3.3　恒流源片内仪器放大器实现

口所对应的引脚，作为霍尔电流传感器测量值的一种输出模式：0~4V 输出。由于 PSoC1 模拟系统采用共同的参考电压基准 V_{ref}，该电压基准 V_{ref}在全局资源设置窗口中设置，考虑到恒流源输出和霍尔电压处理电路的需要，已经设置为 1.6×BandGap±1.6×BandGap，因此 DAC9 的输出范围是 0~4.16V，可以作为 0~4V 的输出使用。

本设计使用的芯片 CY8C27443 所实现的霍尔电流传感器的主要输出模式还有数字输出方式，通过后面介绍的异步串行接口 UART 实现，在片外采用 UART 到 RS485 电平的转换是由 SN75LBC184 完成的，硬件转换为后组成 RS485 总线传输方式，软件上采用 MODBUS RTU 传输协议方式实现。另外，本设计所要求的其他输出方式包含 0~5V 输出、4~20mA 输出和 0~20mA 输出等多种方式，采用另外增加一个 8 个引脚封装的 PSoC1 芯片 CY8C27143 作为从芯片方式实现。主芯片 CY8C27443 和从芯片 CY8C27143 之间采用主从 SPI 方式进行通信。

图 3.3 中第 2 列剩余一个 C 型开关电容模块 ASC21 是内置的 FLASH 温度传感器所在的模块，用来粗略地监测 CPU 的结温，提供 FLASH 存储器的写入服务。

2. 霍尔电压 V_H 处理电路实现

霍尔传感器的主输出信号为霍尔电压 V_H，霍尔电压 V_H 的处理由片内模拟系统完成。霍尔电压 V_H 的片内处理电路如图 3.4 所示。图中由两个连续时间模拟模块 ACB02 和 ACB03 组成的仪器放大器完成霍尔传感器的输出电压 V_H 的小信号放大处理；放大以后的主信号 V_H 送入二阶低通滤波器进行滤波处理，该电路由一个 C 型开关电容模拟模块 ASC12 和一个 D 型开关电容模拟模块 ACD13 组成的二阶巴特沃兹低通滤波器完成；通过低通滤波器处理的霍尔电压信号 V_H 连接到由一个 C 型开关电容模拟模块 ASC23 和三个基本数字模块 DBB00、DBB10、DBB11(如图 3.4(b)数字系统部分所示)组成的 13 位分辨率的积分型 AD 转换器进行模拟数字转换。

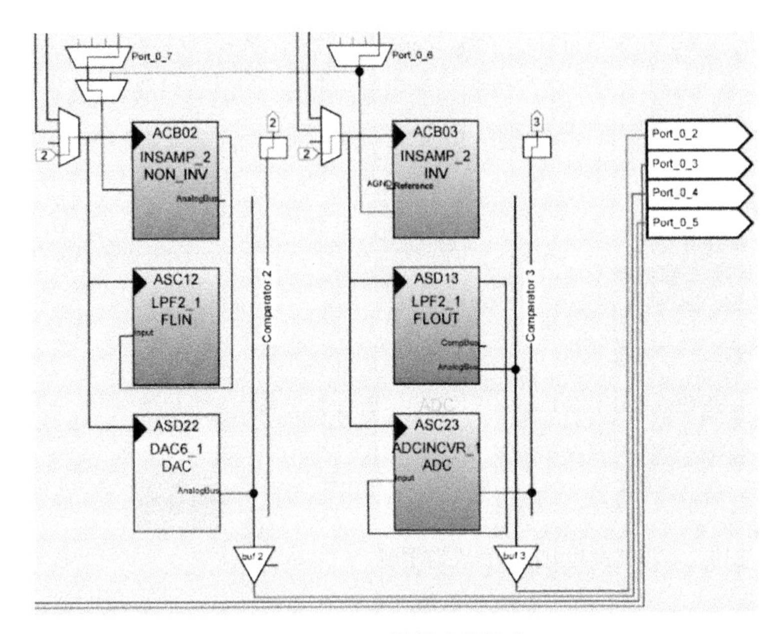

(a)模拟系统部分　　(b)数字系统部分

图 3.4　霍尔电压 V_H 处理电路的片内实现

仪器放大器的片内实现采用的是两个连续时间模块也就是两个运算放大器完成的，仪器放大器的放大倍数可以在 2~16 倍之间进行设置，采用差分输入方式，可以有效抑制共模信号。霍尔传感器的输出信号霍尔电压 V_H 可以直接分别连接到仪器放大器的差分输入端，实际设计中霍尔元件 TSH119 的输出信号已经分别连接至 P06 和 P07 端口所对应的引脚，V_H 正向信号 P07 通过第 3 列的模拟信号输入多路复用器和多路选择器连接至 ACB02 组成的仪器放大器正向输入端；V_H 负向信号 P06 通过第 4 列的模拟输入多路复用器后连接至 ACB03 组成的仪器放大器负向输入端。

二阶巴特沃兹低通滤波器通过两个开关电容模块实现，其截止频率可以设置在 20Hz 到 180kHz 之间，可以通过设置由 ASC12 组成的输入开关模块 FLIN 的输入电容阵列 C1、C2 和反馈电容 CA 阵列，以及由 ASD13 组成的输出开关模块 FLOUT 的输入电容阵列 C3、C4 和反馈电容 CB 阵列的离散值来改变二阶巴特沃斯低通滤波器的增益和截止频率等参数。具体设置过程可以通过集成开发环境右键单击 ASC12 或者 ASD13，在弹出的菜单中左键单击“Datasheet”即可查看器件使用说明书文档《二阶低通滤波器使用手册》(Two-Pole Low-Pass Filter Datasheet)。

在全局资源设置中 VC1 和 VC2 均设置为 2，第 4 列的时钟频率设置为 VC2，因此第 4 列的时钟频率为 24MHz÷4＝6MHz，即 AD 转换的数据时钟频率(DataClock)为 6MHz。由 ASC23 和三个基本数字模块 DBB00、DBB10、DBB11 组成的可变 AD 转换器的计算时间参数设置为 CalcTime=50，分辨率设置为 ADCResolution=13，输出数据格式(DataFormat)设置为无符号数(Unsigned)。因此，该 13 位 AD 转换器的采样速率为 SampleRate = $\frac{\text{DataClock}}{2^{13+2}+\text{CalcTime}}=\frac{6\text{MHz}}{2^{15}+50}=\frac{6000000}{32768+50}=182.8\approx182(\text{sps})$。

片内实现可控恒流源电路、霍尔电压 V_H 处理电路、0~4V 电压输出电路和内部温度测量电路以后，CY8C27443 芯片的 12 个模拟模块资源已经全部被占用，8 个数字模块也已经被占用三个，还剩余 5 个数字模块。

3. 通信接口电路的片内实现

还未使用的 5 个数字模块主要用来完成通信功能和硬件定时功能。通信功能包括两种：两个数字模块完成全双工的异步通信接口 UART，一个数字模块完成 UART 波特率设置，一个数字模块完成同步串行通信接口 SPI 功能。最后一个数字模块用来完成硬件定时功能。具体实现如图 3.5 所示，图中的基本数字模块 DBB11 已经被可变模数转换器占用。

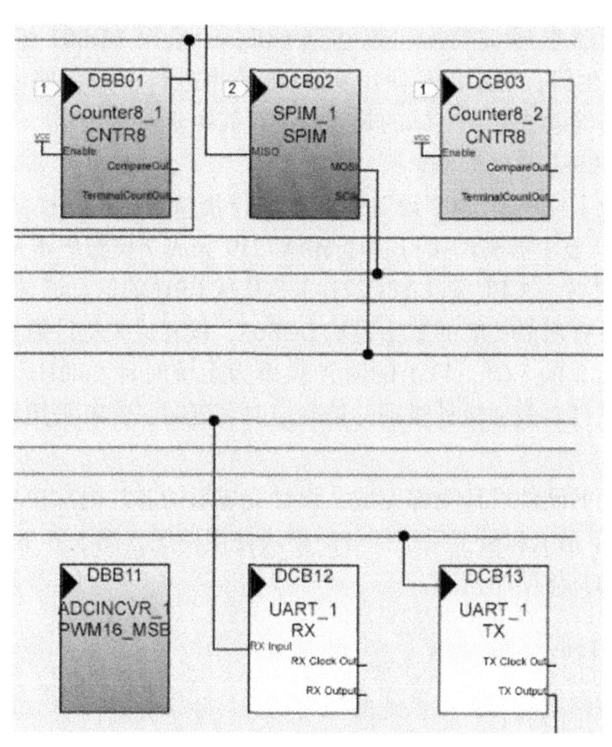

图 3.5 其他数字模块的设置

图 3.5 中，带有通信功能的数字模块 DCB12 和 DCB13 构成全双工异步通信接口 UART 主电路，由 DCB12 组成的接收模块通过行输入信号选择器连接至列输入总线，经过列全局输入总线与 P10 端口所对应的引脚相连接；由 DCB13 组成的发送模块通过行输出总线选择器连接至列输出全局总线，经过列输出全局总线与 P11 端口所对应的引脚相连接。UART 波特率由基本数字模块 DBB01 组成的 8 位计数器实现，通过设置计数器的参

数可以在线更改异步通信接口的传输波特率。DBB01 组成的 8 位计数器的输出信号通过第 1 行的广播总线 BC0 和第 2 行的广播总线 BC1 连接至 UART 的由 DCB13 组成的发送模块时钟输入端，8 位计数器作为 UART 波特率发生器使用。UART 通过外部接口芯片 SN75LBC184 实现 RS485 总线功能，软件编程实现现场总线 MODBUS 的 RTU 协议。

关于 UART 的波特率设置，由于 UART 功能模块发送或者接收一个二进制位的信号需要该模块工作时钟的 8 个时钟周期完成，因此提供 UART 功能模块的时钟频率必须是传输波特率的 8 倍。初始传输波特率采用 9600Hz 时，UART 时钟 Clock 频率应该设置为 9600Hz×8 = 76800Hz。全局资源中 VC1 设置为 2，即 VC1 频率为 24MHz÷2 = 12MHz，DBB01 组成的 8 位计数构成的波特率器发生器的参数为 Period = 155，CompareValue = 77，输出频率为 12MHz÷156 = 76923Hz，在 UART 时钟容限±2%之内，可以正常工作。波特率发生器也可以直接在全局资源中设置，此时 VC1 和 VC2 均设置为 2，VC3 的源(VC3_Source)设置为 VC2，VC3 的分频数(VC3_Divider)设置为 156，UART 时钟 Clock 频率设置选择 VC3，同样可以实现 9600 波特率数据传输。

由于 UART 的最高传输波特率可以达到 6Mbps，采用 DBB01 组成的 8 位计数作为 UART 的波特率器发生器，初始化时使用 9600 波特率进行初始数据传输，与上位机协商以后可以在线更改传输波特率，实际的是波特率设置由上位机决定。当然波特率的设置还会受到 RS485 总线驱动芯片的限制。

带通信功能的数字模块 DCB02 设置成同步串行接口 SPI 主动模式，一方面主芯片外部增加一片动态 LED 显示器驱动接口芯片 MAX7219 完成 7 位数码本地显示功能；另一方面完成 CY8C27443 芯片主 CPU 和 CY8C27143 芯片从 CPU 的信息通信功能。

最后剩下一个具有通信功能的数字模块 DCB03，设置成 8 位计数器，其时钟端为已经在全局资源中设置为 2 的 VC1，VC1 的时钟频率为系统时钟 24MHz 的二分频即 12MHz，采用硬件中断的方式可以做到微秒级别的精确定时和延时，弥补采用软件循环方法延时的不足。

至此，芯片内部的硬件设计全部完成，设计完成后的芯片内部模块布局图如图 3. 6 所示。图 3. 6(a)为数字系统和模拟系统部分的模块使用情况，图 3. 6(b)为硬件设计完成以后影响到芯片引脚的具体使用情况。

3. 2. 2　系统外部实现

充分采用片内数字系统和模拟系统的强大功能，除了片外需要放置一个产生恒流源的 100Ω 精密电阻以外，系统所需的所有元器件均可在片内完成设计，因此片外系统的实现主要是电源系统的供电电路、其他一些外部连接的结插件以及用于参数设定和测量结果校准使用的按钮开关、显示、状态指示等电路。

系统采用 5V 供电，为了提高电源使用效率，采用开关型电源转换芯片 MC34063 实现标准 5V 电源电压供给，该芯片可接受 12~36 VDC 电平输入，具体原理如图 3. 7 所示。

图 3. 8 是实现霍尔电流传感器的 PSoC1 芯片 CY8C27443 的外部管脚连接原理图。图中 J2 接砷化镓霍尔元件 TSH119，TSH119 置于磁环气隙中，测量对象直流/脉动电流从磁环中穿过，由 J2-1 和 J2-3 提供 TSH119 所需的直流电流源，其内部恒流源产生原理可以参

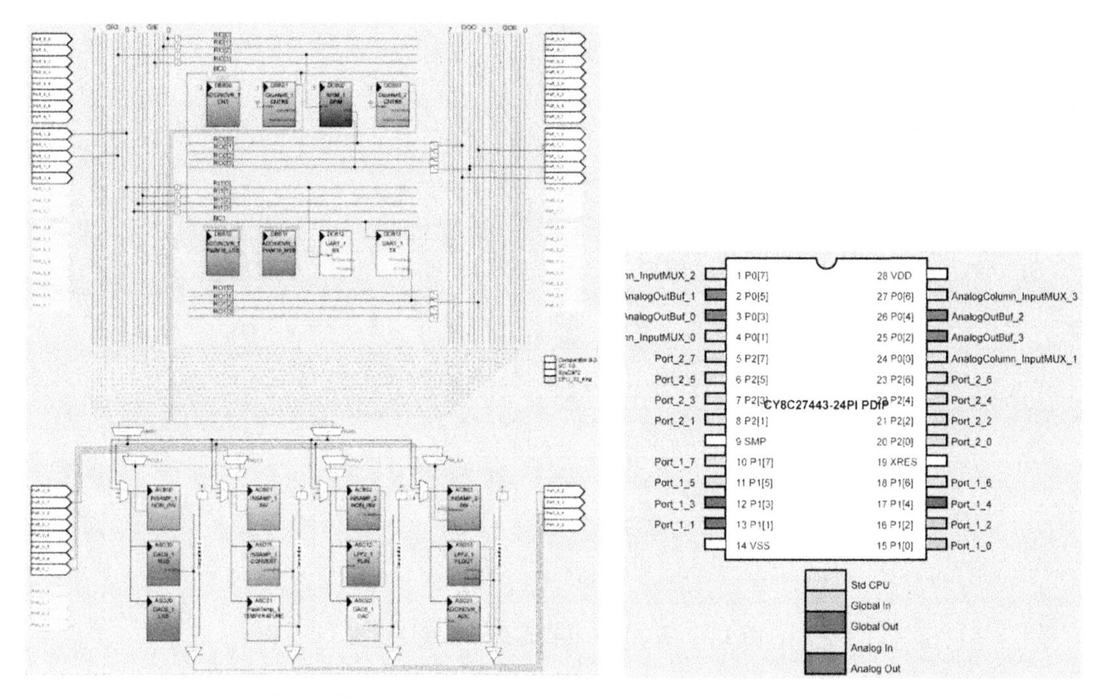

(a)片内系统配置　　　　　　　　(b)硬件设计完成后的引脚配置

图 3.6　霍尔电流传感器片内系统配置

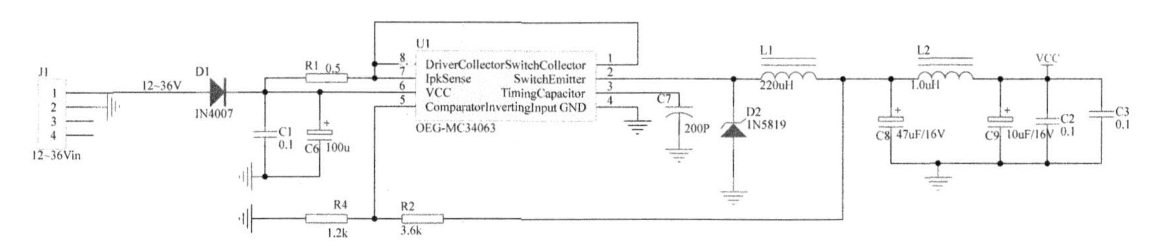

图 3.7　霍尔电流传感器电源原理图

阅 3.2.1 可变恒流源电路实现部分。由 J2-2 和 J2-4 返回随测量对象变化的小信号，为了消除共模干扰，该信号接入 PSoC 内部的仪器放大器。J3 与图 3.10 中 J3 连接，SPI 输出，提供系统调试时的数字显示与状态指示功能。J5 为输出，J5-1、J5-3 提供 0~5V 模拟量输出；J5-4、J5-5 为 RS485 输出，通过双绞线与主设备相连，采用 MODBUS RTU 协议，数据传输时使用 CRC16 校验，由于内部数字模块有限，采用软件实现 CRC16 校验。RS485 输出时主设备和最后一台从设备的双绞线必须接终端电阻。UART 到 RS485 的转换由 SN75LBC184 完成，由 P15 端口决定 SN75LBC184 处于接收或发送状态。另外，LED1~LED4 以及上拉电阻 RJ1 提供设备运行时的工作状态指示：校正、通信、采样、系统故障。

图 3.7 和图 3.8 所示的原理图联合设计制作 PCB 印刷电路主板如图 3.9 所示。

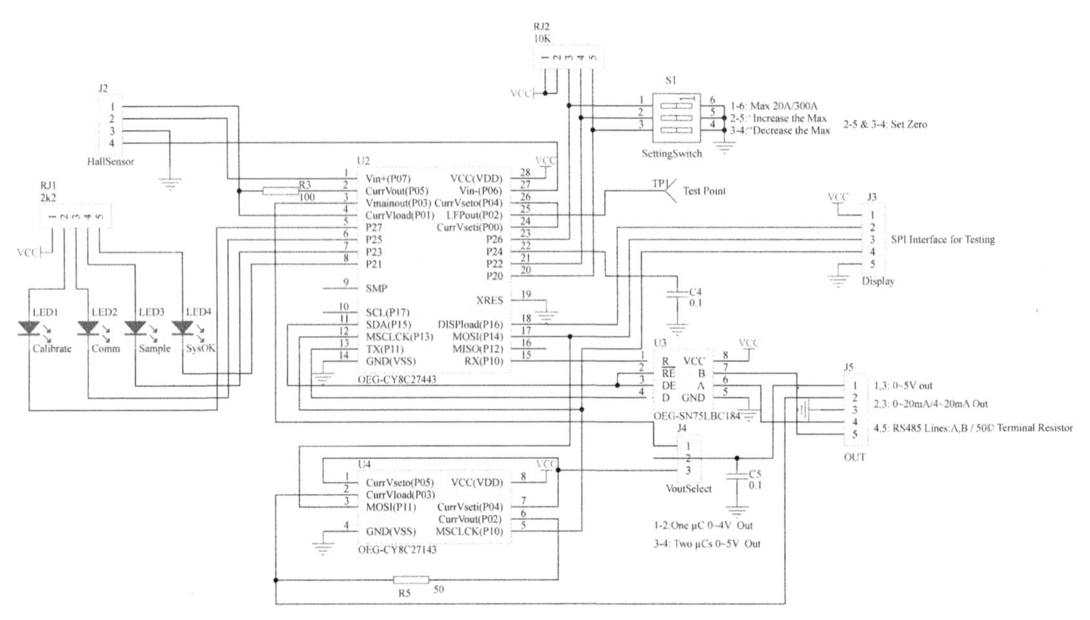

图 3.8　霍尔电流传感器外部接线原理图

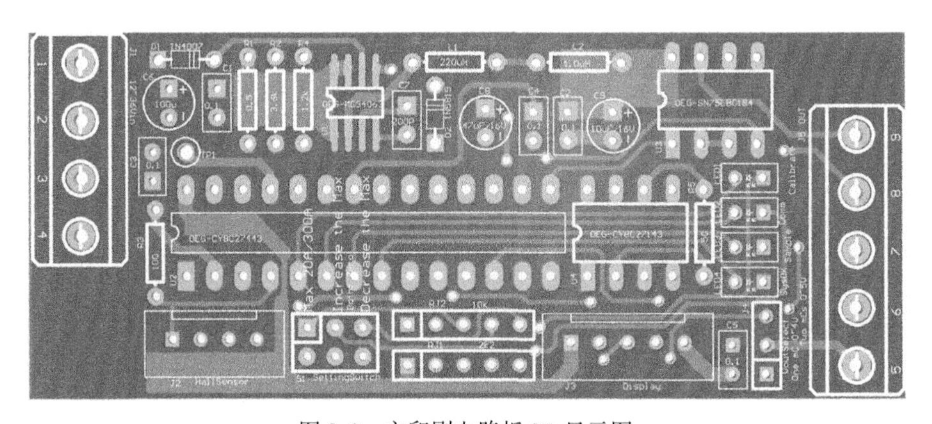

图 3.9　主印刷电路板 3D 显示图

图 3.10 提供可选的本地数字显示和状态指示接口，主要提供传感器出厂前的校表显示，也可以作为运行时的本地显示。图 3.10 中 U1 为动态数码显示接口及驱动芯片 MAX7219，U1 作为 CY8C27443 的 SPI 从设备存在，使用 SPI 功能可以节省 PSoC1 的内部资源，如果采用 PSoC1 的 LCD 功能，将会占用较多的引脚和内部闪存。数字显示采用 7 位共阳高亮数码管实现，显示电流由 R1 限制确定，可以通过调节 R1 的阻值来改变显示亮度，还可以通过 MAX7219 内部控制寄存器在线调节显示亮度，以减轻电源负担。LED1～LED8 提供了更多的状态指示功能。

根据图 3.10 所示外接数字显示与状态指示原理图单独制作一块印刷电路板，数码管和发光二极管在顶层焊接，其他元器件在底层焊接。数字显示与状态指示印刷电路板 3D

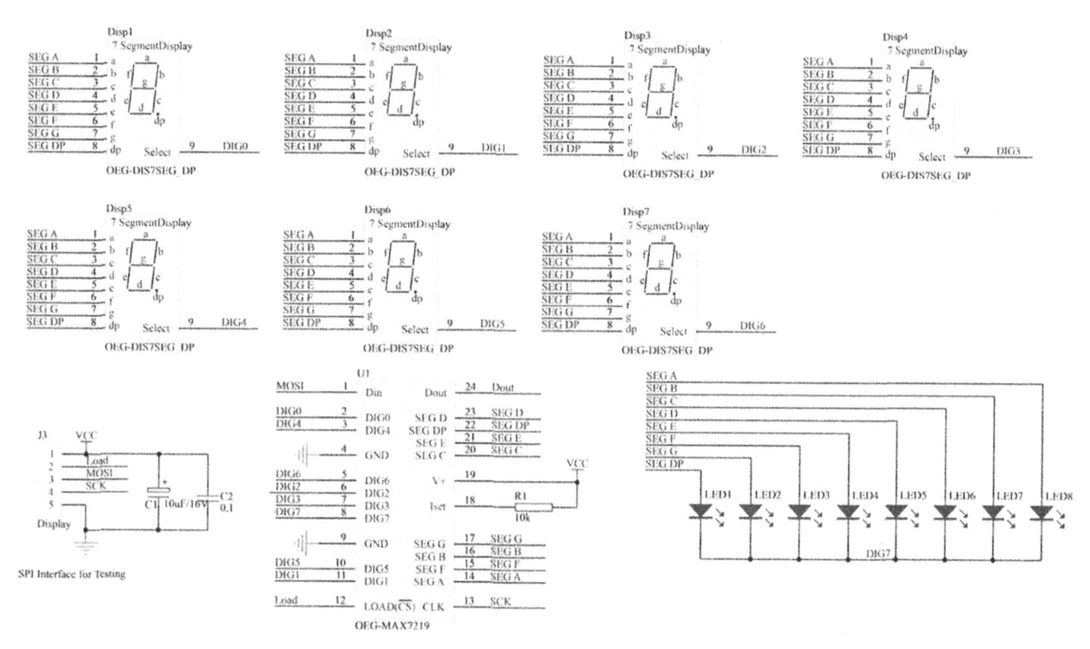

图 3.10 外接数字显示与状态指示原理图

显示图及元件装配完成后的成品照片如图 3.11 所示。

图 3.11 数字显示与状态指示印刷电路板图

3.3　霍尔电流传感器系统软件实现

首先，在设备编辑器(Device Editor)中完成图3.1中点划线内部的硬件设备配置，包括使用内部Flash实现64字节E^2PROM仿真、看门狗电路的设置、系统时钟频率的设置、参考电压的设置等其他资源的配置，产生相应的配置文件，这些配置将和应用程序一起写入内部闪存。其次，在硬件配置的基础上进入应用程序编辑器(Application Editor)进行软件编制，在运用程序中完成传统的数据采集、数据处理、输出等一系列工作，同时也可以在运用程序中对硬件参数进行在线修改。最后，把硬件配置与应用程序一起编译后写入片内闪存，完成系统开发。

3.3.1　系统软件框架

系统软件开发采用C语言完成，主程序框图如图3.12(a)所示。

由于系统是MODBUS协议的从设备，程序其他功能的执行命令均由主设备发出，在通信接收中断处理程序中完成。由于开发环境的程序框架是根据设备编辑器中的模块配置自动建立的，所有的模块子程序都是基于汇编程序的，在PSoC开发环境的C语言程序中嵌入汇编语言非常方便。集成开发环境系统提供了UART RS232串行通信所需的数据格式，中断服务器程序入口默认为汇编语言编写，由于本系统采用UART RS485串行通信所需的数据格式，中断服务程序采用C语言编写，因此必须修改boot.asm中的中断向量，指向自己采用C语言编写的中断服务程序。本系统的中断服务程序功能由ReceiveData()函数完成，接收功能采用DCB12数字模块实现，每次模块更新后，均需要改变DCB12的中断向量后再编译：

```
org 38h
ljmp   _ReceiveData; 指向 ReceiveData()函数
reti
```

也可以通过修改模板文件boot.tpl的方式由系统自动产生指向自定义中断服务程序的方法完成，这样就不用在每次模块更新后都要修改中断服务程序向量。由于boot.asm中断向量是通过模板文件boot.tpl生成的，只要模板文件不做改变，boot.asm就能每次指向正确的中端向量。模板文件boot..tpl修改后的代码如下：

```
;@PSoC_BOOT_ISR_UserCode_START@
;--------------------------------------------------
; Insert your custom code below this banner
;--------------------------------------------------
org    04h     ;Low Voltage Detect (LVD) Interrupt Vector
halt           ;Stop execution if power falls too low
……
org    38h        ;PSoC Block DCB12 Interrupt Vector
ljmp   _ReceiveData;指向 ReceiveData()函数;`@INTERRUPT_14`
```

```
reti
……

;--------------------------------------------------
; Insert your custom code above this banner
;--------------------------------------------------
;@ PSoC_BOOT_ISR_UserCode_END@
```

中断服务子程序框图如图 3.12(b)所示。

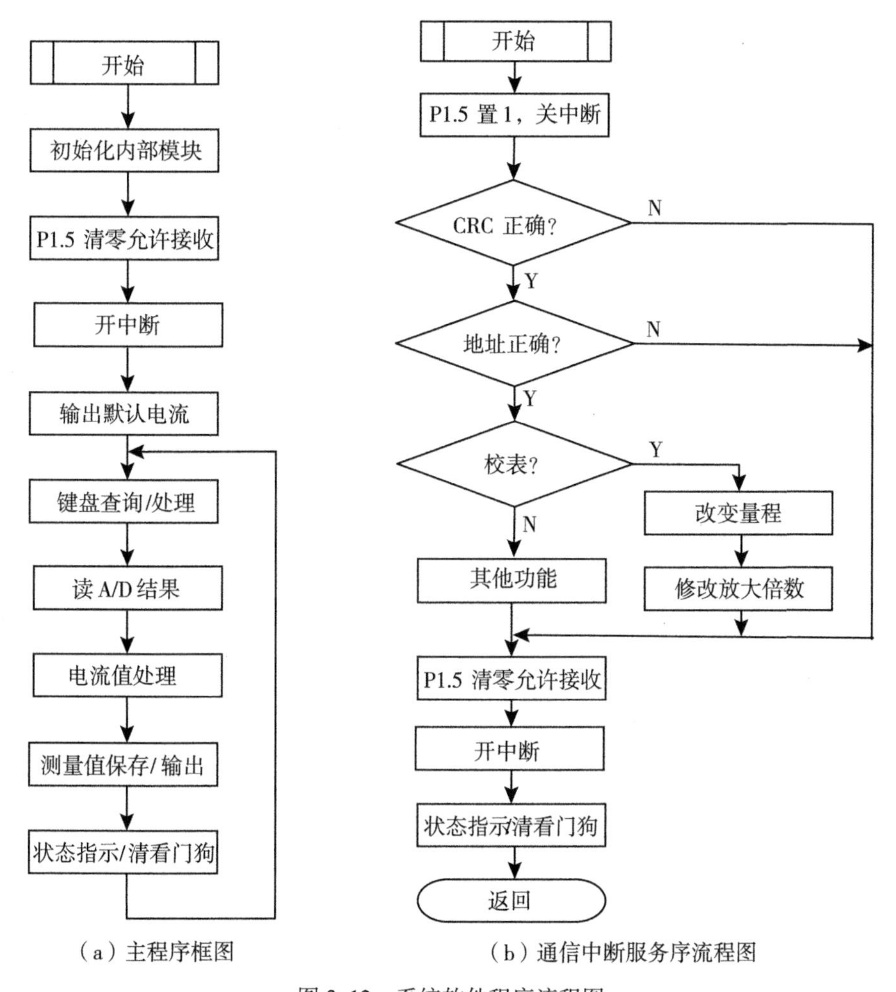

(a) 主程序框图　　　　(b) 通信中断服务序流程图

图 3.12　系统软件程序流程图

软件完成的功能包括：本机地址编号(0~127)的设置与改变；测量范围的设置与改变；传感器的标定；数据采集、处理、显示与传输；根据测量范围动态调节霍尔传感器恒流源的电流大小以及信号的放大倍数(通过调节输入仪器放大器和低通滤波器的增益实现)；MODBUS 从设备 RTU 协议的实现等。传感器参数的设置可以由键盘单个调整，也可以通过 MODBUS 协议批量完成。

3.3.2　基于MODBUS的直流/脉动电流检测系统实现

完成了单点直流/脉动电流检测单元制作，以一台微机为主设备，在作为主设备的微机上加装一个RS232-RS485转换设备后，与多台从设备相连接组成多点直流/脉动电流检测系统。理论上采用75LBC184作为UART-RS485接口后，总线上可以最多存在128台从设备，但在实际使用中最好不要超过32台，否则传输速度将大大降低。设备之间采用MODBUS RTU协议，数据传输采用CRC16校验。系统以MODBUS主设备为核心进行工作，主设备主要完成各种命令的发出和系统电流检测结果的收集处理工作。系统结构框图如图3.13所示。

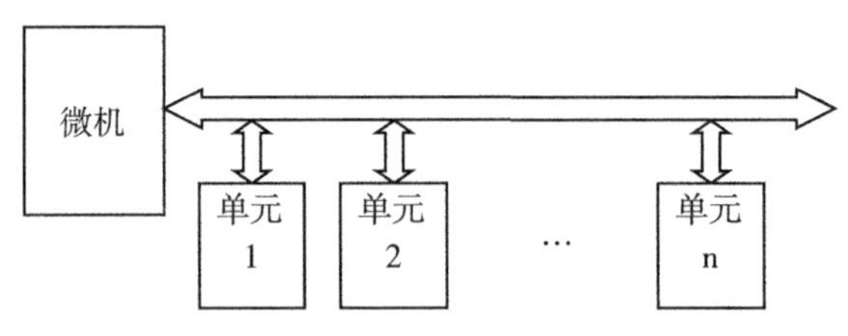

图3.13　直流/脉动电流检测系统组

3.4　霍尔电流传感器实现的部分C语言程序

在集成开发环境PSoC Designer软件的器件编辑器中完成片内系统硬件设计所需的数字系统和模拟系统器件放置和参数设定以后，在集成开发环境中左键单击产生硬件配置文件的快捷键图标，Designer软件根据器件编辑器中所放置的片内相关元器件及其参数自动生成应用程序接口所使用的API函数。用户自定义模块所对应元器件的参数，除了放置位置以外，参数基本上都可以在软件程序中通过API函数动态更改。根据片内的硬件设计生成硬件配置文件时，集成开发环境自动产生应用程序框架，开发人员只要在应用程序框架的相应位置编写完成实际功能的应用软件就可以完成软件系统的开发。软件系统的主程序保存在文件名为main.c的文件中，在工作空间浏览器中双击该文件名 main.c，即可进入主程序的程序设计状态。

上电复位以后，霍尔电流传感器系统实现的主程序首先进行全局参数初始化设定和器件编辑器中设计的元器件的初始化设定，然后启动恒流源电路给霍尔元件恒流供电，设定初始测量值的主输出电流为0。这些初始化工作完成以后主程序进入无限循环状态，在无限循环状态中完成按钮状态读取和处理、量程变化及其相关处理、传感器参数改变和保存、测量值采样和计算、测量值输出和显示、与辅助功能CPU通信、实时接收主设备所发送的命令等功能。

当没有接收到上位机发送的命令时，主程序重复监测图3.8中的S1状态，根据S1状态调整测量范围和测量最大值，调整恒流源输出电流的大小、仪器放大器的放大倍数、低通滤波器的滤波参数，采样测量值计算后在当地实时显示。

上位机发送的命令由 UART 中断服务程序完成接收并保存到接收缓冲区 RxBuffer 中，主程序根据中断服务程序接收到的命令执行完本地操作以后向上位机发送信息。通信数据以字节为单位，以两字节的 CRC16 校验数据结束。接收到上位机发送命令的信息校验、命令执行和信息返回由主程序中的 SendData( )函数完成。

3.4.1 系统主程序

霍尔电流传感器系统实现的主程序为：

```
//----------------------------------------------------------------------------
// C main line
//----------------------------------------------------------------------------
#include <m8c. h>           // part specific constants and macros
#include "PSoCAPI. h"       // PSoC API definitions for all User Modules
#include "oegfunctions. h"
void main(void)
{
    CHAR i;
    IniteAll( );
    SetCurrentDAC(20);//Output 4mA [(2 * 0. 1)/1. 3] * 32=4. 92
    SetVoltageOutputDAC(0);//MainOutput 0：0V；510：5V
for(i=0;i<16;i++)
{
    RxBuffer[i]=0;
    TxBuffer[i]=0;
}
i=0;
RxEnable( );
do{
    ReadKey( );//读按钮状态
    KeysProcess( );//处理按钮
    if(Flag. ParameterChanged)//参数改变时把新参数保存到 E²PROM 中
    {
        WriteToE2PROM( );
        Flag. ParameterChanged=FALSE;
    }
    RxEnable( );
    if(RxBuffer[1] ! = 0)//接收中断服务程序接收到有效命令时响应主设备
    {
        HexDataDisplay(1,0x8888);
```

```
            SendData( );//根据接收命令完成本地操作同时向上位机发送信息
        }
        else if(Flag.C20A) //电流测量范围为 0~20A
        {
            Inite20AInput( );
            LightOnPort2(7);
            LightOnPort2(1);
            iData=GetADResult( );
            GetFlashTemperature( );
            Caculate20ACurrent( );
            DecData5Display(5,cData);//Display X-YYYYY format. Channel is the X,Data
is the YYYYY. X and YYYYY is decimal
            SetVoltageOutputDAC(vData);//Output 0~5VDC
            SendToCy8C27143(vData);//Send to another PSoc Cy8C27143 to produce 0~
20mA or 4~20mA
        }
        else//电流测量范围为 0~300A
        {
            Inite300AInput( );
            LightOffPort2(7);
            LightOnPort2(1);
            iData=GetADResult( );
            GetFlashTemperature( );
            Caculate300ACurrent( );
            DecData5Display(6,cData);//Display
            SetVoltageOutputDAC(vData);//Output 0~5VDC
            SendToCy8C27143(vData);//Send to another PSoc Cy8C27143 to produce 0~
20mA or 4~20mA
        }
        }while(1);
    }
```

3.4.2　系统初始化程序

为了简化主程序的架构以方便阅读，把上电复位以后的初始化程序集中放在 IniteAll( )函数中完成，在主程序中调用 IniteAll( )函数即可。IniteAll( )函数完整代码如下：

```
void IniteAll(void)
{
    // Inite the globle parameters
```

```
BIT0 = 0x01;
LED = 0;
Flag.ParameterChanged=FALSE;
Flag.KeyOperation=FALSE;
Flag.KeyUp=FALSE;
Flag.KeyDown=FALSE;
Flag.C20A = FALSE;
IniteM8C();
InitePORT0();
InitePORT1();
InitePORT2();
IniteUART();
IniteSPIM();
IniteDisplay();
InitTemperature();
InitCurrentDAC();
SetCurrentInsAmp();
InitVoltageOutputDAC();
InitTemperature();
IniteE2PROM();
LightOffPort2(1);
LightOffPort2(3);
LightOffPort2(5);
LightOffPort2(7);
Max7219On();
ReadParameter();//Start to Inite the default parameters if the data is out of range
if(C20MaxVAL > 30)
{
    C20MaxVAL = 20;
    C20MaxADVAL = 4096;
    SerialNumber = 0;
    C20ZeroADVAL = 0;
    TemperatureZero = 40;
    Flag.ParameterChanged = TRUE;
}
if(C300MaxVAL > 300)
{
    C300MaxVAL = 300;
```

```
        C300MaxADVAL = 4096;
        C300ZeroADVAL =0;
        SerialNumber = 0;
        TemperatureZero = 40;
        Flag.ParameterChanged = TRUE;
    }//Finish to Inite the default parameters if the data is out of range
}
```

3.4.3　通信中断服务子程序

设备以 MODBUS RTU 协议的方式工作，通信中断服务子程序接收主设备所发出的所有命令，主设备发出的命令数据包含两个字节的 CRC16 校验数据以后，数据总长度最长为 11 字节，因此输入缓冲器的长度设置为 16。其中，RxBuffer[0]为目标设备编码，与本机设备编码一致时，该命令为本机必须完成的命令，完成命令要求的操作以后向上位机发送应答数据；当 RxBuffer[0] == 0xfa 时，为广播命令，总线上的所有设备将要完成该命令的操作，但所有设备均无需应答主设备。RxBuffer[1]为命令编码，设备完成的命令编码有 0x03 和 0x10 两种，编号为 0x03 的命令是返回实测值的命令，编号为 0x10 的命令是测量校正命令。通信中断服务程序只负责接收信息，命令的执行和应答在主程序中由 SendData()函数完成。程序中的宏语句#pragma interrupt_handler ReceiveData()指明该 ReceiveData()函数为中断服务程序，函数名前面加下画线以后即"_ReceiveData"可以作为中断向量直接调用。

```
#pragma interrupt_handler ReceiveData() //声明 ReceiveData()是中断服务程序
void ReceiveData(void)
{
    BYTE i;
    if((UART_1_bReadRxStatus() & UART_1_RX_REG_FULL) == UART_1_RX_
REG_FULL)
    {
        RxBuffer[0] = UART_1_bReadRxData();
        if(RxBuffer[0] == SerialNumber)//主设备要求的目标地址以本机地址一致
时接收上位机命令
        {
            while((UART_1_bReadRxStatus() & UART_1_RX_REG_FULL) != 
UART_1_RX_REG_FULL);
            RxBuffer[1] = UART_1_bReadRxData();
            if(RxBuffer[1] == 0x03)
            {
                for(i=2;i<8;i++)
                {
```

```
                    while((UART_1_bReadRxStatus() & UART_1_RX_REG_
FULL) != UART_1_RX_REG_FULL);
                    RxBuffer[i] = UART_1_bReadRxData();
                }
            }
            if(RxBuffer[1] == 0x10)
            {
                for(i=2;i<11;i++)
                {
                    while((UART_1_bReadRxStatus() & UART_1_RX_REG_
FULL) != UART_1_RX_REG_FULL);
                    RxBuffer[i] = UART_1_bReadRxData();
                }
            }
        }
        else if(RxBuffer[0] == 0xfa) //主设备发布广播信号时接收上位机命令
        {
            while((UART_1_bReadRxStatus() & UART_1_RX_REG_FULL) !=
UART_1_RX_REG_FULL);
            RxBuffer[1] = UART_1_bReadRxData();
            if(RxBuffer[1] == 0x10)
            {
                for(i=2;i<11;i++)
                {
                    while((UART_1_bReadRxStatus() & UART_1_RX_REG_
FULL) != UART_1_RX_REG_FULL);
                    RxBuffer[i] = UART_1_bReadRxData();
                }
            }
        }
    }
}
```

3.4.4 命令执行和通信应答实现

系统以从设备的模式工作，通信服务中断子程序接收由主设备发出的所有信息，只有信息中的目标地址编码 RxBuffer[0]与本机地址编码一致时，从设备需要执行主机发送的命令并向主机返回应答信息。主机发送的目标地址编码 RxBuffer[0]==0XFA 时，表示该信息数据是主机发送广播命令，此时所有从设备经要求完成该命令所要求的动作，但无需应答上位机。

从设备在SendData()函数完成主机发送的命令，由上位机发送的命令包括返回实际测量电流值、更改本机地址码后应答上位机、零位校准后应答上位机、最大值校准后应答上位机、改变测量范围后应答上位机和更改本机地址码后不应答上位机等6种命令。每种命令的执行首先进行接收数据的CRC16校验，CRC16校验正确以后首先在本地执行主机命令，命令执行完以后向上为其作应答，同时在本地进行状态显示。如果CRC16校验错误，则用相应的命令字应达上位机。

目标地址编码RxBuffer[0]与本机地址编码相一致时，本机必须执行的命令由RxBuffer[1]指定，包括0X03号命令和0X10号命令。由于通信接收服务子程序没有进行数据校验，因此命令执行时首先必须进行数据校验，数据校验完成后在本地执行主机命令，命令执行完以后使用专门代码向主机发送应答信息。0X03号命令为返回实测电流命令，只需完成当前数据采集的结果转换为电流实测值，然后向上位机发送即可。0X10号命令是控制命令，具体操作命令由RxBuffer[2]和RxBuffer[3]指定。包括：

(1)RxBuffer[2]==0x00，RxBuffer[3]==0x57为修改本机系列号命令，需要把本机系列号更改为由RxBuffer[8]指定的地址，命令执行完以后向上位机应答；

(2)RxBuffer[2]==0x00，RxBuffer[3]==0x58为零测量值校准命令，表示当前被测电流为0，应该以当前的测量值进行零校准，校准完成后应答上位机；

(3)RxBuffer[2]==0x00，RxBuffer[3]==0x59为最大值测量值校准命令，表示当前被测电流为本量程的最大值，应该以当前的测量值进行最大值校准，校准完成后应答上位机；

(4)RxBuffer[2]==0x00，RxBuffer[3]==0x5a为量程改变命令，需要改变当前量程，命令执行完以后向上位机应答。由于设备设定为0~20A和0~300A两种量程工作方式，因此该命令的执行实际上是在两种量程之间进行切换的，由于主程序是根据Flag.C20A标号自动切换量程，因此该命令的执行只需要取反Flag.C20A标号即可。

当接收缓冲期中目标地址编码RxBuffer[0]==0xfa时，表示本次接受的命令是由主机发送的广播命令，现场总线上的所有从设备均要完成该命令，但命令完成以后无需应答。设备完成的广播命令只有一条，也就是指令码RxBuffer[1]==0x10的远程操作命令，具体操作命令由RxBuffer[2]和RxBuffer[3]指定。实际完成的命令是RxBuffer[2]==0x00，RxBuffer[3]==0x57的修改本机系列号命令，需要把本机系列号更改为由RxBuffer[8]指定的地址，命令执行完以后无需向上位机应答。本命令与前述命令配合可以实现霍尔电流传感器独立工作时的批量校准任务。出厂前，当霍尔电流传感器不需要联网工作时，把这些独立工作的霍尔电流传感器全部连接到总线上，通过广播命令把本机地址码全部修改为相同的编号，然后发送统一的校准命令完成批量校准。

SendData()函数的完整代码如下：

```
void SendData(void)
{
    WORD CRC16;
    BYTE i;
```

```
if(RxBuffer[0]==SerialNumber)
{
    switch(RxBuffer[1])
    {
        case 0x03 ://Get the actual current
            CRC16=GetCRC16(RxBuffer,6);
            if((RxBuffer[6] | (RxBuffer[7] << 8)) == CRC16)
                if((RxBuffer[2]==0x00) & (RxBuffer[3]==0x56))
                {//No Problem: Return Actual Current
                    TxBuffer[0]=SerialNumber;
                    TxBuffer[1] = 0x03;
                    TxBuffer[2] = 0x02;
                    TxBuffer[3] = (cData & 0xff00)>>8;
                    TxBuffer[4] = cData & 0xff;
                    CRC16=GetCRC16(TxBuffer,5);
                    TxBuffer[5] = CRC16 & 0x00ff;
                    TxBuffer[6] = (CRC16 & 0xff00)>>8;
                    WriteToUART(TxBuffer,7);
                }
                else//Chech Fault Register
                {
                    TxBuffer[0]=SerialNumber;
                    TxBuffer[1] = 0x83;
                    TxBuffer[2] = 0x02;
                    TxBuffer[3] = 0x00;
                    CRC16=GetCRC16(TxBuffer,4);
                    TxBuffer[4] = CRC16 & 0x00ff;
                    TxBuffer[5] = (CRC16 & 0xff00)>>8;
                    WriteToUART(TxBuffer,6);
                }
            else//CRC Fault
            {
                TxBuffer[0]=SerialNumber;
                TxBuffer[1] = 0x83;
                TxBuffer[2] = 0x03;
                TxBuffer[3] = 0x01;
                CRC16=GetCRC16(TxBuffer,4);
                TxBuffer[4] = CRC16 & 0x00ff;
```

```
                TxBuffer[5] = (CRC16 & 0xff00)>>8;
                WriteToUART(TxBuffer,6);
            }
        break;
        case 0x10 :
            CRC16=GetCRC16(RxBuffer,9);
            if((RxBuffer[9] | (RxBuffer[10] << 8)) == CRC16)
                if((RxBuffer[2]==0x00) & (RxBuffer[3]==0x57))
                {//No Problem: Change the machine number to ADD2 and answer
                    LightOnPort2(3);
                    LightOnPort2(1);
                    SerialNumber = RxBuffer[8];
                    DecData5Display(3,SerialNumber);
                    Flag.ParameterChanged=TRUE;
                    for(i=0;i<6;i++)
                        TxBuffer[i]=RxBuffer[i];
                    CRC16=GetCRC16(TxBuffer,6);
                    TxBuffer[6] = CRC16 & 0x00ff;
                    TxBuffer[7] = (CRC16 & 0xff00)>>8;
                    WriteToUART(TxBuffer,8);
                    LightOffPort2(3);
                    LightOffPort2(1);
                }
                else if((RxBuffer[2]==0x00) & (RxBuffer[3]==0x58))
                {//No Problem: Caliberate the Zero and Answer
                    LightOnPort2(5);
                    iData=GetADResult();
                    GetFlashTemperature();
                    TemperatureZero = cTemperature;
                    if(Flag.C20A)
                    {
                        C20ZeroADVAL=iData;
                        DecData5Display(2,C20ZeroADVAL);
                        SetVoltageOutputDAC(0);
                    }
                    else
                    {
                        C300ZeroADVAL=iData;
```

```
            DecData5Display(2,C300ZeroADVAL);
            SetVoltageOutputDAC(0);
        }
        Flag.ParameterChanged=TRUE;
        for(i=0;i<6;i++)
            TxBuffer[i]=RxBuffer[i];
        CRC16=GetCRC16(TxBuffer,6);
        TxBuffer[6] = CRC16 & 0x00ff;
        TxBuffer[7] = (CRC16 & 0xff00)>>8;
        WriteToUART(TxBuffer,8);
        LightOffPort2(5);
    }
    else if((RxBuffer[2]==0x00) & (RxBuffer[3]==0x59))
    {//No Problem: Caliberate the Max Current and Answer
        LightOnPort2(2);
        iData=GetADResult();
        if(Flag.C20A)
        {
            C20MaxADVAL=iData;
            C20MaxVAL=(RxBuffer[7] << 8) | RxBuffer[8];
            DecData5Display(1,C20MaxVAL * 100);
            Caculate20ACurrent();
            SetVoltageOutputDAC(vData);
        }
        else
        {
            C300MaxADVAL=iData;
            C300MaxVAL=(RxBuffer[7] << 8) | RxBuffer[8];
            DecData5Display(1,C300MaxVAL * 100);
            Caculate300ACurrent();
            SetVoltageOutputDAC(vData);
        }
        Flag.ParameterChanged=TRUE;
        for(i=0;i<6;i++)
            TxBuffer[i]=RxBuffer[i];
        TxBuffer[1]=0x06;
        CRC16=GetCRC16(TxBuffer,6);
        TxBuffer[6] = CRC16 & 0x00ff;
```

```
        TxBuffer[7] = (CRC16 & 0xff00)>>8;
        WriteToUART(TxBuffer,8);
        LightOffPort2(2);
    }
    else if((RxBuffer[2]==0x00) & (RxBuffer[3]==0x5a))
    {//No Problem: Change the Max Current Range and Answer
        CRC16=(RxBuffer[7] << 8) | RxBuffer[8];
        if(CRC16 <= 30)
            Flag.C20A = TRUE;
        else
            Flag.C20A = FALSE;
        if(Flag.C20A)
        {
            LightOnPort2(7);
            DecData5Display(0,2000);
        } else
        {
            LightOffPort2(7);
            DecData5Display(0,30000);
        }
        Flag.ParameterChanged=TRUE;
        for(i=0;i<6;i++)
            TxBuffer[i]=RxBuffer[i];
        TxBuffer[1]=0x06;
        CRC16=GetCRC16(TxBuffer,6);
        TxBuffer[6] = CRC16 & 0x00ff;
        TxBuffer[7] = (CRC16 & 0xff00)>>8;
        WriteToUART(TxBuffer,8);
        LightOffPort2(2);
    }
    else//Chech Fault Register
    {
        TxBuffer[0]=SerialNumber;
        TxBuffer[1] = 0x83;
        TxBuffer[2] = 0x02;
        TxBuffer[3] = 0x00;
        CRC16=GetCRC16(TxBuffer,4);
        TxBuffer[4] = CRC16 & 0x00ff;
```

```
                    TxBuffer[5] = (CRC16 & 0xff00)>>8;
                    WriteToUART(TxBuffer,6);
                }
            else//CRC Fault
            {
                TxBuffer[0]=SerialNumber;
                TxBuffer[1] = 0x83;
                TxBuffer[2] = 0x03;
                TxBuffer[3] = 0x01;
                CRC16=GetCRC16(TxBuffer,4);
                TxBuffer[4] = CRC16 & 0x00ff;
                TxBuffer[5] = (CRC16 & 0xff00)>>8;
                WriteToUART(TxBuffer,6);
            }
        break;
    }
}
else if(RxBuffer[0]==0xfa)
{
    CRC16=GetCRC16(RxBuffer,9);
    if((RxBuffer[9] | (RxBuffer[10] << 8)) == CRC16)
        if(RxBuffer[1]==0x10)
            if(RxBuffer[3]==0x57)
            {//No Problem: Change the machine number to ADD2 and No answer
                LightOnPort2(3);
                LightOnPort2(1);
                SerialNumber = RxBuffer[8];
                LightOffPort2(3);
                LightOffPort2(1);
            }
            else//Chech Fault Register
            {
                TxBuffer[0]=SerialNumber;
                TxBuffer[1] = 0x83;
                TxBuffer[2] = 0x02;
                TxBuffer[3] = 0x00;
                CRC16=GetCRC16(TxBuffer,4);
                TxBuffer[4] = CRC16 & 0x00ff;
```

```
                    TxBuffer[5] = (CRC16 & 0xff00)>>8;
                    WriteToUART(TxBuffer,6);
                }
            else//Chech Function Code Fault
            {
                TxBuffer[0]=SerialNumber;
                TxBuffer[1] = 0x83;
                TxBuffer[2] = 0x01;
                TxBuffer[3] = 0x01;
                CRC16=GetCRC16(TxBuffer,4);
                TxBuffer[4] = CRC16 & 0x00ff;
                TxBuffer[5] = (CRC16 & 0xff00)>>8;
                WriteToUART(TxBuffer,6);
            }
        else//CRC Fault
        {
            TxBuffer[0]=SerialNumber;
            TxBuffer[1] = 0x83;
            TxBuffer[2] = 0x03;
            TxBuffer[3] = 0x02;
            CRC16=GetCRC16(TxBuffer,4);
            TxBuffer[4] = CRC16 & 0x00ff;
            TxBuffer[5] = (CRC16 & 0xff00)>>8;
            WriteToUART(TxBuffer,6);
        }
    }
    for(i=0;i<16;i++)
        RxBuffer[i]=0;
}
```

3.4.5　CRC16 校验的实现

通信时采用 CRC16 进行数据校验。通信数据以字节为单位依次传输，数据帧的最后两个字节为 CRC16 校验数据，低字节在前，高字节在后。CRC16 校验的实现有计算法和查表法两种，查表法把校验码预先保存，通过查询得到校验数据，设备采用查表法完成数据 CRC16 校验。

CRC16 校验数据表格实现代码如下：

```
/* CRC16 高 8 位数据表 */
const BYTE CRC16Hi[] = {
```

```
0x00,0xC1,0x81,0x40,0x01,0xC0,0x80,0x41,
0x01,0xC0,0x80,0x41,0x00,0xC1,0x81,0x40,
0x01,0xC0,0x80,0x41,0x00,0xC1,0x81,0x40,
0x00,0xC1,0x81,0x40,0x01,0xC0,0x80,0x41,
0x01,0xC0,0x80,0x41,0x00,0xC1,0x81,0x40,
0x00,0xC1,0x81,0x40,0x01,0xC0,0x80,0x41,
0x00,0xC1,0x81,0x40,0x01,0xC0,0x80,0x41,
0x01,0xC0,0x80,0x41,0x00,0xC1,0x81,0x40,
0x01,0xC0,0x80,0x41,0x00,0xC1,0x81,0x40,
0x00,0xC1,0x81,0x40,0x01,0xC0,0x80,0x41,
0x00,0xC1,0x81,0x40,0x01,0xC0,0x80,0x41,
0x01,0xC0,0x80,0x41,0x00,0xC1,0x81,0x40,
0x00,0xC1,0x81,0x40,0x01,0xC0,0x80,0x41,
0x01,0xC0,0x80,0x41,0x00,0xC1,0x81,0x40,
0x01,0xC0,0x80,0x41,0x00,0xC1,0x81,0x40,
0x00,0xC1,0x81,0x40,0x01,0xC0,0x80,0x41,
0x01,0xC0,0x80,0x41,0x00,0xC1,0x81,0x40,
0x00,0xC1,0x81,0x40,0x01,0xC0,0x80,0x41,
0x00,0xC1,0x81,0x40,0x01,0xC0,0x80,0x41,
0x01,0xC0,0x80,0x41,0x00,0xC1,0x81,0x40,
0x00,0xC1,0x81,0x40,0x01,0xC0,0x80,0x41,
0x01,0xC0,0x80,0x41,0x00,0xC1,0x81,0x40,
0x01,0xC0,0x80,0x41,0x00,0xC1,0x81,0x40,
0x00,0xC1,0x81,0x40,0x01,0xC0,0x80,0x41,
0x00,0xC1,0x81,0x40,0x01,0xC0,0x80,0x41,
0x01,0xC0,0x80,0x41,0x00,0xC1,0x81,0x40,
0x01,0xC0,0x80,0x41,0x00,0xC1,0x81,0x40,
0x00,0xC1,0x81,0x40,0x01,0xC0,0x80,0x41,
0x01,0xC0,0x80,0x41,0x00,0xC1,0x81,0x40,
0x00,0xC1,0x81,0x40,0x01,0xC0,0x80,0x41,
0x00,0xC1,0x81,0x40,0x01,0xC0,0x80,0x41,
0x01,0xC0,0x80,0x41,0x00,0xC1,0x81,0x40
};
/* CRC16 低 8 位数据表 */
const BYTE CRC16Lo[] = {
0x00,0xC0,0xC1,0x01,0xC3,0x03,0x02,0xC2,
0xC6,0x06,0x07,0xC7,0x05,0xC5,0xC4,0x04,
0xCC,0x0C,0x0D,0xCD,0x0F,0xCF,0xCE,0x0E,
```

```
0x0A,0xCA,0xCB,0x0B,0xC9,0x09,0x08,0xC8,
0xD8,0x18,0x19,0xD9,0x1B,0xDB,0xDA,0x1A,
0x1E,0xDE,0xDF,0x1F,0xDD,0x1D,0x1C,0xDC,
0x14,0xD4,0xD5,0x15,0xD7,0x17,0x16,0xD6,
0xD2,0x12,0x13,0xD3,0x11,0xD1,0xD0,0x10,
0xF0,0x30,0x31,0xF1,0x33,0xF3,0xF2,0x32,
0x36,0xF6,0xF7,0x37,0xF5,0x35,0x34,0xF4,
0x3C,0xFC,0xFD,0x3D,0xFF,0x3F,0x3E,0xFE,
0xFA,0x3A,0x3B,0xFB,0x39,0xF9,0xF8,0x38,
0x28,0xE8,0xE9,0x29,0xEB,0x2B,0x2A,0xEA,
0xEE,0x2E,0x2F,0xEF,0x2D,0xED,0xEC,0x2C,
0xE4,0x24,0x25,0xE5,0x27,0xE7,0xE6,0x26,
0x22,0xE2,0xE3,0x23,0xE1,0x21,0x20,0xE0,
0xA0,0x60,0x61,0xA1,0x63,0xA3,0xA2,0x62,
0x66,0xA6,0xA7,0x67,0xA5,0x65,0x64,0xA4,
0x6C,0xAC,0xAD,0x6D,0xAF,0x6F,0x6E,0xAE,
0xAA,0x6A,0x6B,0xAB,0x69,0xA9,0xA8,0x68,
0x78,0xB8,0xB9,0x79,0xBB,0x7B,0x7A,0xBA,
0xBE,0x7E,0x7F,0xBF,0x7D,0xBD,0xBC,0x7C,
0xB4,0x74,0x75,0xB5,0x77,0xB7,0xB6,0x76,
0x72,0xB2,0xB3,0x73,0xB1,0x71,0x70,0xB0,
0x50,0x90,0x91,0x51,0x93,0x53,0x52,0x92,
0x96,0x56,0x57,0x97,0x55,0x95,0x94,0x54,
0x9C,0x5C,0x5D,0x9D,0x5F,0x9F,0x9E,0x5E,
0x5A,0x9A,0x9B,0x5B,0x99,0x59,0x58,0x98,
0x88,0x48,0x49,0x89,0x4B,0x8B,0x8A,0x4A,
0x4E,0x8E,0x8F,0x4F,0x8D,0x4D,0x4C,0x8C,
0x44,0x84,0x85,0x45,0x87,0x47,0x46,0x86,
0x82,0x42,0x43,0x83,0x41,0x81,0x80,0x40
};
```

查表计算 CRC16 的函数原型为:

```
WORD GetCRC16(BYTE *pData,BYTE DataLen)
{
    WORD Index;//查表下标
    BYTE CRCHi;// CRC16 高 8 位
    BYTE CRCLo;// CRC16 低 8 位
    CRCHi = 0xFF;
    CRCLo = 0xFF;
```

```
    while (DataLen--){//计算 CRC16
        Index = CRCHi ^ *pData++ ;
        CRCHi = CRCLo ^ CRC16Hi[Index];
        CRCLo = CRC16Lo[Index];
    }
    return ((WORD)CRCHi << 8 | CRCLo);
}
```

基于 CY8C27343 芯片的霍尔电流传感器片内实现充分发挥了 PSoC1 所有内部资源，采用模拟系统实现了两个仪器放大器，一个用于提供霍尔元件的恒流驱动，一个用于霍尔电压 V_H 的小信号放大；在小信号放大以后由模拟系统实现的二阶低通滤波器提升传感器的抗干扰能力，通过 13 位的 AD 转换器进行数据采样；模拟系统还实现了根据电流实测结果进行 0~4V 电压输出的 9 位 DA 转换器，同时利用模拟系统中提供的芯片内膜结温温度传感器监测芯片内部工作的温度状态。数字系统部分主要实现通信功能，其中一路与主机进行通信的异步串行接口 UART 通过外接的 RS485 总线驱动芯片可以实现现场总线的组网联网工作，组成电流监测网络；另一路实现本地显示和 CPU 之间的通信功能，通过数字系统模块实现的同步串行接口 SPI 接口电路协议完成。CY8C27343 芯片的 SPI 接口设置为 Master 主模式，完成信息的发送；CY8C27143 芯片的 SPI 接口设置 Slave 从模式，完成信息接收功能。

本地显示功能主要是在系统开发过程中的辅助调试，开发完成以后根据现场安装要求作为可选的部件提供。标准的霍尔电流传感器控制系统的主板与磁场束向的磁环一起装配，可以不提供现场显示功能。

另外，主程序中所用到的 ReadKey()、KeysProcess()等按钮处理程序实现通过键盘在本地进行量程切换、参数校正等功能，以及其他的一些功能函数，这些函数的实现并不困难，这里就不一一列举了。

第4章　大功率激光二极管控制系统

激光(Laser)是受激辐射光放大(Light Amplification by Stimulated Emission of Radiation)的简称。激光一词的本义已经指出激光产生的原理：首先需要有激光物质，激光物质也就是产生激光的粒子，也称为激光增益物质或者激光增益介质，简称激光物质或粒子。激光物质一般有三能级或者四能级特性，相对来说处于低能级的激光物质即粒子比处于高能级的粒子更稳定。处于低能级的粒子受到外来光子的激发可以向高能级跃迁，这种激发激光物质由低能级向高能级跃迁的光源被称作激光泵浦源。激光物质粒子吸收了激光泵浦源所发射的光子的能量以后向高能级跃迁，处于高能级不稳定状态的粒子会随机向低能级跃迁，同时向外辐射光子，这种随机向外辐射的光子由于能级差不同，和光子发射角度的不同，没有激光的特性——方向性和相干性。如果能够控制高能级的粒子向低能级跃迁时能极差固定，跃迁时辐射的光子方向性一致，则输出的光子就具有方向性好、相关性强和能量集中的优点，这样也就产生了激光。能够控制光子的跃迁特性并保证只有向某一个方向辐射的光子才能输出的装置称为激光光学谐振腔。激光增益物质、激光泵浦源和光学谐振腔是产生激光的三个必要条件。

激光物质接收激光泵浦源提供的光子能量后由低能级向高能级跃迁，在光学谐振腔的作用下，处于高能级的激光物质受到激发向低能级跃迁，能级跃迁的同时向外辐射波长相同、方向性一致的光子，这样便产生了激光。从20世纪60年代第一台红宝石激光器诞生开始，激光器的发展经过了半个多世纪，经历了染料激光器、气体激光器、氪灯作为泵浦光源的固体激光器、半导体泵浦激光器和光纤激光器等不同的发展阶段。激光器发展过程中各个部件均在不断地进步和完善，特别是泵浦光源得到了极大的完善。由于半导体激光器产生波长为808nm的近红外激光是绝大多数激光物质吸收光源的中心，产生泵浦光源的半导体激光器已经成为几乎所有激光器的泵浦光源。

随着激光技术和计算机技术的快速发展，激光在工业上的应用越来越广泛，对激光的控制要求也越来越高。由于二极管激光器的高功率转换效率以及寿命长、维护方便等原因，目前已经取代功率转换效率低下的氪灯作为泵浦激光器光源，成为固体激光器的主流产品。以二极管激光器作为激光泵浦源的激光器主要有侧面泵浦激光器、端面泵浦激光器和光纤激光器三种类型。随着作为激光泵浦源的二极管激光器的广泛使用，对大功率激光二极管的大电流精确快速控制问题也日益显现出来，如何解决大电流控制的快速调节和精确控制之间的问题，显得越来越迫切。

通过对二极管激光器控制问题的广泛调研，我们提出了用双环调节方式来解决大电流的快速调节和精确控制之间的矛盾，经过实践检验，这种方法是有效的。首先，设计完成快速调节电流的硬件闭环调节电路，利用硬件闭环调节电路完成大电流的快速控制，这里的问题是针对快速要求调整闭环调节参数，同时还要有效解决大电流(0~40A)快速检测问题，可以通过取样电阻或者采用霍尔电流传感器来完成，前者的缺点是取样电阻会有能量消耗，后者的优点是采用不接触测量，效果较好。关于霍尔电流传感器的相关内容可以参考本书上一章的内容。对于调节元件的选取也会影响控制效果，可以采用压降较低的MOSFEET器件来实现。为了解决快速调节问题，内部硬件回路只监测激光二极管电流，保护参数可以由外部回路完成。其次，设计外部精确控制回路，采用片上系统能够完成精确控制问题。片上系统将传统模拟系统与微控制器系统、数字外围接口电路集成在同一个芯片上，模拟阵列和数字阵列可实现自由配置和在线编程。开关电容模拟模块可以分别配置成逐次比较型A/D转换器、积分型A/D转换器、Δ-Σ型A/D转换器、片上闪存温度传感器、二阶带通/低通/陷波滤波器等；连续时间模拟模块可分别配置成反向放大器、可编程增益放大器、可编程门槛比较器、仪器放大器等；开关电容模块与连续时间模块一起可配置成仪器放大器。数字模块可灵活配置成数字反向器、定时器/计数器/脉宽调制器/随机系列发生器、循环冗余校验器、UART异步串行通信接口、SPI主/从串行通信接口等。关于片上系统的更进一步介绍可以参考本书第2章。

通过片上系统硬件配置和相应的软件编程，实现外层精确控制回路。同时，外层调节回路还必须监测制冷系统故障以及激光二极管电压过大、电流超限、内部断路、短路等状态，达到保护激光二极管的目的。

由于采用了双环调节方式，只要针对不同激光器选用不同的控制元件，便可以实现特殊激光器如卫星用激光器的有效控制。

本章基于CY8C27443完成大功率激光二极管的电流控制，首先给出基于CY8C27443芯片的片外硬件实现，其次描述CY8C27443芯片的片内系统设计，最后基于片内系统设计和片外的具体实现描述软件的实现过程和主要功能程序。

4.1 控制功能的片外硬件实现

作为泵浦源的激光二极管具有普通二极管的一般特性，在二极管正向导通之前，随着外接电压的增加电流增加很小；超过导通电压以后，二极管正向电流的增加速度远远超过外接电压的增加速度。产生808nm激光的单组模块的激光二极管导通电压一般在1.1V左右，最大工作电流一般为40A，当激光二极管电流从0A增加到40A的时候，二极管两端的电压变化在1V~2V之间。单组模块的激光二极管可以作为端面泵浦激光器和光纤激光器的泵浦源。多组模块的激光二极管可以采用并联或者串联的方式连接，由于制造工艺的差异，大多采用串联方式形成激光二极管模块组件，侧面泵浦激光器多采用这种方式。多组激光二极管串联方式连接形成的模块会形成不同的导通电压和最大工作电压，为了保证控制方式的一致性，控制电路采用电流控制方式实现，由外接恒压开关电源提供模块需要的电源供给，外接开关电源输出的电压由激光二极管的内部组数形成的最大工作电压决定。更换不同组数的激光二极管模块，只需要根据模块的功率和最大工作电压调整更换外接恒压开关电源即可。

4.1.1　硬件控制参数调整

系统采用完全导通时正向压降较低的场效应管完成电流调节。激光二极管模块和完成电流调节的场效应管以串联的方式连接，激光二极管模块正向端连接到开关电源的正向输出端，激光二极管模块负向端连接如图 4.1 所示的 LDCurrentI1 连接器，LDCurrentO1 连接器连接至开关电源的负向输出端。图 4.1 中的场效应管 Q1~Q5 以并联方式共同完成电流调节，稳压二极管 D1~D5 保证场效应管 Q1~Q5 不会因为控制电压过高而损坏。由于采用 5 个场效应管分担连续通过的大电流，为了保证不会出现因为分流不均导致的局部过热现象，通过 R22~R25 和 VR3~VR7 进行场效应管 Q1~Q5 均流调节。

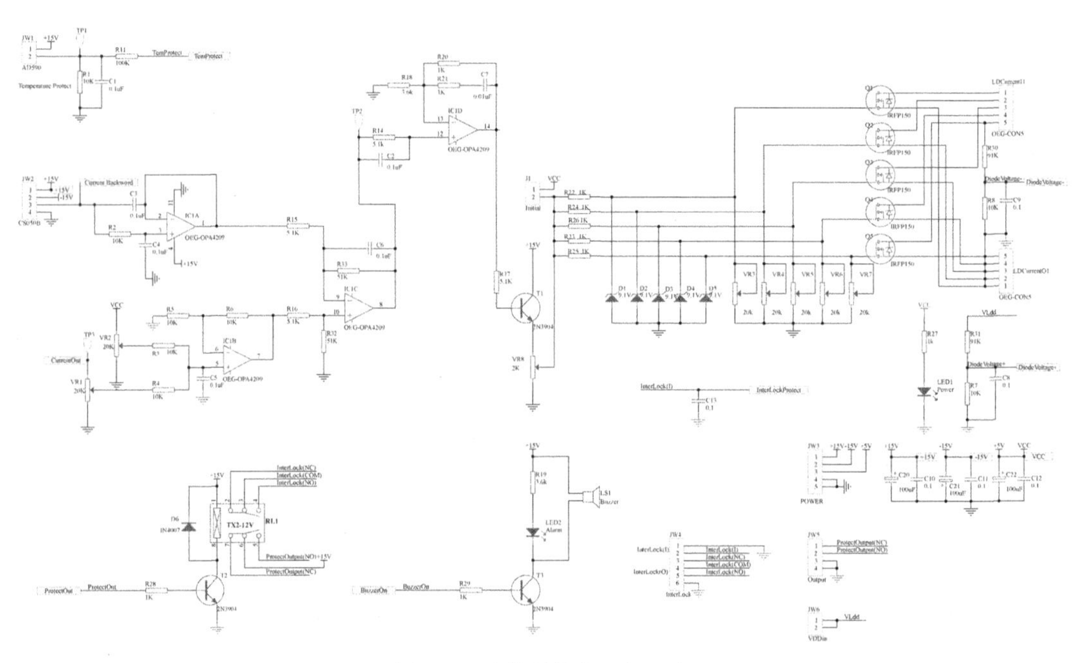

图 4.1　片外硬件实现主回路

均流调节时，采用在 LDCurrentI1 连接器和 LDCurrentO1 连接器的两端连接模拟激光二极管的假负载并短接 J1 后，调节电位器 VR3~VR7，保证每个场效应管平均流过 5A 电流，5 个场效应管共同工作时保证每个均承担相同的电流，完成 25A 中位电流的均匀分配。为了调节均流，所使用的假负载压降可以低于真正的负载压降。均流调节完成后，使用短接片短接 LDCurrentI1 连接器的 5 个连接端子。由于采用开环方式完成均流调节，在连接假负载之前，去除 J1 短接片，通过图 4.1 中的 JW2 插座连接霍尔电流传感器 CS050B，电流主回路穿过霍尔电流传感器 CS050B 感应磁环，其输出连接至 IC1A 的正向输入端，形成电流主回路的负反馈。IC1B 的正向输入信号作为整个环路的电流设定信号，TP3 处的 CurrentOut 连接至 CY8C27443 芯片的 P04 端口，是外环控制回路的电流设定端，片内连接至由 ASC12 和 ASD22 组成的 9 位 DAC。调试时，CurrentOut 设定为 0V，通过

VR2 调节设定电流为 25A，电流的实际值采用标准电流表测量得到。此时通过 VR3～VR7 再次微调场效应管 Q1～Q5 均流，保证每一个场效应管能够平均承担 5A 的负载电流，固定电位器 VR3～VR7 调节旋钮，均流调节结束。

场效应管 Q1～Q5 均流调节过程中，需要 VR8 电位器共同参与，保证测定电流为 25A。均流调节完成以后，采用模拟负载，把多圈电位器 VR2 调整到最大值，也就是调整到 5V，此时通过调整 VR8 电位器让流过模拟负载的电流值为实际负载，即所用的激光二极管的最大电流。由于 CY8C27443 芯片的 P04 端口连接的是 DAC 输出的 0～5V 模拟信号，使用 CY8C27443 芯片进行电流设定时，最大设定电流对应的设定电压即为 5V，因此 VR8 电位器实际上已经起到了最大电流限定作用。由于场效应管 Q1～Q5 具有 4V 左右的阈值控制电压，场效应管 Q1～Q5 控制栅极电压在阈值控制电压以下时，场效应管 Q1～Q5 漏极和源极之间呈高阻状态，为了充分利用片内 DAC 分辨率的作用，CY8C27443 芯片的 P04 端口输出的 CurrentOut 设定为 0V 的，场效应管 Q1～Q5 控制栅极电压应该设定在阈值控制电压。多圈电位器 VR2 调整到最大值时通过调整 VR8 电位器使对应的负载电流为实际使用的激光二极管的最大限制电流。固定 VR8 电位器调整圈数，此时把多圈电位器 VR2 向零电位方向调节，使通过模拟负载的电流逐渐缩小，当电流缩小到 0A 时立即停止调节，固定 VR2 的调整圈数，也就对场效应管的阈值电压进行了补偿，因此把 VR2 电位器称为阈值补偿电位器。

综上所述，在图 4.1 所示的片外硬件实现主回路原理图中，通过场效应管 Q1～Q5 电压控制电流特性完成激光二极管的电流控制，通过多圈电位器 VR3～VR7 完成场效应管 Q1～Q5 均流调节，稳压二极管 D1～D5 防止场效应管 Q1～Q5 控制栅极电压过高而击穿损坏，通过调整 VR8 电位器实现激光二极管最大电流限制，通过调整 VR2 电位器完成场效应管 Q1～Q5 阈值补偿。

4.1.2 片外硬件控制系统主回路

激光二极管的电流控制主回路由 IC1 对应的 4 个运算放大器 IC1A、IC1B、IC1C、IC1D 和其外围的电容电阻网络，以及 JW2 插座所连接的霍尔电流传感器 CS050B 组成基于负反馈的 PID 控制回路组成。差值运算单元由运算放大器 IC1C 和 R15、R16、R32、R33 电阻网络组成增益放大倍数为 1 的减法器完成，积分电容 C61 起信号滤波作用。减法器正向输入端为电流设定端，由运算放大器 IC1B 和 R3、R4、R5、R6 电阻网络组成增益放大倍数为 2 的加法器实现，VR2 电位器实现场效应管 Q1～Q5 阈值补偿，VR1 电位器实现电流设定，手动控制时把 5V 电压直接连到图 4.1 中的 TP3，VR1 电位器直接安装到控制面板即可；使用 CY8C27443 芯片进行电流设定时，把 VR1 电位器调整到最大值，即 VR1 电位器的中心抽头即 R4 直接连接到 TP3，也就是直接连接到 CY8C27443 芯片内部的 9 位 DAC 的输出端 CurrentOut。在集成开发环境 PSoC Designer 软件的全局变量中把 CY8C27443 模拟参考电压设定为(Vdd/2)+/-(Vdd/2)，片内 9 位 DAC 器件参数中设置数据格式为偏移二进制(OffsetBinary)形式，电流控制直接通过软件完成设定。PID 控制回路参数控制，由运算放大器 IC1D 和 R14、R18、R20、R21 电阻，C2、C7 电容组成的电路完成。

4.1.3　状态信号监测及接口电路

图 4.1 所示的片外硬件实现主回路原理图是实际控制系统印制电路板的一部分原理图，除了 4.1.1 所叙述的硬件控制参数调整电路和 4.1.2 所叙述的片外硬件控制系统主回路电路以外，还包含激光二极管工作电压和电流、激光二极管温度监测等其它接口电路。

激光电流监测直接由主回路得到，图中的 JW2 插座连接霍尔电流传感器 CS050B，其输出一个方面连接至 IC1A 的正向输入端，形成电流主回路的负反馈，另一个方面通过图中的 Current Backword 信号节点连接到图 4.2 中的 CY8C27443 芯片模拟信号输入端 P00，通过 P00 管脚连接到片内由连续时间模块 ACB01 组成的可变增益放大器的正向输入端，经过片内放大器处理以后连接到由开关电容模块 ASC10 和 ASD11 组成的二阶低通滤波器，进行信号滤波处理。放大处理和低通滤波处理后的二极管激光电流反馈信号经过由 C 型开关电路模块 ASC21、数字模块 DBB01 和 DCB01 组成的 11 位 Δ-Σ 型 AD 转换器采样后由 CPU 直接处理。

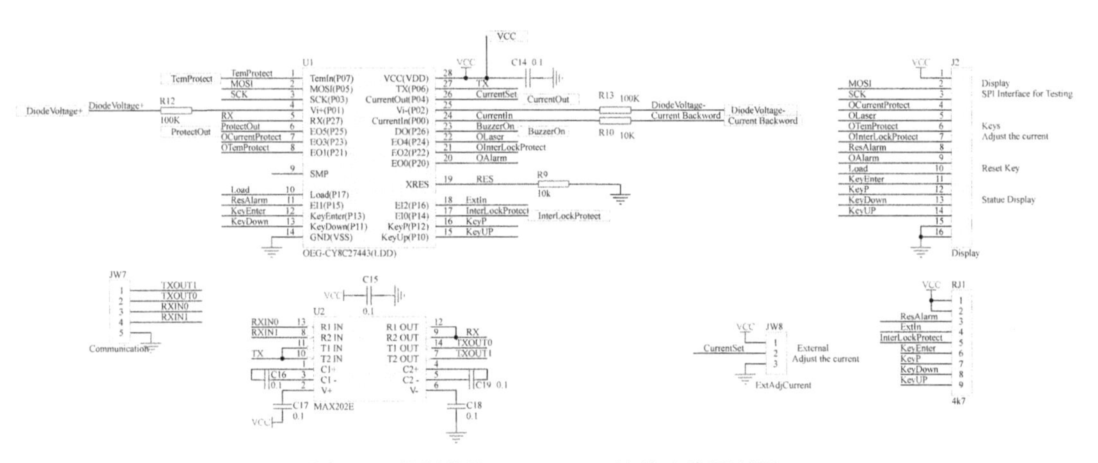

图 4.2　控制芯片 CY8C27443 片外连接原理图

激光二极管工作电压检测电路由图 4.1 中的电阻电容网络 R7、R30、C8 和 R8、R31、C9 分别完成激光二极管负向端电压和正向端电压的硬件采样，形成的差分电压信号 DiodeVoltage-和 DiodeVoltage+通过信号连接网络标识连接到图 4.2 中的 CY8C27443 芯片模拟信号输入端 P02 和 P01，通过 P02 和 P01 管脚连接到片内，由连续时间模块 ACB02、ACB03 组成的仪器放大器的负向和正向输入端，经过仪器放大器放大以后的电压信号连接到由开关电容模块 ASD13、数字模块 DCB02、DBB10、DBB11 组成的 12 位积分型 ADC 进行采样，然后由 CPU 直接处理。激光二极管的负向端电压直接由图中的 LDCurrentI1 连接器经过 $R8$、$R30$ 分压得到，正向端电压由外接电压源的正向输出端经过图 4.2 中的 JW6 连接器后经过 $R7$、$R31$ 分压得到。$R7$、$R30$、$R8$、$R31$ 选用精密取样电阻，分压比例为 $\dfrac{R7}{R7+R31}=\dfrac{10}{10+91}=\dfrac{10}{101}$。CPU 根据该实测电压和实测电流计算激光二极管的真实功耗，根据实际的激光二极管的参数可以实现过功率保护、过电压保护和过电流保护。

激光二极管的工作温度通过集成温度传感器AD590检测，AD590连接到JW1连接器，经过精密电阻R1把电流信号转变成电压信号以后连接到图4.2中的P07端口，模拟输入端口P07设计为由连续时间模块ACB01构成的阈值电压可编程模拟比较器的输入端，当实际温度超过阈值电压时产生温度保护信号，由CPU直接处理。

如果激光二极管采用水冷方式工作，冷却水检测的水流开关输出信号InterLock(I)经过C13去抖动滤波处理以后连接到图4.2中的P14端口，P14端口设置为StdCPU高阻模式，该端口所连接的信号状态由CPU直接读取。

当CPU监测到过功率保护、过电压保护、过电流保护、温度过高保护或者水流保护等信号时，由CPU直接输出保护接口信号和状态指示信号。报警保护主输出信号ProtectOut连接至T2，通用三极管T2驱动保护输出继电器RL1，通过RL1分别输出一组由图4.1中ProtectOutput(NO)和ProtectOutput(NC)节点组成的有源节点信号和由InterLock(NC)、InterLock(NO)和InterLock(COM)信号组成的无源节点信号，这两组接口电路中的无源节点通过JW4连接器输出，有源节点通过JW5连接器输出，这是报警保护电路的主输出供给其他控制电路互锁保护时使用的。由P26端口输出的声光报警信号BuzzerOn连接至T3，通用三极管T3驱动报警保护，输出红光指示LED2和报警声音提示蜂鸣器LS1。

主控板的电源通过JW3连接器输入，图4.1中独石电容C10、C11、C12和电解电容C20、C21、C22分别组成三组电源的电源滤波电路，通过发光二极管LED1指示5V电压的供电状态。

4.1.4 控制芯片外部接线

激光二极管控制电路主要通过控制流过激光二极管的激光电流实现系统控制，控制芯片选用CY8C27443。控制芯片的片外连接方式如图4.2所示，图中U1为控制芯片CY8C27443，P00端口设置为模拟信号输入端，片内连接至增益可编程放大器，用来检测激光二极管的工作电流，连接到霍尔电流传感器的输出；P01和P02端口设置为模拟信号输入管脚，内部分别连接到仪器放大器的差分输入端，用来监视激光二极管的工作电压；P04端口设置为模拟信号输出端口，由片内9位DAC驱动，作为电流设置的主输出，控制芯片不工作时或者调试时，电流设置可以通过图4.2中的JW8连接器外接多圈电位器进行电流设置；P03和P05端口设置为数字输出，内部连接至同步串行控制器SPI的时钟输出端SCK和数据端MOSI信号，通过SPI和由P17端口输出的LOAD信号一起，用来把实际测量到的激光二极管工作电流和工作电压输出给串行接口的显示器进行数字显示，显示接口电路为图4.5。P06和P27设置为异步串行接口UART的输出TX输入和RX端，TX和RX信号经过RS232C接口芯片MAX202E进行电平转换后与计算机的串口连接，图4.2中U2为该芯片，串行通信信号通过JW7连接器与计算机连接。P07端口设置模拟输入模式，内部连接至阈值电压可编程的模拟比较器的输入端，通过外接集成温度传感器AD590实现温度过高保护功能。P20~P26端口设置为数字输出模式，用来输出激光二极管的工作状态，其中报警保护信号的主输出为前面已经讲述的P25和P26，P20~P25设置为分类报警状态指示：P20输出报警状态信号OAlarm，用来控制如图4.5所示的报警状态指示灯 LED3(Alarm)；P21 输出温度过高报警状态信号 OTemProtect，用来控制图 4.5 所示的过温报警保护状态指示灯 LED5(TemP)；P22 输出互锁保护报警状态信号 OInterLockProtect，用来控制如图 4.5 所示的水冷式激光二极管水流过小报警保护状态指示灯 LED6(InterLock)；P23 输出过电流保护报警状态信号 OCurrentProtect，用来控制如图 4.5 所示的激光二极管过电流报警保护状态指示灯 LED4(Current)；P24 输出激光输出状态信号 OLaser，用来控制如图 4.5 所示的激光二极管激光输出状态信号 LED2(Lase)。

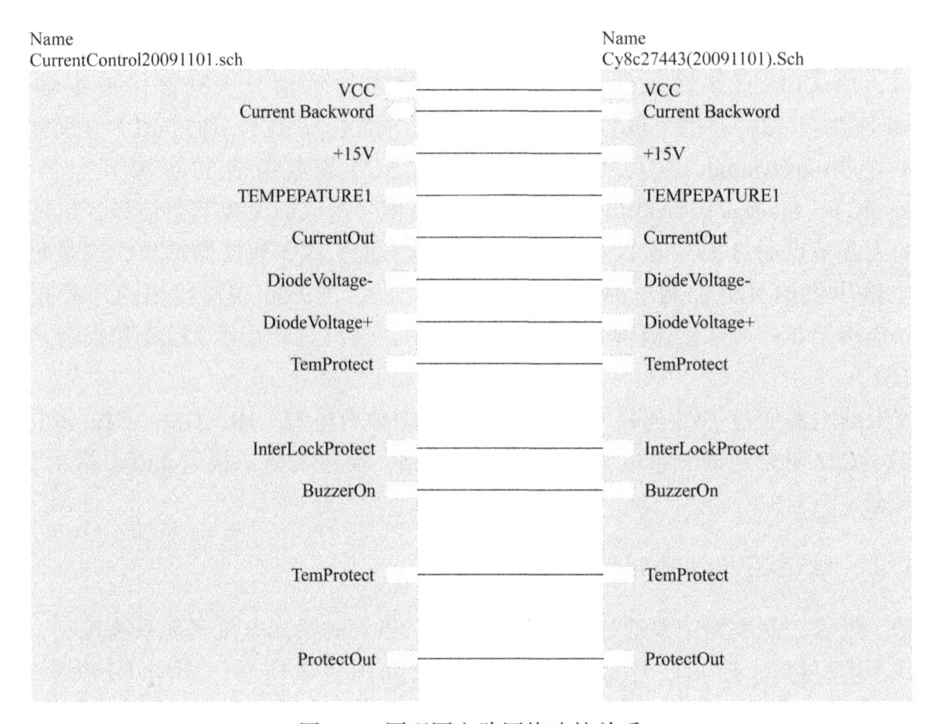

图 4.3　原理图电路网络连接关系

用于激光二极管工作电流和工作电压显示的同步串行接口信号 SCK、MOSI、LOAD，激光二极管工作状态指示信号，用于消除报警保护锁存的复位按键输入信号 ResAlarm 以及 4 个功能按键输入信号 KeyUp、KeyDown、KeyP、KeyEnter 都通过扁平电缆 J2 与如图 4.5 所示的显示电路板相连接。其中复位按键输入信号 ResAlarm 连接到控制芯片 CY8C27443 的 P15 端口，4 个功能按键输入信号 KeyUp、KeyDown、KeyP、KeyEnter 分别连接至 CY8C27443 的 P10~P13 端口，P10~P16 端口均设置为 StdCPU 高阻模式，该端口所连接的信号状态由 CPU 直接读取，P16 端口作为备用输入端口保留。

图 4.2 中 RJ1 为 4.7K 的排组，作为 P10~P16 输入端的上拉电阻，保证无输入信号时这些端口的默认输入为高电平。JW8 连接器外接多圈电位器，中心抽头与 CY8C27443 芯片的电流输出控制信号 CurrentSet 相连接，CY8C27443 芯片不安装或者损坏时可以手动控制激光二极管的工作电流。

4.1.5 主控电路板制作

考虑到实际的安装工艺和调试的方便性，激光二极管控制系统电路板由三块板组成，分别为主控印刷电路板、显示印刷电路板和电源印刷电路板。图 4.1 和图 4.2 所示的电路原理图电路网络连接关系如图 4.3 所示。图 4.3 通过图 4.1 所对应的电路原理图文件名 CurrentControl20091101.sch 和图 4.2 所对应的电路原理图文件名 Cy8c27443(20091101).Sch，把两张电路图之间的电路信号标识相互连接，形成一张统一的电路标识，电路网络名称标号相同的节点通过该图连接后映射到同一个印刷电路板，作为激光二极管控制器的主控电路板。设计完成以后的主控电路板 3D 显示图如图 4.4 所示。印刷电路板焊接时，除电流调节元器件场效应管 Q1～Q5 以外的其他元器件均在顶层焊接，Q1～Q5 在底层焊接的同时安装强制风冷散热器。

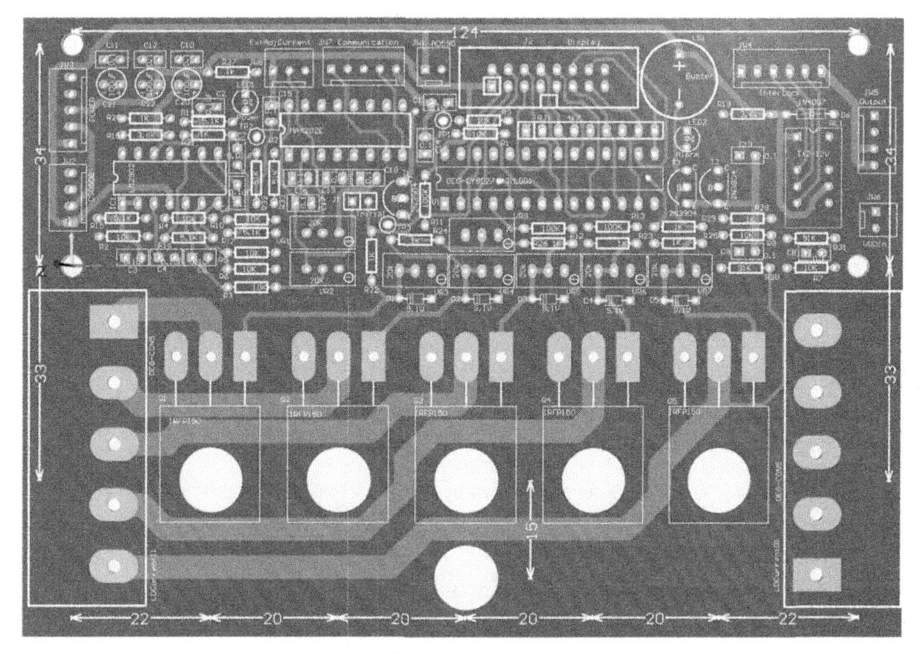

图 4.4　主控印刷电路板 3D 显示图

显示印刷电路板和电源印刷电路板分别将在 4.2 和 4.3 节介绍。

4.2 显示和控制面板

4.2.1 显示原理图

显示和控制面板电路原理图如图 4.5 所示，设计完成以后的印刷电路板如图 4.6 所示。图 4.5 中的 J1 为 16 芯扁平电缆连接器，与图 4.2 中的 J2 通过扁平电缆直接连接，各信号的功能已经在图 4.2 所对应的 4.1.3 节中进行了描述，这里不再赘述。激光二极管工作电压和工作电流分别由 4 位数码管 Disp1 和 Disp2 显示。Disp1 和 Disp2 由两个 4 位数码管模块 4401AS 组成，分别用来显示激光二极管的工作电流和工作电压。4401AS 把 4 个单独的数码管封装在一起，共用字段信号线，简化了印刷电路板的布线难度。显示接口电路 U1 由动态数码控制器 MAX7219 驱动，MAX7219 的使用在前面已经做了介绍，可以在 3.2.2 节查阅相关内容。

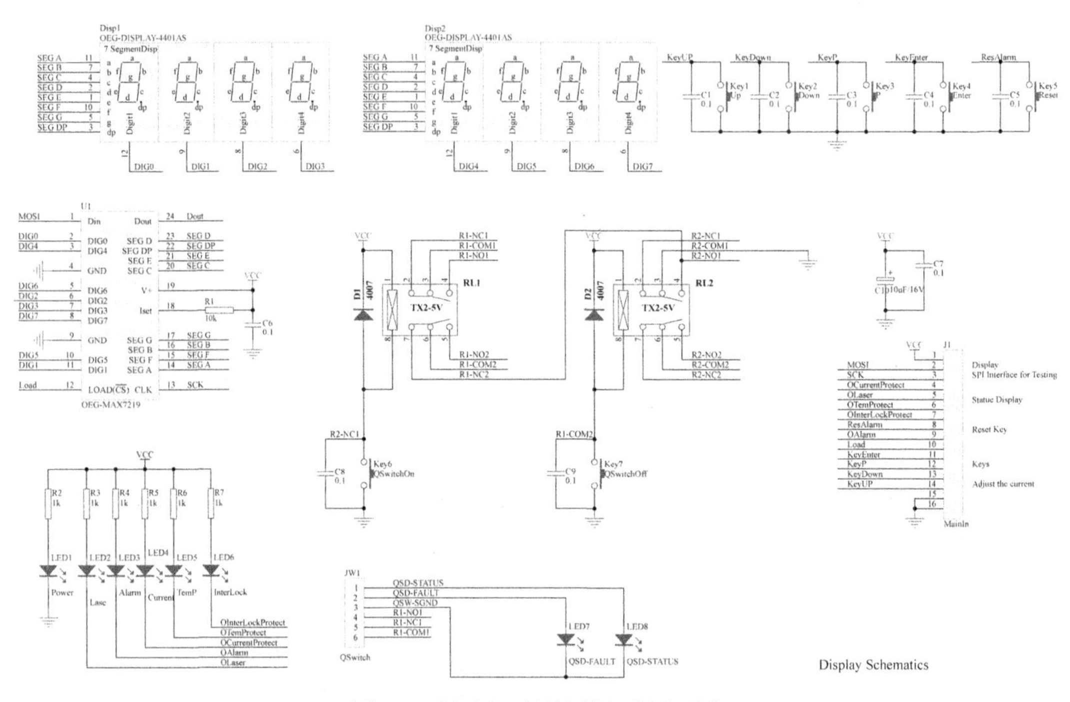

图 4.5　显示和面板控制电路原理图

激光二极管工作状态指示通过面板上的 6 个高亮发光二极管完成，由图中的 LED1~LED6 实现，LED1~LED6 正向端通过限流电阻 R2~R7 连接到 5V 电源 V_{CC}，改变限流电阻 R2~R7 的大小可以调节发光二极管的亮度。

图 4.5 中的 5 个按键开关 Key1~Key5 按钮完成 4 个功能按键和一个消除报警锁定按键 ResAlarm 功能，5 个功能按钮分别与 5 个硬件抖动消除电容 C1~C5 并联，硬件抖动消除功能和软件抖动消除功能相配合，可以较好地消除按钮误动作。4 个功能按键输入信号分别定义为电流增大调节功能键 KeyUp、电流减小调节功能键 KeyDown、功能选择切换键 KeyP 以及调节确定和功能选择确定按键 KeyEnter。ResAlarm 按键使用的机会较少，在面板上丝印为白色显示，辅助丝印文字“RESET”注释；4 个功能按键 KeyUp、KeyDown、KeyP、KeyEnter 安排在数码显示的正下方，在按键上面覆盖 PVC 面板，面板上印制的符号分别为“↑”、“↓”“P”和“E”。

在激光器的实际使用过程中，通常把连续激光器通过声光或者电光调制的方式改变为

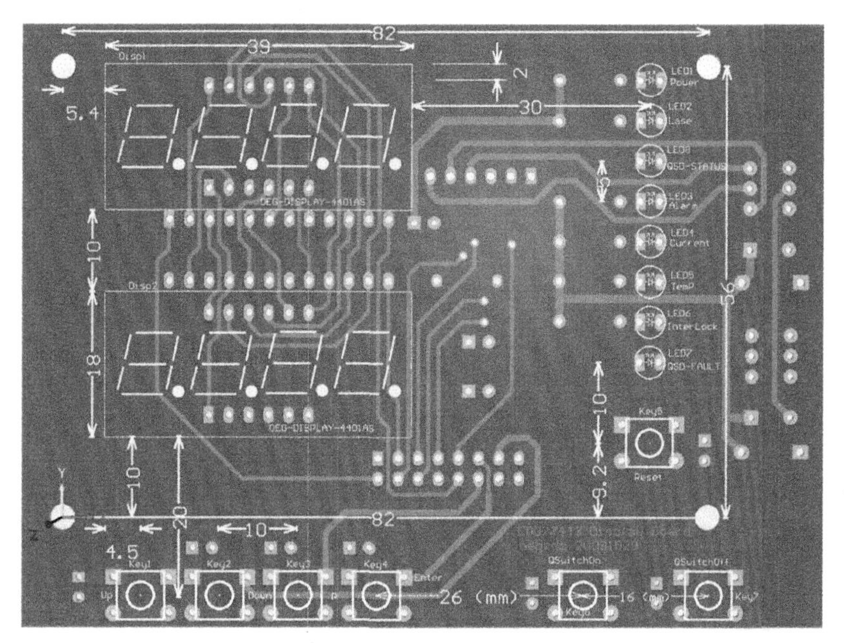

图 4.6　显示和控制面板印刷电路板 3D 显示图

激光脉冲输出，所采用的方法是在激光谐振腔内增加一个声光调制开关 QSwitch 或者电光调制开关，以此进行激光输出控制。声光调制开关一般用在调制频率高、峰值频率较低的场合，如激光标记；电光调制开关往往用在脉冲激光功率高、激光输出频率低的场景，如激光焊接。本节所设计的激光二极管电流控制器主要采用声光调节的方式工作，因此面板上也集成了声光调制开关 QSwitch 驱动器的控制和调节部分。声光调制开关 QSwitch 工作状态指示由 LED7 和 LED8 完成，Q 开关 QSwitch 的声光控制信号由图 4.5 中的 RL1 和 RL2 继电器组成双稳态无源触发器输出无源节点进行控制。QSwitch 的启动和停止分别由 Key6 和 Key7 按钮完成，C8 和 C9 为按键去抖动电容，QSwitch 面板状态指示和控制信号通过 JW1 连接器与 Q 开关驱动器连接。Key6 和 Key7 按钮的使用是在设备安装的时候，在进行激光谐振腔的调试时，按下 Key7 按钮切断 Q 开关驱动器的射频输出，QSwitch 晶体不产生声波信号，晶体中无光栅效应，激光器以连续方式实现激光输出，此时有利于激光谐振腔的调整。激光谐振腔调整到最佳状态以后，按下 Key6 按钮恢复 Q 开关驱动器的射频输出，QSwitch 晶体产生声波信号，形成光栅效应阻断激光输出。恢复 Q 开关驱动器的射频输出，激光谐振腔调试完成后，由计算机通过激光专用控制卡直接控制 Q 开关驱动器，从而实现脉冲激光的输出控制。关于激光专用控制卡的设计和实现将在本书的后续章节完成。由于最终用户无需进行激光谐振腔的调整，Key6 和 Key7 按钮被隐藏在状态指示的下面，专供设备安装工程师安装调试设备时使用。

4.2.2　面板布局和控制调节

显示和控制面板布局示意图如图 4.7(a)所示，实际的 PVC 面板丝印后如图 4.7(b)

所示。

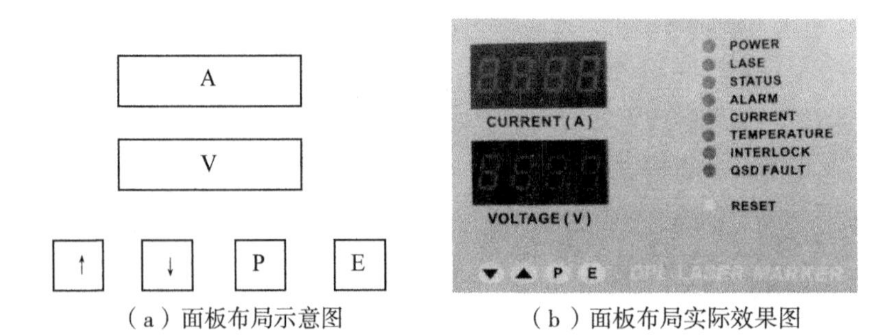

（a）面板布局示意图　　（b）面板布局实际效果图

图4.7　显示和控制面板布局

1. 按键功能描述

P键：按1次进入电流调节，此时按↑键，电流增加1A；按↓键，电流减少1A。再按P键时，↑↓键为增减0.1A。多次按P键，增减在0.1A和1A之间切换。电流设定完成后按E键确定退出。

E键：确认/开(关)激光。

(1)直接按E打开激光，再次按下关闭激光；

(2)按P键后用E键确认退出；

(3)电流显示校正：按↑键两次、↓键两次后用E键确认校正。

↑键：按P键后调节电流(每次增加0.1A或1A)；

↓键：按P键后调节电流(每次减小0.1A或1A)。

电流显示校正方法：

(1)反复使用↑键、↓键和P键调节电流，直到标准电流表显示为10.0A(此时不管A表显示何值)，按↓键2次，V显示“L o--”，按E键确认；

(2)反复使用↑键、↓键和P键调节电流，直至标准电流表显示为20.0A(此时不管A表显示何值)，按↑键2次，V显示“H 1--”，按E键确认。

2. 实测电流参数在线计算

采用霍尔电流传感器CS050B进行电流测量时，需要通过测量值计算实际的激光二极管工作电流，电流测量值和实际工作电流之间总体上是线性关系，由于霍尔电流传感器个体之间存在差异，因此需要计算每一台设备所使用的经过霍尔电流传感器感知和信号处理以后的测量值与电流实际值之间的截距参数iBasedCurrent′和斜率参数dCurrentK′。下列计算过程中所用到的iData1和iData2为实际测量值，实际电流100(表示10A)和200(表示20A)由标准电流表测量得到，单位均为0.1A，其他参数为中间变量。

$$\text{iLoCurrent} = \text{iData1}\times30\times100\times5\div2047\div48\times\text{dCurrentK}\div100-\text{iBasedCurrent} \quad (1)$$

$$100 = \text{iData1}\times30\times100\times5\div2047\div48\times\text{dCurrentK}'\div100-\text{iBasedCurrent}' \quad (2)$$

$$\text{iHiCurrent} = \text{iData2}\times30\times100\times5\div2047\div48\times\text{dCurrentK}\div100-\text{iBasedCurrent} \quad (3)$$

$$200 = iData2\times30\times100\times5\div2047\div48\times dCurrentK'\div100-iBasedCurrent' \quad (4)$$

1)求斜率参数 dCurrentK′

(3)-(1):

$$iHiCurrent-iLoCurrent = (iData2-iData1)\times30\times100\times5\div2047\div48\times dCurrentK\div100 \quad (5)$$

(4) - (2):

$$100 = (iData2-iData1)\times30\times100\times5\div2047\div48\times dCurrentK'\div100 \quad (6)$$

(5)÷(6):

$$(iHiCurrent-iLoCurrent)\div100 = dCurrentK\div dCurrentK'$$

$$dCurrentK' = 100\times dCurrentK\div(iHiCurrent-iLoCurrent)$$

2)求截距参数 iBasedCurrent′

(3) + (1): $iHiCurrent + iLoCurrent = (iData2 + iData1)\times30\times100\times5\div2047\div48\times dCurrentK\div100-2\times iBasedCurrent \quad (5)$

$(iData2 + iData1)\times30\times100\times5\div2047\div48\times dCurrentK\div100 = iHiCurrent + iLoCurrent + 2\times iBasedCurrent \quad (5')$

(4) + (2):

$$300 = (iData2 + iData1)\times30\times100\times5\div2047\div48\times dCurrentK'\div100-2\times iBasedCurrent' \quad (6)$$

$$(iData2 + iData1)\times30\times100\times5\div2047\div48\times dCurrentK'\div100 = 300 + 2\times iBasedCurrent' \quad (6')$$

(5′) ÷ (6′): $iBasedCurrent' = ((iHiCurrent + iLoCurrent + 2\times iBasedCurrent)\times dCurrentK'\div dCurrentK-300)\div2$

$= ((iHiCurrent + iLoCurrent + 2\times iBasedCurrent)\times100\div(iHiCurrent-iLoCurrent)-300)\div2$。

令 bCurrentK = dCurrentK′, cBasedCurrent = iBasedCurrent′, 因此可以得到, 由 AD 转换器读取的测量值 wcData 和实际电流 wActualCurrent 之间的计算关系为: $wActualCurrent = wcData\times30\times100\times5\div2047\div48\times bCurrentK\div100-cBasedCurrent = (long)wcData\times153\times bCurrentK\div100000-cBasedCurrent$。

通过电压测量值计算激光二极管实际工作电压时, 由于所采用的检测电路为精密电阻网络, 所使用的精密电阻一次性较好, 同批次采购的精密电阻安装以后只需要计算一次即可, 因此不需要在线计算相关参数。

4.3　电源模块设计

控制电路的供电部分采用独立设计的方式制作单独的供电印刷电路板完成。根据实际的使用场景, 也可以采用专用的开关电源模块提供。

和第 3 章相同, 电源供给电路的设计采用开关型电源转换芯片 MC34063 实现标准±12V和+5V 即 V_{CC} 电源电压供给。与第 3 章不同的地方是采用了外接功率三极管 BU508D

来增大+5V 和+12V 电源的供电电流，即图 4.8 中的 Q1 和 Q2。

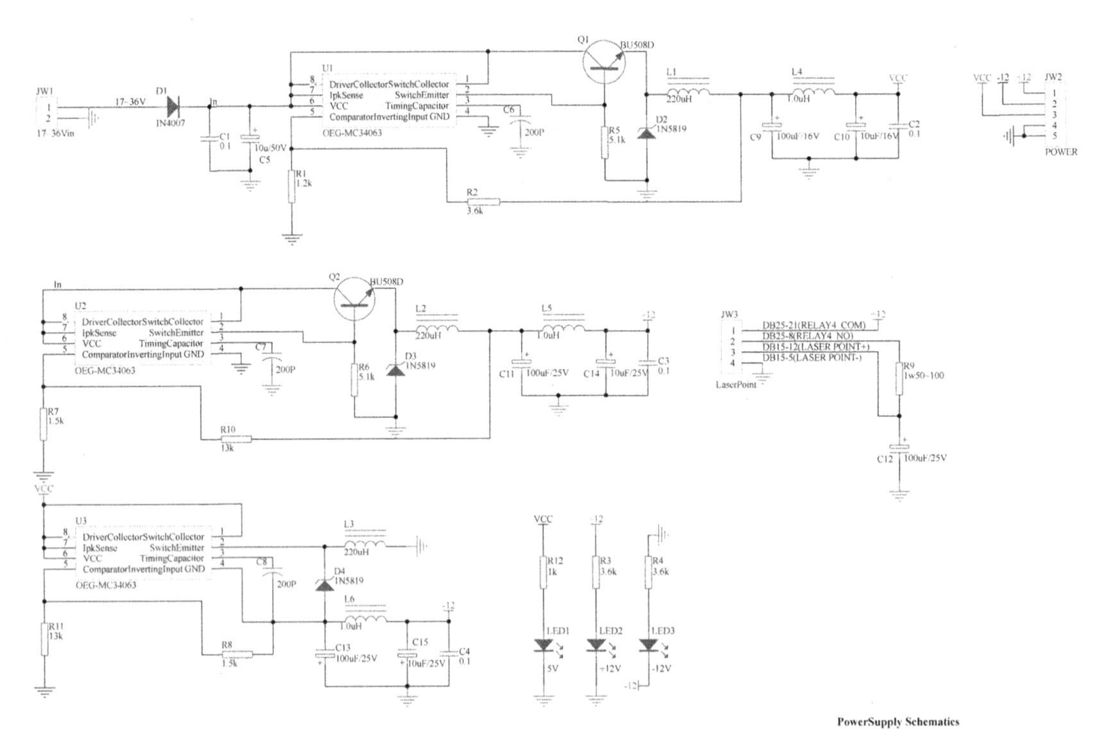

图 4.8　电源原理图

电源供给电路原理图如图 4.8 所示，图中以 U1 和 Q1 为核心电路网络构成输出电压为+5V 的 V_{CC}电源，以 U2 和 Q3 为核心的电路网络构成+12V 电源，-12V 电源的 DC-DC 输入端为 V_{CC}，以 U3 为核心电路网络构成负向电源产生电路。

由于以 MC34063 为控制芯片的 DC-DC 电路，输入端电压必须大于输出端电压 2V 才能正常工作，当外接激光电源电压在 14V 到 36V 之间时，电源模块的输入端可以通过 JW1 直接连接到外接开关电源的输出作为电源模块的输入电压。当外接激光电源的电压超出该范围时，必须另外提供输出电压在 14V~36V 之间时直流电压源作为电源模块的输入电源。

MC34063 的内部基准电压为 1.25V，以图 4.8 中的 U1 为例，电压输出幅值为 $1.25\times(1+R2\div R1)=1.25\times(1+3.6\div1.2)=5(V)$；另外两路的计算方法相同。

图 4.8 中，电源模块产生的电压通过 JW2 接线端子与图 4.1 所示的 JW5 相连接，输出到主控电路板。电源模块的输出电压状态指示通过图中的 LED1~LED3 发光二极管完成，JW3 提供红光指示所需的控制信号，红光指示输出与否由位于激光专业控制卡上的 4 号继电器实现控制。按照图 4.8 电源原理图设计制作的印刷电路板 3D 显示图如图 4.9 所示。

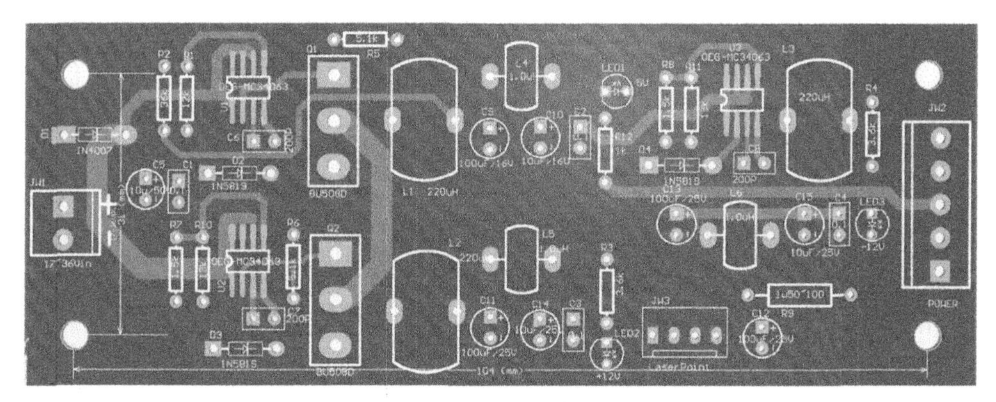

图 4.9　电源印刷电路板 3D 显示图

4.4　信号转接设计

机箱背部信号转接板不增加任何新的功能实现，设计原则仅仅是做到信号连接可靠、减少人为走线的工作量和人为走线的外观差异、增强信号转接的可靠性，让机箱外观更加整洁、美观。背部转接板信号连接的电路原理如图 4.10 所示。

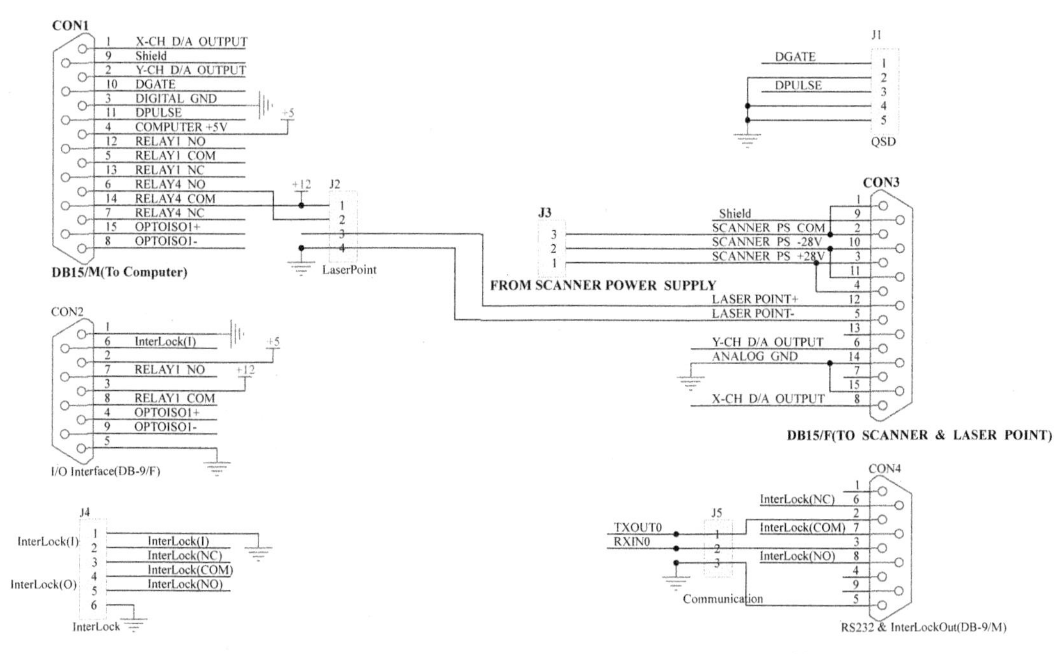

图 4.10　背部信号转接板电路原理图

图 4.10 中，外接信号线通过 CON1、CON2、CON3、CON4 连接，这四个外接 DB 插

座装配在印刷电路板的顶层，通过背部开孔直接连接外部接口信号线。其中，CON1 与激光专用控制卡的对应控制信号相连接，X、Y 轴激光位置控制信号 X-CH D/A OUTPUT、Y-CH D/A OUTPUT 传输的是由激光专用控制卡通过 16 位 DAC 输出的模拟位置信号，采用屏蔽双绞线与控制卡相连接，屏蔽层焊接到外壳，该信号经过背部转接板转接到 CON3 插座，通过 CON3 插座连接到激光扫描头的 X、Y 轴激光位置控制信号，CON3 插座连接到激光扫描头之间也需要使用屏蔽双绞线连接。J2 插座连接到图 4.8 所示电源模块中的 JW3，由 JW3 引入的+12V 电源电压经过激光专用控制卡上的 4 号继电器触点控制后作为红光指示控制信号也连接到 CON3 插座。激光扫描头的工作电源由机箱内部的开关电源通过图 4.10 中所示的 J3 连接到 CON3 插座，CON3 插座外接激光扫描头。CON2 插座作为与其他设备相连接的接口信号，其中包括水流开关信号 InterLock(I) 连接水冷激光二极管的水流开关，风冷设备需要把该信号接地；设备作为激光标记机工作时的标记开始信号 OPTOISO1+、OPTOISO1-通过 CON1 连接到激光专用控制卡的光耦输入信号端；设备作为激光标记机工作时的标记完成接口信号 RELAY1 NO、RELAY1 COM 由激光专用控制卡的 1 号继电器触点输出，通过 CON1 转接到 CON2 插座供生产线上的其他设备使用。CON4 插座作为与电脑串口连接的通信端口和互锁信号输出端口，互锁信号输出只有在其它设备需要互锁接口信号时才进行有效外接，使用较少。通过 RS232C 协议与电脑连接时，连接 PIN2、PIN3 和 PIN5 端子即可。

图 4.10 中的 J1、J2、J3、J4、J5 装配在印刷电路板的底层，与机箱内部的其他电路板或者电源模块相连接。其中，J1 连接到 Q 开关驱动器以实现连续激光器的控制输出；J4 连接到图 4.1 所示主板中的 JW4；J5 连接到图 4.2 所示主板中的 JW7。

根据图 4.10 电路原理图信号连接关系制作的背部转接板印刷电路板 3D 显示图如图 4.11 所示。

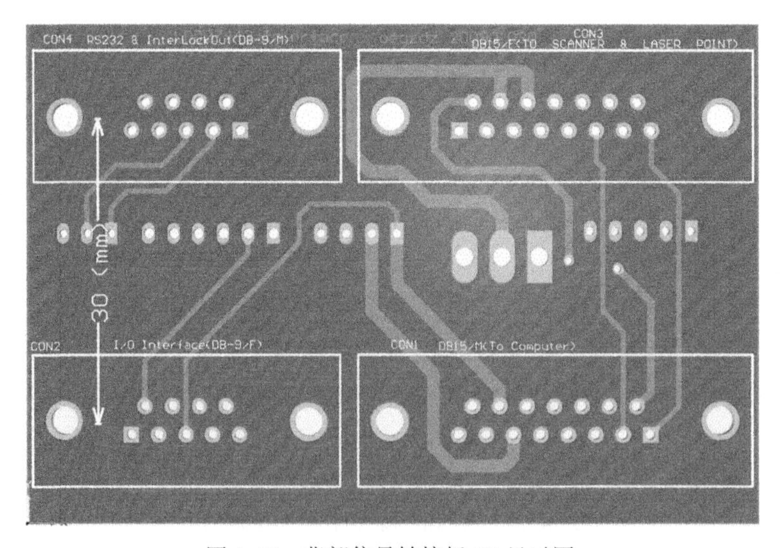

图 4.11　背部信号转接板 3D 显示图

4.5 控制系统的片内硬件设计

完成片外的电源和信号连接等系统硬件制作是应用系统实现的第一步，基于 PSoC1 片上系统的实际应用系统设计所实现的功能，最终还需要片内硬件设计和软件实现。激光二极管电流控制系统片上硬件实现主要分为模拟系统设计和数字系统设计两部分。模拟系统需要采集的模拟量包含通过霍尔电流传感器得到的激光二极管工作电流模拟信号 CurrentBackword，通过电阻网络分压得到的激光二极管工作电压差分电压信号 DiodeVoltage-、DiodeVoltage+和通过集成温度传感器 AD590 得到的温度保护模拟信号 TemProtect；模拟系统需要输出的模拟量主要是用于激光二极管工作电流设定的模拟电压输出信号 CurrentOut。

数字系统所完成的输入数字信号包括 4 个功能按键信号 KeyUp、KeyDown、KeyP 和 KeyEnter，一个保护报警锁定消除信号 ResAlarm 和一个水流开关信号 InterLock(I)；需要输出的数字量主要是 7 个报警保护输出：包括信号报警保护主输出信号 ProtectOut、声光报警信号 BuzzerOn、5 个分类报警状态指示 OAlarm、OTemProtect、OInterLockProtect、OCurrentProtect、OLaser 和一个显示允许信号 Load。这 5 个数字输入信号和 7 个数字输出信号均可直接由 CPU 读取和输出控制。数字系统中还有两对完成数字通信功能的输入输出信号：异步通信信号 TX 和 RX、同步通信功能信号 MOSI 和 SCK。

片内系统硬件设计和片外硬件实现一般同时进行，特别是在印刷电路板设计过程中，信号输入输出可以连接到不同的管脚上，这样就可以根据印刷电路板的 PCB 图设计时的具体情况适当调节芯片不同引脚的信号连接关系，让印刷电路板的设计更加合理，系统完成以后工作更稳定，抗干扰能力更强。

4.5.1 片上模拟系统设计

设计完成以后的模拟系统布局如图 4.12 所示。

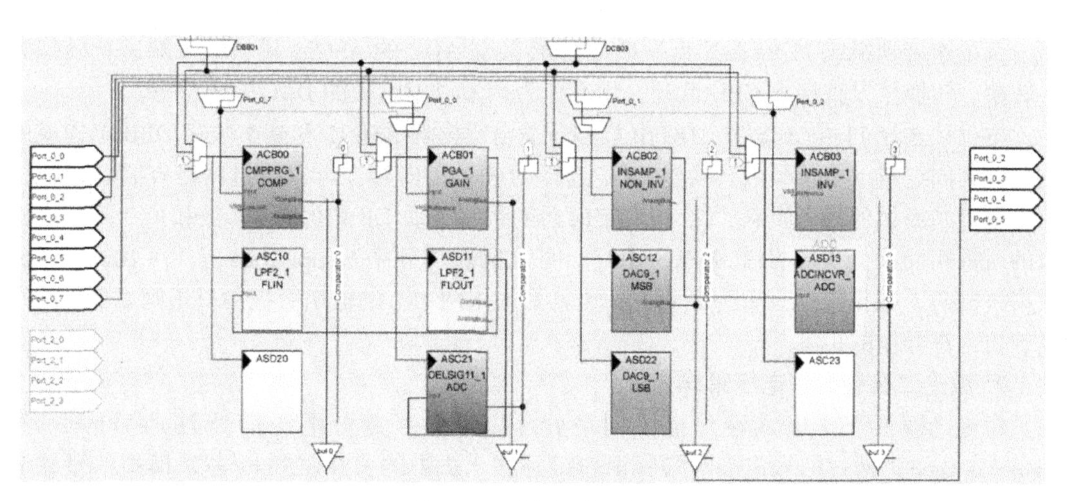

图 4.12 模拟系统布局

1. 激光二极管工作电流采样

由霍尔电流传感器输出的激光二极管实际工作电流反馈信号 CurrentBackword 直接连接到 P00 端口，通过第 2 列四选一模拟输入多路复用器和二选一输入选择器后作为由连续时间模块 ACB01 构成的增益可编程放大器 PGA_1 的输入信号，增益可编程放大器 PGA_1 增益设置为 2，参考电压为 VSS。PGA_1 的输出直接连接到巴特沃兹低通滤波器的输入端，二阶巴特沃斯低通滤波器 LPF2_1 由 ASC10 和 ASD11 组成，二阶低通滤波器的增益 G_{ain}、阻尼因子 d、固有角频率 ω_0、转折角频率 ω_n 由 C_1、C_2、C_3、C_4、C_A 和 C_B 决定，详细情况可以在 PSoC Designer 集成开发环境中的器件编辑器中放置二阶低通滤波器模块以后，右键单击该模块，从弹出的菜单中选择“Datasheet”查看二阶低通滤波器器件的数据手册(Two-Pole Low-Pass Filter Datasheet)，通过器件手册可知：设 f_s 为采样频率，也就是第 2 列时钟频率 V_1 的 1/4，即 $f_s=V_1\div4$，此时，

$$G_{\text{ain}}=C_1\div C_2;\ (\omega_0\omega_n)^2=\frac{f_s^2}{\dfrac{C_AC_B}{C_2C_3}-\dfrac{1}{4}-\dfrac{1}{2}\dfrac{C_4}{C_2}};\ d=\frac{\dfrac{C_4}{C_2}}{\sqrt{\dfrac{C_AC_B}{C_2C_3}-\dfrac{1}{4}-\dfrac{1}{2}\dfrac{C_4}{C_2}}}.$$

由此可以看出，需要通过转折频率 ω_n、采样速率 f_s 和直流增益 G_{ain} 来计算模块参数 C_1、C_2、C_3、C_4、C_A 和 C_B。为了简化参数的计算，集成开发环境软件提供了辅助参数计算模块向导软件，通过右键单击该模块，从菜单中选择组成放置过滤器后，右键单击该模块，从菜单中选择“滤波器设计向导(Filter Design Wizard)”，可以根据需要完成低通滤波器的参数设定。本设计中全局参数设置时，ν_1 时钟频率参数为 4，即 $\nu_1=24(\text{MHz})\div4=6(\text{MHz})$，采样频率为 $f_s=\nu_1\div4=1.5(\text{MHz})=1500000(\text{Hz})$。本设计的截止频率为 1kHz = 1000Hz，把采样频率 1500000Hz、截止频率也就是转角频率 1000Hz 和频率域增益 0.0dB (对应时间域增益 1)，输入滤波器设计向导以后得到相应参数为 $C_1=1$、$C_2=1$、$C_3=1$、$C_4=31$、$C_A=32$ 和 $C_B=32$。当截止频率设置为 10kHz 时，得到 C_3 等于 2，其他参数不变。

经过增益可变的放大器 PGA_1 和二阶巴特沃斯低通滤波器 LPF2_1 处理后的激光二极管电流反馈信号已经能够满足要求，处理后的信号由组成滤波器 LPF2_1 的 ASD11 模块输出，直接连接到组成 11 位 Δ-Σ 型模拟-数字转换器 ADC 的 ASC21 模块输入端进行模拟数字转换，转换结果直接由 CPU 读起，用来作为调节设定电流的 DAC 输出依据。

本设计选择 11 位 Δ-Σ 型 ADC 由 C 型开关电容模块 ASC21 和基本数字 DBB01 构成的定时器共同组成。关于模数转换器 ADC 选择的进一步内容，可以通过网络查阅芯片提供商官方网站提供的参考资料[14]。组成定时器的数字模块 DBB01 时钟参数和第 2 列模拟模块的时钟相同均为 V_1，因此 DELSIG11_1 的数据采样频率 SampleRate = $V_1\div1024=5859$ 次/秒(Sps)。数据格式设置为右对齐，也就是采用两字节的输出数据中只用到了低 11 位，高 5 位为符号位的扩展。

2. 激光二极管工作电压采样

激光二极管工作电压经过电阻网络分压以后形成差分电压信号 DiodeVoltage-和 DiodeVoltage+，通过信号连接网络标识连接到图 4.2 中的 CY8C27443 芯片模拟信号输入端 P02 和 P01，P02 和 P01 端口通过第 3 列和第 4 列的输入多路复用器分别连接到由连续

时间模块 ACB02 和 ACB03 组成的仪器放大器的差分输入端，图 4.12 中所示的仪器放大器 INSAMP_1 参考电压设置为 V_{SS}，增益设置为 2。激光二极管工作电压本身由开关电源电路提供，电压文波较小，采用电阻网络分压时已经连接了滤波电容，因此在片内信号放大时不需要专用的滤波电路，经过仪器放大器放大以后的电压信号直接连接到由 D 型开关电容模拟模块 ASD13 和数字模块 DCB02、DBB10、DBB11 组成的 7~13 位分辨率可调积分型模数转换器 ADC 进行采样，采样结果直接由 CPU 读取。图 4.12 所示第 4 列的时钟频率为 $V_1=6\text{MHz}$，积分型模式转换器 ADCINCVR_1 分辨率设定为 12 位，计算时间设定为 65。因此，该 ADC 转换器转换速率为：

$$\text{SampleRate}=\frac{\text{DataClock}}{2^{12+2}+\text{CalcTime}}=\frac{6\text{MHz}}{2^{14}+65}=\frac{6000000}{16384+65}=364.76\approx 365(\text{sps})。$$

3. 激光二极管设定电流输出

图 4.12 中第 3 列的 ASC12、ASD22 开关电容模拟模块共同构成 9 位分辨率的电压输出型模拟数字转换器 DAC9_1，数据格式设置为二进制的偏移量模式(OffsetBinary)，数字输出量为十进制的 0~510，模拟输出端通过第 2 列的模拟输出总线(AnalogOutBus_2)，由连接到模拟输出总线的模拟信号输出驱动器(AnalogOutBuf_2)驱动后连接到 P04 端口。由 P04 端口输出的模拟信号作为电流输出控制信号 CurrentSet 连接到片外硬件闭环控制回路的电流设定端，经过片外硬件调理后直接与电流反馈信号做减法运算，完成激光二极管工作电流的设定工作。由于在全局资源栏设置了模拟参考电压为(V_{dd}/2)+/-(V_{dd}/2)，模拟数字转换器 DAC9_1 的输出范围为 0~5V，DA 转换速率可达 54 kSps。系统中把 DAC9_1 设置为高功率输出模式(DAC9_1_FULLPOWER)，该模式参数在 DAC 启动时进行设置，由 DAC9_1_Start( )函数完成，程序调用方法为：DAC9_1_Start(DAC9_1_FULLPOWER)。

4.5.2 片上数字系统设计

数字系统的 8 个数字模块如图 4.13 所示。

图 4.13 中 DCB01 已经被 11 位 Δ-Σ 型模拟数字转换器 DELSIG11_1 占用，DCB02、DBB10 和 DBB11 已经被积分型模式转换器 ADCINCVR_1 占用，作为完成模拟数字转换器件 ADCINCVR_1 的一个组成部分，因此不能单独使用。

1. 硬件定时中断服务程序设计

DBB00 设计成 8 位的定时器 Timer8_1，用来粗略显示实时时间。定时器 Timer8_1 的时钟频率选择为内部的 32kHz 时钟 CPU_32_kHz，定时周期设置为 31，比较值设置为 15，也就是对 32K 时钟信号进行 32 分频，可以得到输出周期为 1ms 占空比为 50%的时钟信号，用来实现以毫秒(ms)为单位的硬件计时。计时结束产生硬件中断，程序中首先定义全局变量 DWORD dTimerCount，通过宏语句“#pragma interrupt_handler ReceiveData InterruptTimer”声明 ReceiveData( )、InterruptTimer( )是中断服务程序，然后编制下列中断服务程序为：

```
void InterruptTimer (void)
{
```

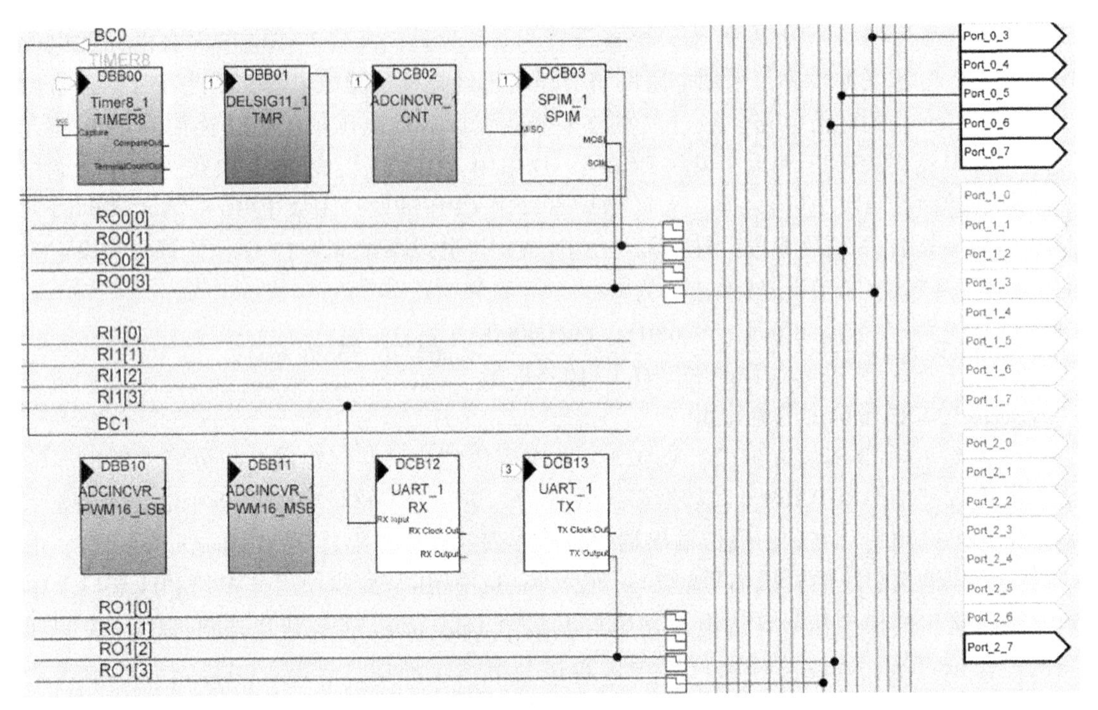

图 4.13　数字系统布局

```
    dTimerCount++;
}
```

在器件编辑器中完成硬件设计以后，产生硬件配置文件的过程中开发环境会自动产生名为 Timer8_1int.asm 文件，该文件为中断服务程序。找到并打开该文件，在中断服务程序框架中找到 AREA UserModules (ROM, REL)区域所在位置，在中断服务程序_Timer8_1_ISR 下面的“；@ PSoC_UserCode_BODY@ ”和“；@ PSoC_UserCode_END@ ”之间调用 InterruptTimer 函数来完成中断务程序的编写：

```
_Timer8_1_ISR:
   ;@ PSoC_UserCode_BODY@ (Do not change this line.)
   ljmp _InterruptTimer
   ;@ PSoC_UserCode_END@ (Do not change this line.)
Reti
```

要注意的是，如果需要改变或者更新硬件设计，硬件改变后重新产生配置文件时，开发环境软件都会重新更新 Timer8_1int.asm 文件，用 C 语言编写的中断服务程序(函数)，只有在“；@ PSoC_UserCode_BODY@ ”和“；@ PSoC_UserCode_END@ ”之间调用的语句才不会被改变，此时不需要手动更新用 C 语言编写的中断服务程序的调用。如果直接修改中断向量指向用 C 语言编写的中断服务程序，每次硬件更改以后产生配件文件时都需要手动更新中断向量完成中断服务程序的调用。

所有由硬件产生的中断服务程序，硬件设计完成或者更新改变以后，集成开发环境PSoC Designer软件根据器件编辑器中的硬件产生或者更新配置文件时，都会产生名为UserModuleNameInt. asm的中断服务程序框架，文件名中“UserModuleName”是用户在器件编辑器中设计时完成不同功能所放置的功能模块名称，如本案中数字模块DCB02、DBB10、DBB11和模拟模块ASD13一起实现可变分辨率的积分型模数转换器ADC，由系统自动命名为ADCINCVR_1，所产生的中断服务程序框架文件为ADCINCVR_1int. asm。由C语言编写的中断服务程序调试完成以后，可以在该框架当中调用，调用的语句如果都放置在ADCINCVR_1int. asm文件中“AREA UserModules(ROM, REL)”所标注的区域中的“_ADCINCVR_1_ISR:”下面“; @PSoC_UserCode_BODY@”和“; @PSoC_UserCode_END@”之间，则每次根据片内硬件设计情况产生配置文件以后，系统不会改变“; @PSoC_UserCode_BODY@”和“; @PSoC_UserCode_END@”之间的C语句，不需要手动更新中断服务程序的调用。

以毫秒(ms)为单位的硬件定时/延时程序为：

```
void Delay1mS(DWORD dMiniSecond)
{
    Timer8_1_EnableInt();
    Timer8_1_Start();
    while(dMiniSecond > dTimerCount)
    {
        M8C_ClearWDTAndSleep;//清除看门狗和睡眠电路标识,保证定时程序运行
时CPU正常工作
    };
    Timer8_1_Stop();
    Timer8_1_DisableInt();
    dTimerCount = 0;
}
```

用C语言编写的中断服务程序的调用，也可以在集成开发环境软件自动产生的boot. asm文件中的中断向量列表区域直接改写中断向量的跳转指令，中断向量指针变成指向自己用C语言编写的中断服务程序入口，第3章霍尔电流传感器设计中的通信服务终端程序的调用就是用这种方法。在boot. asm文件的中断向量列表区域直接改写中断向量跳转指令的方法所改变的中断向量，在每次硬件配置文件产生时将会被覆盖，因此每次产生配置文件以后都要重新填写boot. asm文件的中断向量。

由于集成开发环境配置文件产生时采用了一个模板文件boot. tpl来控制boot. asm文件的生成，boot. asm文件的中断向量改写可以通过改写boot. tpl文件来完成，避免每次配置文件产生时手动更新中断向量。通过修改配置模板文件boot. tpl改变中断向量时，模板文件boot. tpl中控制中断向量生成的位置区域包含在“; @PSoC_BOOT_ISR_UserCode_START@”标志和“; @PSoC_BOOT_ISR_ UserCode_END@”标志之间的中断向量列表区域，修改对应模块的中断向量跳转指令指向用户自定义的相应模块中断服务程序。修改模板文件

boot. tpl 需要特别注意避免字符串替代等意外的产生。

改变 Timer8_1 时钟参数、周期和比较值可以实现不同单位的硬件定时和延时功能。

该程序可以用在激光标记等控制软件中，作为激光定位延时的标准参数。如时钟频率选择为内部的 V_1 即 6MHz 时钟，定时周期设置为 5，比较值设置为 2，软硬件配合可以设计实现以微秒(μs)为单位基于硬件的定时/延时程序。

2. UART 异步串行通信接口设计

UART 异步串行通信接口的实现所使用的模块和设计方法与第 3 章霍尔电流传感器 3.2.1 第 3 点所描述的相同，同样由数字模块 DCB12 和 DCB13 构成全双工异步通信接口 UART 主电路，不同的地方是接收端信号 RX Input 的连接端口、发送端信号 TX Output 的连接端口以及传输波特率的设计方法不同。

出于硬件的全局设计考虑以及方便制作印刷电路板，接收信号 RX Input 的连接端口为 P27 端口，发送信号 TX Output 的连接端口为 P06 端口，外部连接关系如图 4.2 所示。UART 的时钟输入选择确定为 V_3 全局时钟信号。图 2.20 所示的全局资源设置中，VC1 的是分频数设置为 4，也就是时钟频率的 4 分频，VC2 的是分频数设置为 3，也就是 VC1 全局时钟频率的 3 分频，VC3 的源时钟设置为 VC2，设置为 26，因此得到 VC3 的输出频率为：$24\text{MHz}\div 4\div 3\div 26=76.9\text{kHz}\div 8=9615\text{Hz}$，$(9615-9600)\div 2\times 100\%=0.156\%<2\%$，符合 9600 波特率的工作要求。

UART 设计为接收到一个完整的字符时产生中断，完成字符处理的中断服务程序 ReceiveData( )与 3.4.3 介绍的程序结构相同，只是功能更多、程序更长，这里不再赘述。在 UART_1int. asm 文件中完成中断服务程序调用编制的原始代码如下：

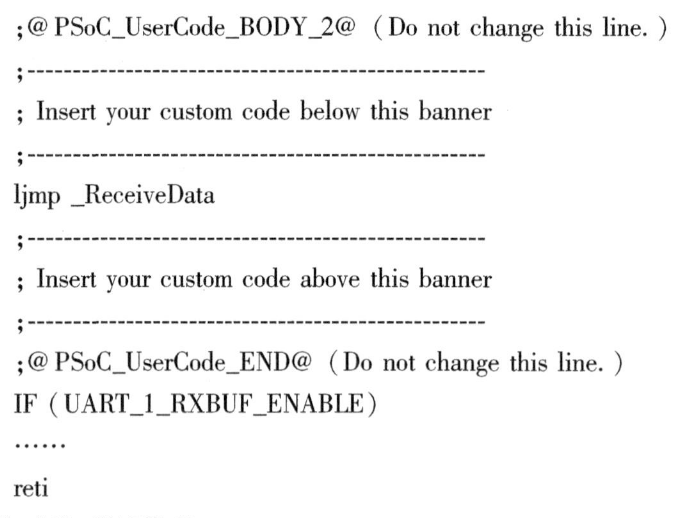

```
_UART_1_RX_ISR:
    ;@ PSoC_UserCode_BODY_2@ (Do not change this line.)
    ;---------------------------------------------------
    ; Insert your custom code below this banner
    ;---------------------------------------------------
    ljmp _ReceiveData
    ;---------------------------------------------------
    ; Insert your custom code above this banner
    ;---------------------------------------------------
    ;@ PSoC_UserCode_END@ (Do not change this line.)
    IF (UART_1_RXBUF_ENABLE)
    ……
    reti
;end of file UART_1int. asm
```

3. SPI 同步串行显示接口设计

由数字模块 DCB03 构成的同步串行通信接口 SPI 器件设置为主机模式，数据信号 MOSI 和时钟输出信号 SCLK 通过全局输出总线分别连接到 P05 和 P03 端口，完成显示功能的串行数字通信部分，分别与动态 LED 显示器驱动接口芯片 MAX7219 的串行数据输入端 Din 和时钟输入端 CLK 相连接；MAX7219 的通信选择信号 LOAD 连接到设置为强输出由 CPU 直接控制的 P17 端口，LOAD 信号低电平时有效。首先全局变量 BIT0 定义为单字节无符号数(BYTE BIT0)，初始化为 0x01，然后可以定义如下显示控制函数：

```
void DisplayEnable(void) // 有效显示开始函数
{
    PRT1DR &= ~(BIT0 << 7);// Set P07 to Low
}
    void DisplayDisable(void)// 有效显示结束函数
{
    PRT1DR |= (BIT0 << 7); // Set P07 to High
}
```

由于 MAX7219 动态驱动 8 位数码管，每一位数码管需要一个字节的数据，同时需要指定具体由哪一个数码管显示，需要首先指定数码管的地址。因此，数据传输时每一次需要传输两个字节：首先传一个字节的地址信号，然后传输一个字节的显示数据信号。通过 SPI 器件发送显示数据时，以双字节传输为单位，首先调用 DisplayEnable()函数，允许本次传输；然后启动 SPI 的一个字节的地址信号和一个字节的数据信号，等待数据传输完成，显示数据传输完成以后，最后调用 DisplayDisable()函数，完成显示数据的传输。DisplayDisable()函数调用完成后，MAX7219 自动锁存所接收到的数据，并动态刷新显示，如果显示数据没有变化就不用再次传输。完整的数据显示信号传输函数 Display()定义为：

```
void Display(BYTE Address,BYTE Data)
{
    DisplayEnable();
    SPIM_1_SendTxData(Address);
    while( !((SPIM_1_bReadStatus() & SPIM_1_SPIM_TX_BUFFER_EMPTY)) );
    /* Wait for the data to start transmitting */
    SPIM_1_SendTxData(Data);
    while( !((SPIM_1_bReadStatus() & SPIM_1_SPIM_TX_BUFFER_EMPTY)) );
    DisplayDisable();
}
```

8 位数码管动态显示驱动芯片 MAX7219 初始化程序为：

```
void IniteDisplay(void)
{
    Display(0x0f,0);//Normal display
    Display(0x09,0xff);//Digit 0~7 use Code B decode
    Display(0x0c,1);//No shutdown mode
    Display(0x0b,0x07);//All digits being scan
    Display(0x0a,0x04);//Intensity is 9/32(0x04);21/32(0x0a)
}
```

正常显示时由 void CurrentDisplay(WORD Data)函数完成 0~3 位“XXX. Y”格式的十进制电流显示，由 void VoltageDisplay(WORD Data)完成 4~7 位“XXX. Y”格式的十进制电压显示。

其他实现的一些特殊显示格式均在电压显示部分显示，包括 PDisplay()函数在电压显示部分显示"P. ---" 格式，表示系统在进行电流设定参数的设置；P0_1Display()函数在电压显示部分显示" P-0. 1"，表示当前正在设置电流，每按一次上下键，电流改变值为 0. 1A；P1Display()函数在电压显示部分显示"P-1. 0"表示当前正在设置电流，每按一次上下键电流改变值为 1A；LoDisplay ()函数在电压显示部分显示"L0--"表示当前已经把实际电流设定为 10A，此时的电流实测值和检测到的 AD 转换值作为电流计算参数的低端标准点；HiDisplay ()函数在电压显示部分显示" H1--"表示当前已经把实际电流设定为 20A，此时的电流实测值和检测到的 AD 转换值作为电流计算参数的高端标准点；ErrorDisplay (BYTE Data) 函数在电压显示部分显示"E. XXX"格式的错误码，错误代码由函数的实际参数决定。这些函数的具体实现过程这里不再赘述，均在实际的系统中调用。

4.6　激光二极管电流控制系统软件实现部分 C 语言程序

基于 PSoC1 片上系统的应用系统设计是一个经验积累的过程，已经实现的系统通过改进设计后得到新系统的设计，激光二极管电流控制系统在第 3 章的霍尔电流传感器的设计实现基础上改进而来的。一些功能的软件实现已经在第 3 章做了说明，虽然功能上有所改变但是大体框架不变，这一类功能就不在这里赘述，包括 UART 异步串行通信功能中断服务程序的实现、命令执行和通信应答实现以及通信功能中所使用的 CRC16 计算程序等。

4.6.1　系统初始化和主程序

1. 系统初始化程序

系统初始化由 IniteAll()函数完成，包含全局变量和标识符的赋值、所有硬件模块的初始化和电流电压计算参数设定默认值，完整的系统初始化程序为：

```
void IniteAll(void)
{// 初始化全局变量 Inite the globle parameters
    BIT0 = 0x01;
    Flag. ParameterChanged=FALSE;
    Flag. KeyEnter=FALSE;
    Flag. KeyUp=FALSE;
    Flag. KeyDown=FALSE;
    Flag. KeyP = FALSE;
    Flag. KeyPressed = FALSE;
    Flag. KeyPrecision = FALSE;
    Flag. LaserIsOn = FALSE;
    Flag. SetTo10A = FALSE;
```

```
    Flag.SetTo20A = FALSE;
    Flag.RxFinished = FALSE;
    dTimerCount = 0;
    iOutputValue = 0;
    wLoCurrent = 0;
    wHiCurrent = 0;
    wSettingCurrent = 100;//10A
  //初始化片内硬件模块参数
    InitеM8C();
    InitеUART();
    InitTimer();
    InitеSPIM();
    InitеCurrentSample();
    InitеVoltageSample();
    InitVoltageOutputDAC();
    InitеTemperatureProtect();
    ReadParameter();//已经保存电流和电压计算参数获取
  //系统初次运行时设定电流和电压计算的默认参数 Start to Inite the default parameters if the data is out of range
    if(bMyAddress > 15)
    {
        bMyAddress = 0;//本机地址默认为0
        wSettingCurrent = 100;//10A 初始电流设定默认为10安,unit is 0.1A
        bCurrentK = 100;//bCurrentK=200/ActualCurret * 100 电流计算斜率初始默认为100
        cBasedCurrent = 0;//电流计算截距不是默认为0
        bVoltageK = 103;//bVoltageK=150/ActualVotage * 100 电压计算斜率
        cBasedVoltage = 0;//电压计算截距默认值为0,unit is 0.1V
        Flag.ParameterChanged = TRUE;
        WriteToE2PROM();//保存参数设定值
    }//Finish to Inite the default parameters if the data is out of range
}
```

C 语言的普通方法编程中，bool 位变量的保存是按照字节的方式实现的，16 个标志位需要 16 个字节的数据随机存储器才能保存，RAM 的利用率不高。本设计中所使用的全局变量中的标志 Flag 包含 16 个位标志，采用位域(Bit Field)方式实现，采用一个字 WORD (双字节无符号数 unsigned int)的方式保存 16 个位标志，可以较好地实现随机存储器 RAM 的优化利用，位域(Bit Field)声明方式如下：

```
typedef unsigned int WORD;
```

```
struct
{
    WORDKeyPressed : 1;
    WORDKeyP : 1;
    WORDKeyUp : 1;
    WORDKeyDown : 1;
    WORDKeyEnter : 1;
    WORDKeyPrecision : 1;
    WORDParameterChanged : 1;
    WORDLaserIsOn : 1;//TRUE: Laser is on; FALSE: Laser is off
    WORDSetTo20A : 1;
    WORDSetTo10A : 1;
    WORDAlarm : 1;
    WORDInterLockProtect : 1;
    WORDResAlarm : 1;
    WORDCurrentProtect : 1;
    WORDTemperatureProtect : 1;
    WORDRxFinished : 1;
} Flag;
```

2. 主程序

主程序中所调用的所有函数均在所包含的自定义头文件“oegfunctions. h”中做了声明和实现,系统设计完成后实际运行的主程序完整清单如下所示:

```
//----------------------------------------------------------------------------
// C main line
//----------------------------------------------------------------------------
#include "oegfunctions.h"
void main(void)
{
    int i;
    IniteAll();
    M8C_EnableWatchDog;
    SetVoltageOutputDAC(0);
    for(i=0;i<3;i++)
    {
        WelcomeDisplay(200);
        Delay1mS(800);
    }
    i=0;
```

```
    do
    {
        WelcomeDisplay(200);   //滚动显示欢迎界面"CNL-PASS"
        Delay1mS(800);          //每个数字延时0.8秒滚动
        i++;
    }while((i<15) && (PRT1DR & (BIT0 << 4)) = = (BIT0 << 4));//有按键按下
时退出欢迎界面
    Delay1mS(1000);              //滚动显示停止后延时显示一秒
    Flag.LaserIsOn = TRUE;     //设置激光输出状态符号位
    do{
        M8C_ClearWDTAndSleep;  //清除看门狗和睡眠标志
        IniteDisplay();       //MAX7219初始化
        GetCurrentADResult();       //读取电流测量转换的AD值
        CaculateCurrent();      //计算激光二极管实际工作电流
        if(abs(wSettingCurrent-wActualCurrent) < 3)       //设置电流-实际电流<
0.3A判断
        {
            iCurrentDisplay = wSettingCurrent;      //设置显示电流
        }else
        {
            iCurrentDisplay = wActualCurrent;      //设置显示电流
        }
        GetVotageADResult();       //读取电流测量转换的AD值
        CaculateVoltage();      //计算实际的工作电压
        if(abs(iVoltageDisplay-wActualVoltage) > 1)//显示电压-实际电压>0.1V判
断
        {
            iVoltageDisplay = wActualVoltage;      //设置显示电压
        }
        VoltageDisplay(iVoltageDisplay);      //电压值输出显示
        ReadAlarmStatus();       //读取报警状态
        AlarmAction();            //输出报警动作
        ReadKey();               //读取按钮键盘值
        KeyProcess();            //按钮键盘处理
        if(Flag.LaserIsOn && ! Flag.Alarm)       //激光输出条件判断(无报警而且
输出标志为真)
        {                                       //激光输出条件为真
            LaserLedOn();                       //开启激光输出状态指示
```

```
            CurrentDisplay(iCurrentDisplay);//电流输出显示
            AdjustCurrent();//调节输出电流到设定电流
        }
        else
        {                              //激光输出条件为假
            LaserLedOff();          //关闭激光输出指示
            CurrentDisplay(0);    //电流显示为0
            iOutputValue=0;        //电流输出值为0
            SetVoltageOutputDAC(iOutputValue);//输出0电流设定值
        }
        if(Flag.SetTo10A && Flag.SetTo20A && ! Flag.Alarm)//已经完成电流校准判断
        {
            bCurrentK = 100 * (int)bCurrentK / (wHiCurrent-wLoCurrent) ;//斜率计算
             cBasedCurrent = ((wHiCurrent + wLoCurrent + 2 * cBasedCurrent) * 100/(wHiCurrent-wLoCurrent)-300) / 2;//截距计算
            Flag.SetTo10A = FALSE;
            Flag.SetTo20A = FALSE;
            Flag.ParameterChanged = TRUE;
        }
        if(Flag.ParameterChanged)   //参数改变判断
        {
            Flag.ParameterChanged=FALSE;
            WriteToE2PROM();        //保存参数
        }
        if(Flag.RxFinished)//UART通信模块数据接收结束,完成判断
        {
            SendData();//应答上位机的同时执行上位机命令
            Flag.RxFinished = FALSE;
        }
    }while(1);
}
```

4.6.2 电流检测和设定程序

系统首次通电运行时，初始化程序根据 Flash 存储器的状态设定了默认的电流计算参数 bCurrentK = 100 和 cBasedCurrent = 0。系统中对电流的计算单位为 0.01A，此默认假设检测到的电流即为实际的工作电流，此时计算得到的电流为检测电流，通过外接标准电

流表实际测量得到的电流称为实测电流，由于传感器特性差异和安装环境的不同，各台设备之间很难做到完全的一致，因此需要进行电流校正。电流校准方法和计算已经在 4.2.2 节做了介绍，下面主要介绍程序的实现方法。

1. 电流检测

通过霍尔电流传感器检测到的电流信号经过放大器和二阶低通滤波器的处理之后连接到 11 位 DELSIG11_1 ADC 完成模拟数字转换，转换结果直接由 CPU 读取。DELSIG11_1 ADC 的转换速率为 5859 Sps，转换结果由函数 GetCurrentADResult( ) 获取，保存到全局变量 wcData 中。DELSIG11_1 ADC 参数设置的转换结果为二进制的补码形式，由于激光二极管工作电流是单向电流，因此全局变量定义为无符号整数。函数中采用长整形的带符号数 temp 进行平均值计算，计算结果还原成无符号整数后保存到全局变量 wcData 中，由于采用全局变量保存电流实测值，减少了函数调用时的传参数传递，可以提高数据存储器的使用效率。函数 GetCurrentADResult( ) 通过连续采集 50 次取平均的方法进行数字滤波，连续采集 50 次使用的时间为 50÷5859=8.53 毫秒。采用 C 语言编制的获取激光二极管电流测量值模数转换结果的 GetCurrentADResult( ) 函数原型如下所示：

```
void GetCurrentADResult(void)
{
    CHAR i;
    LONGtemp;
    temp=0;
    for(i=0;i<50;i++)
    {
        while(DELSIG11_1_fIsDataAvailable() == 0);
        temp += DELSIG11_1_iGetDataClearFlag();// Get data and Clear data ready
flag
        M8C_ClearWDTAndSleep;
    }
    temp = temp/50 + 1023;
    wcData = (~(temp)) & 0x7ff;
}
```

2. 实际电流和电压参数计算

由测量值 wcData 计算激光二极管实际工作电流 wActualCurrent 任务由函数 CaculateCurrent( ) 完成，原型为：

```
void CaculateCurrent(void) //Unit is 0.1A
{
    wActualCurrent = ((long)wcData * 153 * bCurrentK /100000-cBasedCurrent &
0xff) & 0xfff;
}
```

函数 CaculateCurrent( ) 中使用的斜率参数 bCurrentK 和截距参数 cBasedCurrent 的设定

过程已经在 4. 2. 2 小节第 1 点描述，计算过程已经在 4. 2. 2 小节第 2 点描述。由于霍尔电流传感器测量对象电流和传感器输出之间是线性关系，传感器斜率参数 bCurrentK 和截距参数 cBasedCurrent 的计算只需要获取直线上两个坐标点的信号就可以实现，两个坐标点对应的电流信号的具体参数获取在键盘处理程序 ReadKey( )、KeyProcess( )中完成。

系统报警保护状态由 ReadAlarmStatus( )函数读取，系统无报警保护状态发生时 AlarmAction( )没有任何报警动作输出，报警状态标志位 Flag. Alarm 设置为假 FALSE。

按键状态读取程序 ReadKey( )读取按钮键盘值，按钮键盘值采用 4 个标志位 Flag. KeyUp、Flag. KeyDown、Flag. KeyP、Flag. KeyEnter 记录，该键按下时所对应的标志位为真 TRUE，否则为假 FALSE。

按钮键盘处理程序 KeyProcess( )完成键盘的所有操作功能。在键盘处理程序中反复使用↑键、↓键和 P 键调节电流至标准电流表显示为 10. 0A 后(此时不管 A 表显示何值)，按↓键 2 次，V 显示“L o--”，按 E 键确认；此时程序设置标志位 Flag. SetTo10A 为 TRUE，程序记录第 1 个坐标参数(100，iDATA1)。

反复使用↑键、↓键和 P 键调节电流至标准电流表显示为 20. 0A 后(此时不管 A 表显示何值)，按↑键 2 次，V 显示“H 1--”，按 E 键确认，此时程序设置标志位 Flag. SetTo20A 为 TRUE，程序记录第 2 个坐标参数(200，iDATA2)。

在主程序中查询到以上三个条件同时满足时，也就是 Flag. SetTo10A、Flag. SetTo20A、! Flag. Alarm 均为真 TRUE 时，进行斜率参数 bCurrentK 和截距参数 cBasedCurrent 计算。参数计算完成以后，设置参数改变标志位为 Flag. ParameterChanged = TRUE，主程序查询到该标志位为真时，斜率参数 bCurrentK 和截距参数 cBasedCurrent 保存到片上的 E^2PROM 中，通过调用电流计算参数保存程序 WriteToE2PROM( )完成该操作。

参数值的计算在主程序中完成，具体程序段再次摘录如下：

```
ReadAlarmStatus( );        //读取报警状态
AlarmAction( );            //输出报警动作
ReadKey( );                //读取按钮键盘值
KeyProcess( );             //按钮键盘处理
if(Flag. SetTo10A && Flag. SetTo20A && ! Flag. Alarm)//已经完成电流校准判断
{
    bCurrentK = 100 * (int)bCurrentK / (wHiCurrent-wLoCurrent) ;//斜率计算
    //截距计算
     cBasedCurrent = ((wHiCurrent + wLoCurrent + 2 * cBasedCurrent) * 100/
(wHiCurrent-wLoCurrent)-300) / 2;
    Flag. SetTo10A = FALSE;
    Flag. SetTo20A = FALSE;
    Flag. ParameterChanged = TRUE;
}
if(Flag. ParameterChanged)//参数改变判断
```

```
{
    Flag. ParameterChanged = FALSE;
    WriteToE2PROM( );//保存参数
}
```

为了实现参数保存，需要在开发环境中的器件编辑器中放置 E^{2}PROM 器件，该器件不占用数字模块和模拟模块，使用默认的器件名称“E^{2}PROM_1”，系统产生配置文件时所产生的所有针对该器件操作的函数名称均以该名称 E^{2}PROM_1 开头。设置 E^{2}PROM 器件首块参数 FirstBlock 参数为 255、长度参数 Length 为 16。然后打开项目中的 flashsecurity. txt 文件，设置对应块的工作模式，读写工作模式可以设定为四种方式之一：W：表示写保护(Write protected)；R：表示读保护(Read protected)；U：表示无保护(Unprotected)；F：表示出厂设置(Factory)。把本设计对应的最后一个块标志位为“U”，也就是设置为无保护模式(Unprotected)，只有设置为无保护模式时才能在程序运行时把需要保存的参数按照块方式写入该 E^{2}PROM 器件中永久保存，计算时把所需要的参数从 E^{2}PROM 器件中以块为单位的方式读取出来，如图 4.14 所示。

```
19  ; 0 40 80 C0 100 140 180 1C0 200 240 280 2C0 300 340 380 3C0 (+) Base Address
20
21    W  W  W  W  W   W   W   W   W   W   W   W   W   W   W   W ;   Base Address 0
22    W  W  W  W  W   W   W   W   W   W   W   W   W   W   W   W ;   Base Address 400
23    W  W  W  W  W   W   W   W   W   W   W   W   W   W   W   W ;   Base Address 800
24    W  W  W  W  W   W   W   W   W   W   W   W   W   W   W   W ;   Base Address C00
25  ; End 4K parts
26    W  W  W  W  W   W   W   W   W   W   W   W   W   W   W   W ;   Base Address 1000
27    W  W  W  W  W   W   W   W   W   W   W   W   W   W   W   W ;   Base Address 1400
28    W  W  W  W  W   W   W   W   W   W   W   W   W   W   W   W ;   Base Address 1800
29    W  W  W  W  W   W   W   W   W   W   W   W   W   W   W   W ;   Base Address 1C00
30  ; End 8K parts
31    W  W  W  W  W   W   W   W   W   W   W   W   W   W   W   W ;   Base Address 2000
32    W  W  W  W  W   W   W   W   W   W   W   W   W   W   W   W ;   Base Address 2400
33    W  W  W  W  W   W   W   W   W   W   W   W   W   W   W   W ;   Base Address 2800
34    W  W  W  W  W   W   W   W   W   W   W   W   W   W   W   W ;   Base Address 2C00
35    W  W  W  W  W   W   W   W   W   W   W   W   W   W   W   W ;   Base Address 3000
36    W  W  W  W  W   W   W   W   W   W   W   W   W   W   W   W ;   Base Address 3400
37    W  W  W  W  W   W   W   W   W   W   W   W   W   W   W   W ;   Base Address 3800
38    W  W  W  W  W   W   W   W   W   W   W   W   W   W   W   U ;   Base Address 3C00
39  ; End 16K parts
```

图 4.14 E^{2}PROM 块模式设置

参数保存在 E^{2}PROM 器件以后，可以在每次启动时从 E^{2}PROM 器件读取该参数，读取功能由 ReadParameter( )函数实现。E^{2}PROM 器件存取是以字节为单位按照块的方式完成的，超过字节长度的参数需要在程序中按字节的方式进行处理。保存程序 WriteToE2PROM( )和参数读取程序 ReadParameter( )的实现过程如下：

```
CHARWriteParameter(void)
{
    BYTEE2Buffer[8];
    E2Buffer[0] = bMyAddress;
    E2Buffer[1] = (wSettingCurrent & 0xff00) >> 8;//高字节分解处理
```

```
    E2Buffer[2] = wSettingCurrent & 0xff;//低字节分解处理
    E2Buffer[3] = bCurrentK ;
    E2Buffer[4] = cBasedCurrent;
    E2Buffer[5] = bVoltageK;
    E2Buffer[6] = cBasedVoltage;
    return E2PROM_1_bE2Write(0,E2Buffer,7,25);
}
void ReadParameter(void)
{
    BYTEE2Buffer[8];
    E2PROM_1_E2Read(0,E2Buffer,7);
    bMyAddress = E2Buffer[0];
    wSettingCurrent = E2Buffer[1] << 8 | E2Buffer[2];//高低字节还原处理
    bCurrentK = E2Buffer[3];
    if(E2Buffer[4] > 127)
    {
        cBasedCurrent = E2Buffer[4]-256;
    }else
    {
        cBasedCurrent = E2Buffer[4];
    }
    bVoltageK = E2Buffer[5];
    if(E2Buffer[6] > 127)
    {
        cBasedVoltage = E2Buffer[6]-256;
    }else
    {
        cBasedVoltage = E2Buffer[6];
    }
}
void WriteToE2PROM(void)
{
    if (WriteParameter() != E2PROM_1_NOERROR)
    {
        ErrorDisplay(WriteParameter());//Display "E. xxx"
        Delay1mS(2000);
    }
}
```

实际电压值的计算是通过主程序中调用 CaculateVoltage ( ) 函数完成的，CaculateVoltage( )函数在头文件 oegfunctions. h 中定义，具体代码为：

```
void CaculateVoltage(void)//Unit is 0.1V
{
    wActualVoltage = ((long)wvData * 61 * bVoltageK /100/1000-cBasedVoltage &
0xff) & 0xfff;
}
```

激光二极管实际工作电压 wActualVoltage 计算中所用到的电压斜率参数 bVoltageK 和截距参数 cBasedVoltage 出厂时保存在片上 E^2PROM 器件中。由于电压信号的硬件取样过程中所使用的电阻网络为高精密电阻，电阻的一次性较好，采用同批次采购的精密电阻完成的电压取样设备，这两个参数的计算只需要计算一次，因此直接作为默认参数固化保存在 E^2PROM 器件中，不需要实时调整。如果默认参数与实际测量的电压信号差别较大，可以采用专门为本系统编制的上位机测试软件通过串口通信程序直接改变，所有需要保存的设置参数均可以通过该软件完成。上位机测试软件将在 4.6.4 节介绍。

程序中所用到的测量值 wvData 由转换速率相对较低的 12 位积分型 AD 转换器 ADCINCVR_1 连续采样 20 次后取平均值得到，由主程序中的 GetVotageADResult( )函数实现，其代码为：

```
void GetVotageADResult(void)
{
    CHAR i;
    LONG temp;
    temp=0;
    for(i=0;i<20;i++)
    {
        while(ADCINCVR_1_fIsDataAvailable() == 0);
        ADCINCVR_1_ClearFlag();   // Clear ADC flag
        temp += (ADCINCVR_1_iGetData());// Get ADC result
        M8C_ClearWDTAndSleep;
    }
    wvData = temp/20;
}
```

3. 电流设定参数调节

电流设定参数的调节是 CPU 完成的主要功能，本设计是根据手动调节的大功率激光二极管电流控制系统改进而来的，4.1 节所描述的片外硬件控制功能主回路是经过了长时间使用检验的硬件系统，工作稳定可靠，增加 CPU 控制以后，原有系统中的一些保护功能经过简化后直接由 CPU 进行检测、判断和控制输出。变成以 CPU 为中心的控制系统以后，原来硬件无法实现的一些功能如激光二极管的过功率保护得到了实现，即首先 CPU 检测到通过激光二极管的工作电流和施加于激光二极管正负极的工作电压，然后计算激光二极管消耗的实时用电功耗，再将实时功耗与激光二极管所允许的最大功耗进行比较，判断激光二极管的实际功耗是否超过其能够承担的最大功耗，再决定保护输出。保护输出方式的主输出回路采用继电器触点隔离输出的方式，可以直接控制外接用于激光二极管供电开关电源的输出允许端子，直接切断激光二极管的电源供应。如果激光二极管的工作电压和工作电流均未超出电压和电流限制，那么激光二极管所承受的功耗已经超出了激光二极管本身的最大极限功耗，此时 CPU 可以采取降低激光二极管工作电流的方式来减少激光二极管的实时功耗，这是原来手动调节控制系统无法实现的。

电流设定参数通过在主程序中调用 AdjustCurrent( ) 函数实现。AdjustCurrent( ) 函数实现程序中电流设定值 wSettingCurrent 通过 4 个功能按钮键盘调节设定，电流实测值 wActualCurrent 通过 GetCurrentADResult( ) 采样后由函数 CaculateCurrent( ) 计算得到，均为全局变量，电流实测值和设定值二者之间的差值保存在局部变量 iDeltaSettingAndActual 中，即

iDeltaSettingAndActual = wSettingCurrent-wActualCurrent。AdjustCurrent( ) 函数代码为：

```
void AdjustCurrent(void)
{
    INT iDeltaSettingAndActual,iTemp,i;
    iDeltaSettingAndActual = wSettingCurrent-wActualCurrent;
    iTemp = iDeltaSettingAndActual / 3;
    UART_1_DisableInt(); //电流调节开始关通信中断
    if(iDeltaSettingAndActual > 10)
    {
        i=iOutputValue;
        while((wSettingCurrent > wActualCurrent+iTemp) && ((i>=0) && (i<=
510)))
        {
            i++;
            SetOutput(i);
            M8C_ClearWDTAndSleep;
        }
        iOutputValue = i;
    }else if(iDeltaSettingAndActual <-10)
    {
        i=iOutputValue;
        while((wSettingCurrent <  wActualCurrent+iTemp) && ((i>=0) && (i<=
510)))
        {
            i--;
            SetOutput(i);
```

```
            M8C_ClearWDTAndSleep;
        }
        iOutputValue = i;
    }
    else if(iDeltaSettingAndActual > 5)
    {
        i=iOutputValue;
        while((wSettingCurrent > wActualCurrent+5) && ((i>=0) && (i<=510)))
        {
            i++;
            SetOutput(i);
            M8C_ClearWDTAndSleep;
        }
        iOutputValue = i;
    } else if(iDeltaSettingAndActual <-5)
    {
        i=iOutputValue;
        while((wSettingCurrent < wActualCurrent-5) && ((i>=0) && (i<=510)))
        {
            i--;
            SetOutput(i);
            M8C_ClearWDTAndSleep;
        }
        iOutputValue = i;
    }
    else if((iDeltaSettingAndActual > 1) && (wSettingCurrent > 70))
    {
        i=iOutputValue;
        while((wSettingCurrent > wActualCurrent+1) && ((i>=0) && (i<=510)))
        {
            i++;
            SetOutput(i);
            M8C_ClearWDTAndSleep;
        }
        iOutputValue = i;
    } else if((iDeltaSettingAndActual <-1) && (wSettingCurrent > 70))
    {
        i=iOutputValue;
```

```
        while((wSettingCurrent < wActualCurrent-1) && ((i>=0) && (i<=510)))
        {
            i--;
            SetOutput(i);
            M8C_ClearWDTAndSleep;
        }
        iOutputValue = i;
    }
    UART_1_EnableInt(); //电流调节结束开通信中断
}
```

程序中电流设定值的电压输出通过 SetOutput(i) 函数完成，为了简化 AdjustCurrent() 函数程序编写和制作，SetOutput(i) 输出电压以后，读取电流的 AD 转换值并计算出电流实测值后返回，SetOutput(i) 函数声明原型为：

```
void SetVoltageOutputDAC(INT wOutValue)//cOutputValue:0~+510
{
    if(wOutValue<=0)
    {
        wOutValue = 0;
    }
    if(wOutValue >= 510)
    {
        wOutValue = 510;
    }
    DAC9_1_WriteBlind(wOutValue);
}
void SetOutput(INT iOut)
{
    SetVoltageOutputDAC(iOut);
    GetCurrentADResult();
    CaculateCurrent();
}
```

4.6.3　按钮键盘处理程序

4 个功能按钮键盘处理程序分别由键盘读取程序 ReadKey() 函数和键盘处理程序 KeyProcess() 函数实现。4 个功能按钮键盘值保存在全局变量 Flag 中，共占用 Flag 符号位 5 位：Flag. KeyEnter、Flag. KeyUp、Flag. KeyDown、Flag. KeyP 和 Flag. KeyPressed，其中 Flag. KeyPressed 为有键按下符号位，只要 4 个功能按键有一个按下，该位均有效。

1. 键盘读取程序

4 个功能按钮键盘读取程序由 ReadKey( ) 函数实现，其代码为：

```
void ReadKey(void)
{
    Flag.KeyUp = FALSE;
    Flag.KeyDown = FALSE;
    Flag.KeyP = FALSE;
    Flag.KeyEnter = FALSE;
    Flag.KeyPressed = FALSE;
    if((PRT1DR & 0x0f) != 0x0f)
    {
        if((PRT1DR & BIT0) == 0)
            Flag.KeyDown = TRUE;
        if((PRT1DR & (BIT0 << 1)) == 0)
            Flag.KeyUp = TRUE;
        if((PRT1DR & (BIT0 << 2)) == 0)
            Flag.KeyP = TRUE;
        if((PRT1DR & (BIT0 << 3)) == 0)
            Flag.KeyEnter = TRUE;
        Delay(20);//软件延时去抖动,确保按钮按下有效
        if((PRT1DR & 0x0f) != 0x0f)
        {
            if((PRT1DR & BIT0) != 0)
            {
                Flag.KeyDown = FALSE;
            }
            if((PRT1DR & (BIT0 << 1)) != 0)
            {
                Flag.KeyUp = FALSE;
            }
            if((PRT1DR & (BIT0 << 2)) != 0)
            {
                Flag.KeyP = FALSE;
            }
            if((PRT1DR & (BIT0 << 3)) != 0)
            {
                Flag.KeyEnter = FALSE;
            }
```

```
                Flag. KeyPressed = TRUE;
            }
            else
            {
                Flag. KeyUp = FALSE;
                Flag. KeyDown = FALSE;
                Flag. KeyP = FALSE;
                Flag. KeyEnter = FALSE;
                Flag. KeyPressed = FALSE;
            }
            while((PRT1DR & 0x0f) ! = 0x0f)//等待按钮按键松开
            {
                M8C_ClearWDTAndSleep;
            };
        }
    }
```

2. 键盘处理程序

4 个功能按钮的按键功能描述已经在 4. 2. 2. 1 完成，KeyProcess( )函数实现上述功能的代码为：

```
    void KeyProcess(void)
    {
        if(Flag. KeyP && ! Flag. KeyEnter)
        {
            Flag. KeyPrecision=FALSE;
            CurrentDisplay(wSettingCurrent);//Display "xxx. x" A
            while(! Flag. KeyEnter)
            {
                M8C_ClearWDTAndSleep;
                ReadKey();
                if(Flag. KeyP)
                {
                    Flag. KeyPrecision = ! Flag. KeyPrecision;//FALSE;
                }
                if(! Flag. KeyPrecision)
                {
                    P1Display();
                }
                else
```

```
        {
            P0_1Display( ) ;
        }
        if( Flag. KeyUp)
        {
                    if ( ( wSettingCurrent  > =  wMaxSettingCurrent-10 )  &  !
Flag. KeyPrecision)//10. 0A
            {
                wSettingCurrent = wMaxSettingCurrent;
            }
            if( wSettingCurrent >= wMaxSettingCurrent)//30. 0A
            {
                wSettingCurrent = wMaxSettingCurrent;
            }
            else if( Flag. KeyPrecision)
            {
                wSettingCurrent += 1;
            }
            else
            {
                wSettingCurrent += 10;
            }
            CurrentDisplay( wSettingCurrent) ;//Display "xxx. x" A
        }
        if( Flag. KeyDown)
        {
                  if ( ( wSettingCurrent  < =  wMinSettingCurrent  +  10 )  &  !
Flag. KeyPrecision)//10. 0A
            {
                wSettingCurrent = wMinSettingCurrent;
            }
            if( wSettingCurrent <= wMinSettingCurrent)
            {
                wSettingCurrent = wMinSettingCurrent;
            }
            else if( Flag. KeyPrecision)
            {
                wSettingCurrent-= 1;
```

```
                }
                else
                {
                    wSettingCurrent-= 10;
                }
                CurrentDisplay(wSettingCurrent);//Display "xxx.x" A
            }
        }
        Flag.ParameterChanged = TRUE;
    }
    else if(Flag.KeyDown)//Adjust the actual current to 10A
    {
        dTimerCount = 0;
        Flag.KeyPressed = FALSE;
        Timer8_1_EnableInt();
        Timer8_1_Start();
        while(! Flag.KeyPressed && (dTimerCount < 2000))
        {
            ReadKey();
            M8C_ClearWDTAndSleep;
        }
        Timer8_1_Stop();
        Timer8_1_DisableInt();
        dTimerCount = 0;
        if(Flag.KeyDown)
        {
            LoDisplay();
            Flag.KeyPressed = FALSE;
            while(! Flag.KeyPressed)
            {
                ReadKey();
                M8C_ClearWDTAndSleep;
            }
            if(Flag.KeyEnter)
            {
                GetCurrentADResult();
                wActual10 = wcData;//wActualCurrent;
                CaculateCurrent();
```

```
                wLoCurrent = wActualCurrent;
                Flag.SetTo10A = TRUE;
            }
        }
    }
    else if(Flag.KeyUp)//Adjust the actual current to 20A
    {
        dTimerCount = 0;
        Flag.KeyPressed = FALSE;
        Timer8_1_EnableInt();
        Timer8_1_Start();
        while(!Flag.KeyPressed && (dTimerCount < 2000))
        {
            ReadKey();
            M8C_ClearWDTAndSleep;
        }
        Timer8_1_Stop();
        Timer8_1_DisableInt();
        dTimerCount = 0;
        if(Flag.KeyUp)
        {
            HiDisplay();
            Flag.KeyPressed = FALSE;
            while(!Flag.KeyPressed)
            {
                ReadKey();
                M8C_ClearWDTAndSleep;
            }
            if(Flag.KeyEnter)
            {
                GetCurrentADResult();
                wActual20 = wcData;//wActualCurrent;
                CaculateCurrent();
                wHiCurrent = wActualCurrent;
                Flag.SetTo20A = TRUE;
            }
        }
    }
```

```
    else if(! Flag.KeyP && Flag.KeyEnter)
    {
        Flag.LaserIsOn = ! Flag.LaserIsOn;
    }
}
```

4.6.4　上位机串口通信程序完成的功能描述

本地键盘是为了实现控制器的本地化手动操作设计的，以简单明了、操作可靠为原则，激光二极管电流控制系统的所有功能均可通过异步串行 UART 器件 UART_1 实现。异步串行通信器件 UART_1 中断服务程序的设计和实现方法与第 3 章所述相同，此处不再重复，这里主要描述串行通信协议及所实现的主要功能。

1. 上位机通信测试软件界面

上位机通信设计功能测试程序在 Visual Studio 集成开发环境中采用 C++语言实现，测试软件界面如图 4.15 所示。

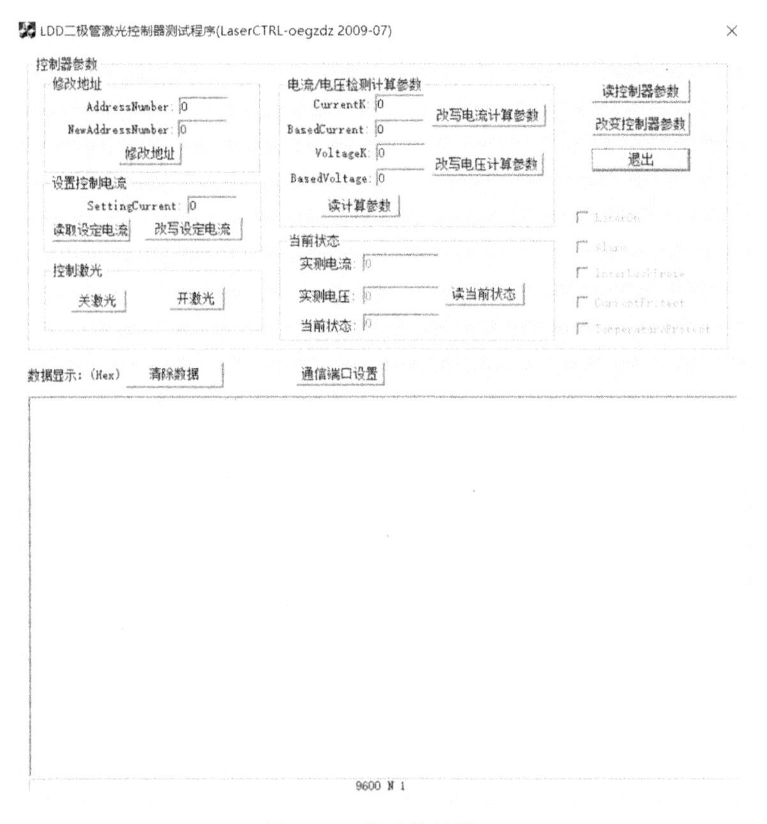

图 4.15　测试软件界面

2. 上位机通信协议

串行通信口采用RS485/RS232，信息传输方式为全双工异步方式，起始位1位，数据位8位，停止位1位，无校验；数据传输速率为9600bps，使用MODBUS通信协议中的RTU模式；在总线设备中，本控制器LDD Laser Controller为从设备，控制器定义了10种命令功能代码，其中所用到的符号为：ADD：控制器地址；CRC-H：CRC检验码的高字节；CRC-L：CRC检验码的低字节。

命令传输方式为COMMAND：控制命令，计算机→控制器；

RETURN：返回信息，计算机←控制器。

10种命令功能代码分别为：

1)读控制器参数(查询响应方式)

(1)COMMAND：(下传命令，长度8 Byte)：

ADD，0x03，0x00，0x00，0x00，0x0B，CRC-L，CRC-H

(2)RETURN：(返回信息，长度16 Byte)：

ADD，0x03，0x0B，bCurrentK，bVoltageK，cBasedCurrent，cBasedVoltage，bStatus，wActualCurrent-H，wActualCurrent-L，wActualVoltage-H，wActualVoltage-L，wSettingCurrent-H，wSettingCurrent-L，CRC-L，CRC-H。

其中：

①bCurrentK：控制器电流计算的斜率：0，Minimum；255，Maxmum。

②bVoltageK：控制器电压计算的斜率：0，Minimum；255，Maxmum。

③cBasedCurrent：控制器电流计算的截距(单位0.1A)：-128，Minimum；127，Maxmum。

④cBasedVoltage：控制器电压计算的截距(单位0.1V)：-128，Minimum；127，Maxmum。

⑤bStatus：控制器状态：D0：TemperatureProtect：0：温度正常；1：过温保护；D1：CurrentProtect：0：电流正常；1：过流保护。D2：InterLockProtect：0：冷却系统正常；1：冷却系统故障。D3：Alarm：0：控制器正常；1：控制器保护(D0~D3均为0时为wActualCurrent>5A、wActualVoltage<11V保护)。D4：LaserIsOn：0：激光关闭；1：激光开启。D5~D7：Not defined；

⑥wActualCurrent-H：激光电流高8位(单位0.1A)；

⑦wActualCurrent-L：激光电流低8位(单位0.1A)。

⑧wActualVoltage-H：电压高8位；

⑨wActualVoltage-L：电压低8位；

⑩wSettingCurrent-H：设置激光电流高8位(单位0.1A)；

⑪wSettingCurrent-L：设置激光电流低8位(单位0.1A)。

返回信息CRC为正常校验码，表示成功；否则，失败(下同)。

2)读控制器电流、电压计算参数(查询响应方式)

(1)COMMAND(下传命令，长度8 Byte)：

ADD，0x03，0x00，0x01，0x00，0x04，CRC-L，CRC-H

(2)RETURN(返回信息，长度 9 Byte)：

ADD，0x03，0x04，bCurrentK，bVoltageK，cBasedCurrent，cBasedVoltage，CRC-L，CRC-H。

其中：

①bCurrentK：控制器电流计算的斜率：0，Minimum；255，Maxmum。

②bVoltageK：控制器电压计算的斜率：0，Minimum；255，Maxmum。

③cBasedCurrent：控制器电流计算的截距(单位 0.1A)：-128，Minimum；127，Maxmum。

④cBasedVoltage：控制器电压计算的截距(单位 0.1V)：-128，Minimum；127，Maxmum。

3)读控制器当前电流、电压值及当前报警状态(查询响应方式)

(1)COMMAND(下传命令，长度 8 Byte)：

ADD，0x03，0x00，0x02，0x00，0x05，CRC-L，CRC-H

(2)RETURN(返回信息，长度 10 Byte)：

ADD，0x03，0x05，bStatus，wActualCurrent-H，wActualCurrent-L，wActualVoltage-H，wActualVoltage-L，CRC-L，CRC-H。

其中：

①bStatus：控制器状态：D0：TemperatureProtect：0：温度正常；1：过温保护。

②D1：CurrentProtect：0：电流正常；1：过流保护。D2：InterLockProtect：0：冷却系统正常；1：冷却系统故障。D3：Alarm：0：控制器正常；1：控制器保护(D0~D3 均为 0 时为 wActualCurrent>5A、wActualVoltage<11V 保护)。D4：LaserIsOn：0：激光关闭；1：激光开启。D5~D7：Not defined；

③wActualCurrent-H：激光电流高 8 位；

④wActualCurrent-L：激光电流低 8 位；

⑤wActualVoltage-H：电压高 8 位；

⑥wActualVoltage-L：电压低 8 位。

4)读控制器电流设定值(查询响应方式)

(1)COMMAND(下传命令，长度 8 Byte)：

ADD，0x03，0x00，0x03，0x00，0x02，CRC-L，CRC-H。

(2)RETURN(返回信息，长度 7 Byte)：

ADD，0x03，0x02，wSettingCurrent-H，wSettingCurrent-L，CRC-L，CRC-H。

其中：

wSettingCurrent-H：设置激光电流高 8 位(单位 0.1A)；

wSettingCurrent-L：设置激光电流低 8 位(单位 0.1A)。

5)写控制器参数(查询响应方式)

(1)COMMAND(下传命令，长度 15 Byte)：

ADD，0x10，0x00，0x00，0x00，0x07，bCurrentK，bVoltageK，cBasedCurrent，cBasedVoltage，bCommand，wSettingCurrent-H，wSettingCurrent-L，CRC-L，CRC-H。

(2)RETURN(返回信息，长度8 Byte)：

ADD，0x10，0x00，0x00，0x00，0x07，CRC-L，CRC-H。

其中：

①bCurrentK：控制器电流计算的斜率：0，Minimum；255，Maxmum。

②bVoltageK：控制器电压计算的斜率：0，Minimum；255，Maxmum。

③cBasedCurrent：控制器电流计算的截距(单位0.1A)：-128，Minimum；127，Maxmum。

④cBasedVoltage：控制器电压计算的截距(单位0.1V)：-128，Minimum；127，Maxmum。

⑤bCommand：控制器开关激光命令：0：关闭激光电流；1：开启激光电流。

⑥wSettingCurrent-H：设置激光电流高8位(单位0.1A)；

⑦wSettingCurrent-L：设置激光电流低8位(单位0.1A)。

如果"ADD=0xFA"表示广播命令，线路上所有控制器将同时执行该命令，但不返回任何数据。如果"ADD≠0xFA"，则对应ADD地址的控制器同时执行该命令，有返回信息，命令完成后各自返回信息。CRC为正常校验码，表示命令执行成功；否则，命令执行失败(下同)。

6)改变控制器电流计算参数(查询响应方式)

(1)COMMAND(下传命令，长度10 Byte)：

ADD，0x10，0x00，0x01，0x00，0x02，bCurrentK，cBasedCurrent，CRC-L，CRC-H。

(2)RETURN(返回信息，长度8 Byte)：

ADD，0x10，0x00，0x01，0x00，0x02，CRC-L，CRC-H。

其中：

①bCurrentK：控制器电流计算的斜率：0，Minimum；255，Maxmum。

②cBasedCurrent：控制器电流计算的截距(单位0.1A)：-128，Minimum；127，Maxmum。

7)改变控制器电压计算参数(查询响应方式)

(1)COMMAND(下传命令，长度10 Byte)：

ADD，0x10，0x00，0x02，0x00，0x02，bVoltageK，cBasedVoltage，CRC-L，CRC-H。

(2)RETURN(返回信息，长度8 Byte)：

ADD，0x10，0x00，0x02，0x00，0x02，CRC-L，CRC-H。

其中：

①bVoltageK：控制器电压计算的斜率：0，Minimum；255，Maxmum。

②cBasedVoltage：控制器电压计算的截距(单位0.1V)：-128，Minimum；127，Maxmum。

8)改变控制器设定电流(查询响应方式)

(1)COMMAND(下传命令，长度10 Byte)：

ADD，0x10，0x00，0x03，0x00，0x02，wSettingCurrent-H，wSettingCurrent-L，CRC-L，CRC-H。

(2)RETURN(返回信息，长度8 Byte)：

ADD，0x10，0x00，0x03，0x00，0x02，CRC-L，CRC-H。

其中：

①wSettingCurrent-H：设置激光电流高8位(单位0.1A)；

②wSettingCurrent-L：设置激光电流低8位(单位0.1A)

9)控制激光器(查询响应方式)

(1)COMMAND(下传命令，长度9 Byte)：

ADD，0x10，0x00，0x04，0x00，0x01，bCommand，CRC-L，CRC-H。

(2)RETURN(返回信息，长度8 Byte)：

ADD，0x10，0x00，0x04，0x00，0x01，CRC-L，CRC-H。

其中：

bCommand：控制器开关激光命令。bCommand =0：关闭激光电流；bCommand=1：开启激光电流。

10)修改控制器支路编号(查询响应方式)

(1)COMMAND(下传命令，长度11 Byte)：

ADD1，0x10，0x00，0x05，0x00，0x01，0x00，0x00，ADD2，CRC-L，CRC-H。

(2)RETURN(返回信息，长度8 Byte)：

ADD1，0x10，0x00，0x05，0x00，0x01，CRC-L，CRC-H。

其中，ADD2=新改的变送器支路编号，ADD1=变送器原来的编号。

如果“ADD1=0xFA”，为广播命令方式，则不管RS485总线上的控制器的地址是多少，本命令都一律将地址改为ADD2，同时无返回信息。如果记不清某变送器的确切地址，可用此命令将本机地址改为预定的地址。此命令不要轻易使用，以免误改。如果“ADD1≠0xFA”，为本命令的正常使用方式。

(3)从设备错误报文：从设备地址(0x01~0x0F)，功能码0x83，错误代码(0x01，0x02，0x03)，错误内容(1字节)，CRC校验(2字节)低字节在前，高字节在后。

错误代码：01：查询功能码错误或试图查询无效数据；02：查询寄存器地址错误；03数据错误。

第 5 章　雷管自动卡口控制系统设计*

雷管生产过程中，雷管卡口和激光编码是两个必要工序。其中，雷管卡口是影响雷管生产效率和生产安全性的关键工序。原有的雷管卡口工序不仅效率低下，而且存在较大安全隐患：雷管卡口设备采用手工操作，通过踩踏脚踏开关来启动卡口，整个雷管生产过程中由于卡口环节的效率不高，严重影响了雷管生产效率；通过踩踏脚踏开关触发雷管卡口的过程中，操作员先插入基础雷管，安装引爆元件，然后踩踏开关触发卡口动作。操作员任何一个动作出现差错都会带来不可预料的安全后果。由于卡口操作依赖操作员的工作熟练程度，因此增加了安全生产监管的难度。

雷管激光编码通常是雷管生产的最后一道工序，独立于卡口工序。雷管激光编码工序分别设计为单发雷管编码工序和流水线雷管编码工序两种类型。激光编码工序中采用具有防爆保护功能的雷管激光编码系统，生产安全性和编码效率均有较大提高。具有防爆保护功能的雷管激光编码设备的原理及实现方法，笔者已有相关论述，可以参见相关文献[15]，[16]，[17]。

重新设计雷管卡口与激光编码设备，集成激光编码工序到卡口工序中，实现雷管自动卡口和激光编码同时完成，可以减少一道雷管生产工序，能够在保证卡口质量的情况下，有效避免误操作，有利于降低生产成本，提高生产效率，压降事故发生率，提升雷管生产安全性。气动元件驱动机械卡口所用时间大于单发雷管激光编码所需时间，重新设计雷管卡口机械的结构，在机械卡头上开设激光编码窗口，启动卡口动作的同时也启动激光编码，可以在雷管卡口的时间段内完成激光编码。

卡口和激光编码集于一体的雷管卡口激光编码系统，经过不同雷管生产企业生产检验，运行良好。该设备已经通过相关部门组织的成果鉴定，认为该设备操作人员个体防护可靠有效；雷管卡口编码一体机编码清晰，卡口可靠，自动化程度高；采用自动感应和单片机控制技术，减少了雷管卡口误动作现象[18]。设备运行故障率低，雷管卡口、激光编码、防爆保护效果良好，区别于原有的独立激光编码设备，把卡口和激光编码工序集成的设备命名为“卡口编码一体机”，简称“一体机”。

本章主要介绍卡口控制系统的设计，卡口激光编码一体机的完整设计将在第 7 章介绍。

---

* 本章部分内容已于 2017 年 8 月在湖北工业大学学报上发表[23]。

5.1　卡口执行机构设计

卡口机械部分采用人机隔离设计[19]，需要考虑影响雷管卡口印痕的各种因素[20][21][22]。改变原有卡口机械结构，在机械卡口花瓣和滑套上开设编码窗口，精确控制卡口和激光编码的启动时间，可以同时完成雷管卡口和激光编码。

5.1.1　卡头设计

雷管卡口编码一体机的卡头特别是花瓣部分设计是雷管卡口编码一体机机械设计的关键。机械卡口花瓣设计必须保证雷管的卡口效果，这就要求机械卡口花瓣受应力变形均匀。首先，卡口花瓣淬火热处理工艺必须满足内外应力均衡的要求，开设激光编码窗口不会改变应力分布，影响卡口效果。其次，在不影响卡口效果的基础上，卡头部分所开设的编码窗口要能够满足激光编码的需要。经过反复试验、不断改进后，具有三道印痕效果的卡头卡口花瓣外形示意图如图 5.1 所示。

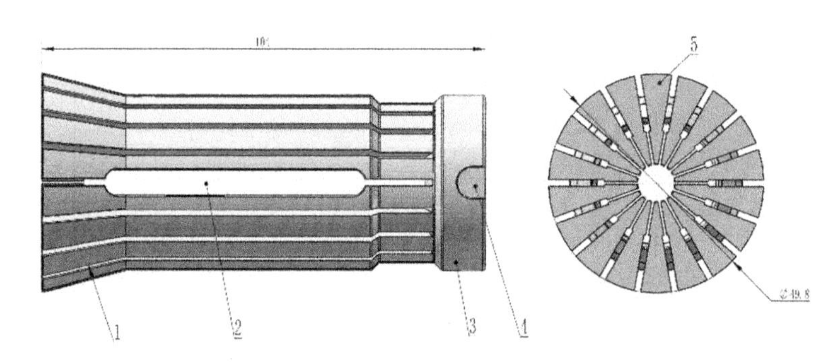

1. 卡口花瓣；2. 激光编码窗口；3. 卡口花瓣安装底座，底座部分无需淬火处理；4. 装配定位基准；5. 卡口花瓣侧视图，即花瓣部分的正视图

图 5.1　卡口花瓣外形示意图

卡口花瓣采用 65#锰钢材料加工，加工时表面不允许有划痕损伤等缺陷。卡头部分外形加工完成后，按照 HRC52-58 的表面硬度进行淬火热处理。热处理后，卡口外花瓣采用锯片刀切割，花瓣外槽缝隙宽度为 1.5mm；内花瓣用线切割方式切割，内槽缝隙宽度要求为 0.62±0.02mm。

5.1.2　卡头卡口花瓣整体装配

卡口花瓣及其配件加工完成后，进行卡口花瓣整体装配，图 5.2 为雷管卡口编码一体机卡口花瓣各部件整体装配示意图。

图 5.2 中，标注 1~4 的部件为雷管到位检测装置。4 为感应块连接杆，感应块连接杆通过弹簧与雷管底座相连接，把雷管到位信号传送到感应块，光反射式传感器通过感应块

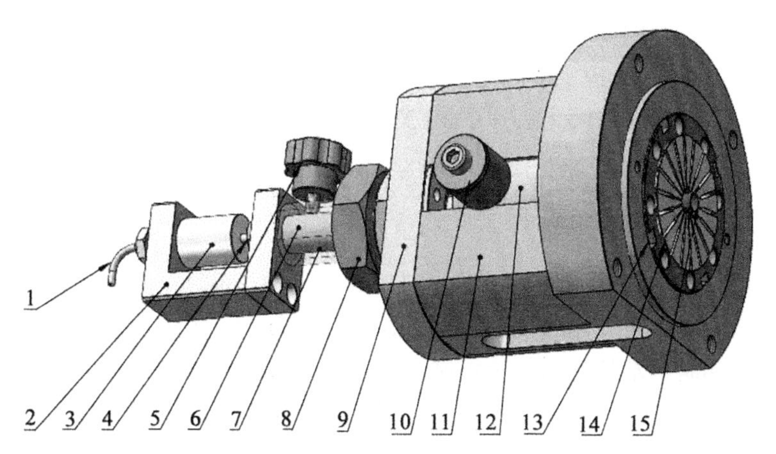

1. 光反射式传感器引出线；2. 传感器安装座；3. 传感器感应块；4. 感应块连接杆；5. 雷管长度调节紧固螺栓；6. 连杆固定外套座；7. 滑动连杆；8. 紧固螺帽；9. 卡口花瓣底座；10. 卡口执行滑套与气动连杆的连接柱；11. 卡口花瓣整体外套；12. 卡口执行滑套护罩；13. 执行滑套；14. 卡口花瓣；15. 待卡口基础雷管管壳

图 5.2　一体机卡口花瓣装配示意图

的位置来判断雷管是否到位，并把雷管到位信号传送到控制系统。控制系统通过检测雷管到位信号启动雷管卡口动作和雷管激光编码动作。

图中标注 5 的部件为雷管长度调节紧固螺栓，松开该螺栓后，调节传感器检测装置和雷管底座的位置，管径相近、长度不同的雷管可以在同一台设备中完成卡口编码工序。10 为卡口执行滑套与气动连杆的连接柱，气缸活塞的水平方向运动通过该连接柱转变成垂直方向的卡口执行滑套运动，使卡口花瓣部分向内形变，达到卡口的目的。

在实际的运行中发现，卡口滑套的设计和处理也非常重要，卡口花瓣动作的受力源依靠滑套传递，卡口执行滑套的硬度要和卡口花瓣的硬度相适应，同时滑套运动过程中不能有静电产生。

5.2　控制系统设计

机械部分加工装配完成后，由控制系统完成雷管卡口、激光编码功能。具有防爆保护功能的雷管专用激光编码机是卡口编码一体机的激光编码设备，雷管专用激光编码机因篇幅受限，这里不再赘述。下面介绍雷管卡口激光编码一体机控制系统的实现。

为了提高系统运行的可靠性，控制部分采用独立于激光编码系统的方式进行设计，卡口控制系统向激光编码系统输出始编码的触发信号，激光编码系统在编码完成后向卡口系统输出编码完成信号，均为开关量信号。

雷管卡口编码一体机需要处理的输入量包括雷管到位信号、卡口完成信号、激光编码完成信号，以及功能选择开关信号等。为了提高卡口的精确性，卡口执行元件选用双气路控制气缸，卡口控制系统输出两路数字信号进行控制。当检测到卡口到位信号而未检测到激光编码完成信号时，同时停止卡口和复位气源，气缸活塞处于停止状态，保证卡口质量。在启动卡口的同时输出启动激光编码的数字信号。控制系统以 PSoC1 系列芯片 CY8C27443 芯片为核心设计。关于 CY8C27443 芯片的主要功能介绍可以查阅相关文献[1][2]。

5.2.1　硬件设计

雷管卡口控制系统以 CY8C27443 芯片为核心完成卡口控制。雷管到位信号、卡口完成信号的检测采用集电极开路输出的光反射式传感器完成。传感器输出信号和编码完成信号经过光电隔离和防抖动处理后作为控制芯片的输入。卡口控制输出信号通过通用三极管 2N3904 驱动线圈电压为 5V 的继电器，通过气缸电磁阀控制气源。图 5.3 为雷管卡口控制电路原理图。

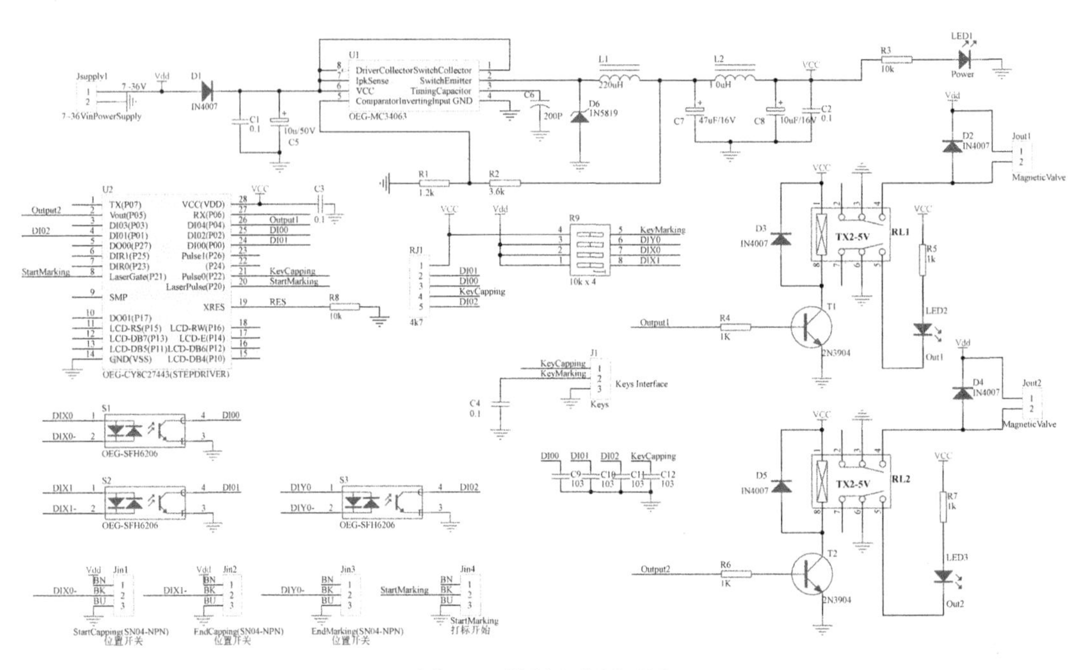

图 5.3　控制电路原理图

图 5.3 中 U1 为集成的开关电源控制芯片，以 U1 为核心组成的电路提供 5V 工作电压 VCC，经由限流电阻 R3 后由 LED1 指示 VCC 工作状态。U2 为 CY8C27443 主控制芯片，S1、S2、S3 为无极性光电耦合器件 SFH6206。光电传感器检测到的雷管到位信号、卡口完成信号，以及由激光编码机输出的编码完成信号分别通过四个限流电阻 R9 后，接入光电耦合器件 S1、S2、S3，S1、S2、S3 的输出信号分别经过由起上拉作用的排阻 RJ1 和电容 C9、C10、C11、C12 组成的 RC 防抖滤波电路后连接控制芯片 CY8C27443 的 P00、P01、P02 端口。功能选择开关信号 KeyCapping(卡口)、KeyMarking(编码)直接经由电阻

RJ1、R9 和电容 C4、C12 组成的 RC 防抖滤波电路后连接控制芯片 CY8C27443 的 P21、P22 端口。P00、P01、P02、P21、P22 端口通过专用开发软件 PSoC Designer 配置为数字输入工作方式。控制芯片 CY8C27443 的复位端子通过 R8 接地，电源端通过电源去耦电容 C6 接地。

控制芯片 CY8C27443 的 P04、P05 端口设置为强数字输出(Strong)，作为双气路气缸电磁阀的控制端口。P04、P05 通过驱动两个型号为 2N3904 的通用三极管 T1、T2 控制输出继电器 RL1、RL2，继电器 RL1、RL2 直接控制气缸电磁阀。图 5.3 中 D3、D5 为继电器 RL1、RL2 的线圈反向导通二极管，D2、D4 为两个电磁阀的线圈反向导通二极管；R5、LED2 为电磁阀 1 的工作指示，R7、LED3 为电磁阀 2 的通电指示。插座 Jout1、Jout2 直接连接气缸电磁阀控制线圈。P20 为编码开始信号(StartMarking)，配置为强输出，直接连接到激光编码系统作为编码开始触发信号。

图 5.3 中，控制芯片 P1 端口的低 7 位 P10~P16 设置为字符型 LCD 显示器接口，作为程序调试接口使用。

根据图 5.3 所示电路原理图设计的印刷电路板 3D 显示图如图 5.4 所示。

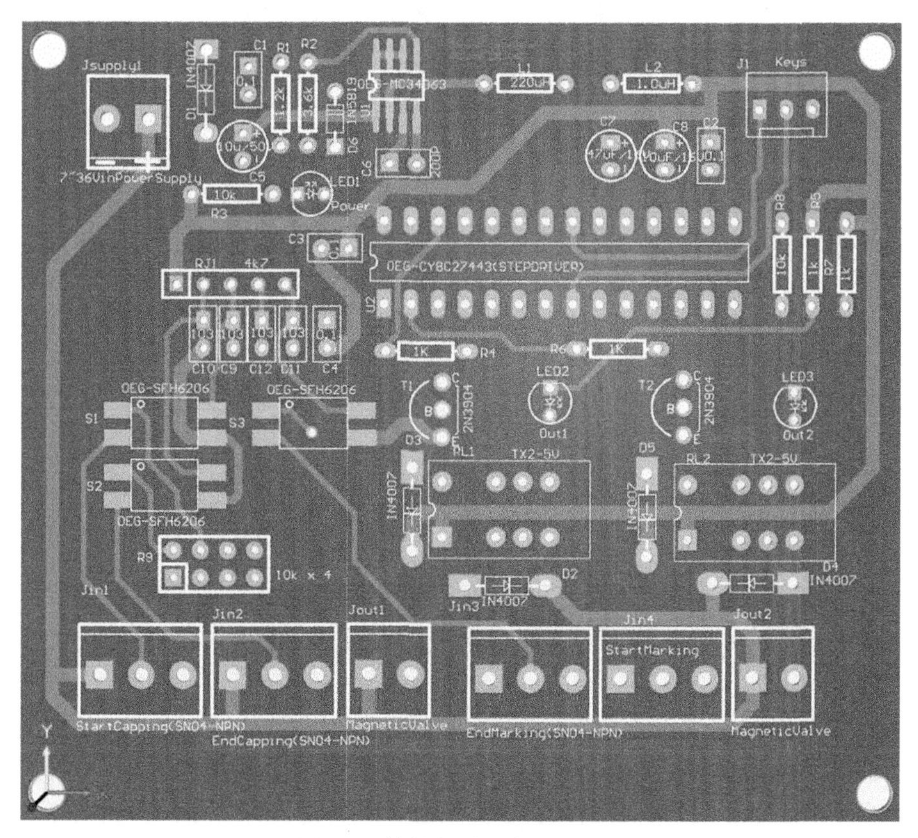

图 5.4 控制印刷电路板 PCB 图

5.2.2　片内硬件配置

完成硬件装配后，在开发软件 PSoC Designer 的器件编辑器(Device Edit)中配置输入输出端口。P00、P01、P02、P21、P22 配置为数字输入(High Z)模式，P04、P05、P20 配置为强数字输出(Strong)模式。均采用 CPU 直接控制方式(StdCPU)，直接由 CPU 进行读写控制。所有端口均不产生中断信号，因此中断设置为无效(Disable Int)。

P03 设置为模拟输入(High Z Analog)端口，利用 CY8C27443 的片上模拟模块进行模拟信号处理，用来监测环境温度。系统所具有的温度保护功能，其温度测量采用半导体温度传感器 AD590 感应环境温度，通过精密电阻取样后接入 P03 端口，通过片内的模拟模块设计的小信号仪器放大器放大，二阶低通滤波器数字滤波后连接 11 位的 Δ-Σ 型 AD 模块，实现温度测量。不使用的其他端口作为备用，缺省方式设置即可。

在 PSoC Designer 的器件编辑器中放置所需的数字模块和模拟模块，系统所需的四个相互独立的硬件定时器，由数字模块中的四个 8 位定时器实现，如图 5.5 所示。

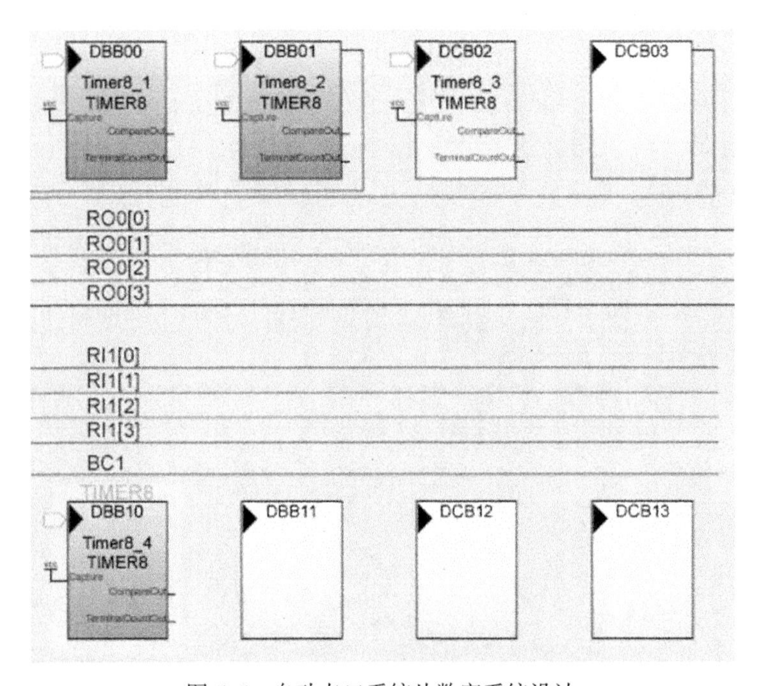

图 5.5　自动卡口系统片数字系统设计

DBB00、DBB01、DCB02、DBB10 等四个数字模块，均设置为 8 位定时器 TIMER8。四个定时器模块的时钟源均设置为频率为 32kHz 的系统时钟 CPU_32k，计时常数均设置为 31，根据软件控制需要启动计时后，每隔 1ms 产生一次硬件中断，达到精确计时的功能。通过精确计时达到精确控制卡口时间的目的，定时分辨率为 1ms。

完成上述设置后即可点击开发软件 PSoC Designer 的产生配置文件(Generate Configuration Files)按钮或在创建(Build)菜单下单击该选项，开发系统根据器件编辑器中硬件的放置和编辑结果产生对应的汇编语言/ C 语言的硬件配置代码和接口函数，控制软件只需要调用硬件配置接口函数即可完成相应的硬件功能。以硬件定时器为基础的定时/延时电路及软件设计已经在 4.5.2 进行了阐述，这里不再赘述。

5.2.3 控制过程

系统设计为具有卡口编码、仅卡口、仅编码三种工作状态，可以实现在线状态转换。状态转换通过读取连接到控制芯片 P21、P22 端口的功能选择开关信号改变。设状态字 Status= D1D0，D0=P21，D1=P22，令状态字 Status=00b 为既卡口又编码状态，Status=01b 为仅卡口状态，Status=10b 为仅激光编码状态，Status=11b 为保留状态。

控制程序实现的状态转换如图 5.6 所示。

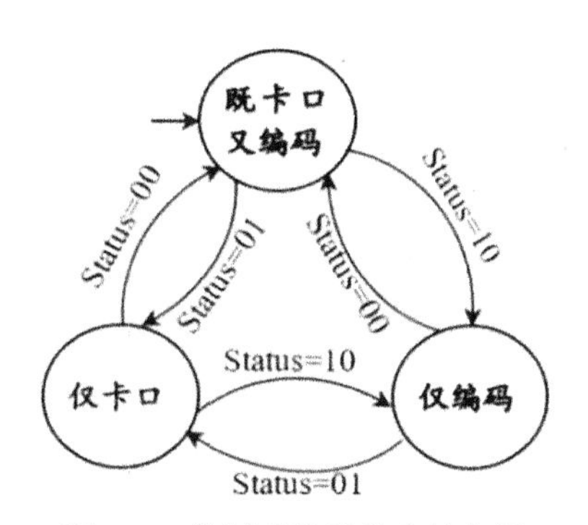

图 5.6　控制系统的状态转换图

上电复位时，既卡口又编码状态作为初始状态。复位完成后，系统根据状态转换开关的位置即状态字的内容转到相应状态。正常工作过程中，系统在完成一套完整动作之后检测状态字，根据状态字的值在三种状态之间进行状态转换。

图 5.6 中，既卡口又编码状态的完整动作为：监测雷管到位信号 P02，检测到雷管到位信号后，输出开启电磁阀 1 的控制信号 P04、关闭电磁阀 2 的控制信号 P05，启动卡口动作，输出启动编码开始的控制信号 P20，设置超时时间，启动定时器；监测编码完成信号 P01 和卡口结束信号 P00，当两个信号同时满足时，退出等待循环；关闭电磁阀 1 控制信号 P04、开启电磁阀 2 控制信号 P05，复位卡口机械，一次卡口编码流程结束。延迟退出雷管所需的时间后进入下一个循环。这是一个正常工作的完整流程。在启动卡口编码的同时，需要启动一个定时器工作，若在设定的超时时间内不能同时监测到卡口完成信号 P00 和编码结束信号 P01，则强制复位卡口机械，结束该工序流程，输出设备故障信号。

仅卡口状态执行的动作无需启动编码和监测编码结束信号。仅编码状态执行监测到雷管到位信号启动激光编码开始信号 P20，然后等待编码结束信号 P01 有效即可完成本次激光编码。

系统控制程序采用 C 语言编写。根据图 5.6 所示的状态转换图，完成系统控制程序设计。

程序编写和调试过程中，还需要处理如雷管到位信号的抖动处理、看门狗电路触发、硬件定时中断服务程序等细节。控制程序连同硬件配置文件一起编译构建目标文件后，根据芯片编程协议，以在线或离线编程的方式把所构建的目标文件写到控制芯片内部 Flash 存储器中，完成系统的控制软件开发。

雷管卡口激光编码系统的实现是在不断地实际使用和不断地改进设计中完成的，每一个细节的改进都经历了实际生产检验，每一个细节出现缺陷都重复试验以改进设计。笔者在压缩雷管卡口工序和雷管激光编码工序的工作中做了一些尝试，积累了一点经验，也得到了不少雷管企业的认可和好评。但是合并后的这一道新工序还需要人工参与操作才能完成，还没有实现完全的自动化。对这一道新工序的研究和进一步完善还有较大的改进空间。

5.3　自动卡口控制系统软件实现

5.3.1　自动卡口控制主程序

采用 C 语言编写的自动卡口控制系统主程序具体如下：

```
#include <m8c.h>        // part specific constants and macros
#include "PSoCAPI.h"    // PSoC API definitions for all User Modules
#include "oegfunctions.h"
void main(void)
{
    BYTE KeyCode;
    BOOL bFlag,bCappingFlag,bMarkEnd;
    BIT0 = 0x01;
    IniteM8C();
    InitTimer1mS2();
    Timer8_2_EnableInt();
    Timer8_2_Start();
    InitTimer1mS3();
    Timer8_3_EnableInt();
    Timer8_3_Start();
    InitTimer1mS4();
    Timer8_4_EnableInt();
    Timer8_4_Start();
    SetValve1Off();
    SetValve2On();
    Delay1mS(1000);
    bFlag = FALSE;
    bCappingFlag = FALSE;
```

```
bMarkEnd = FALSE;
do{
    if(! IsDetonatorReached1())
    {
        if(! IsDetonatorReached1())
        {
            bFlag = TRUE;
        }
    }
}while(! bFlag);//Waiting until the Detonator Pop out
SetValve1Off();
SetValve2On();
do{
}while(IsDetonatorCappered1());//Waiting until the Detonator Pop out
SetValve1Off();
do{
    KeyCode = ReadKeyStatus();
    switch(KeyCode)
    {
        case 0://Capping and Marking
            if(IsDetonatorReached1() && ! IsDetonatorCappered1())
            {
                Delay1mS(300);//20140926
                if(IsDetonatorReached1() && ! IsDetonatorCappered1())
                {    //Capping
                    SetValve2Off();
                    SetValve1On();
                    SetMarkingOn();//Set Start marking Signal 20140116
                    bMarkEnd = FALSE;
                    dTimerCount2 = 0;
                    do
                    {
                        if(IsMarkingEnd())
                        {
                            bMarkEnd = TRUE;
                        }
                        if(IsDetonatorCappered1())
                        {
```

```
                        SetValve1Off( );
                    }
                    //Loop until cappered and mark is end in time
                } while( ( ! IsDetonatorCappered1( ) || ! bMarkEnd) && 
(dTimerCount2 < 800));
                SetValve1Off( );
                SetValve2On( );
                SetMarkingOff( );//Reset Start marking Signal
                do{
                    } while ( IsDetonatorReached1 ( ) );//Waiting until the 
Detonator Pop out
                Delay1mS(100);//Waiting the Detonator Pop out really
                SetValve1Off( );
            }
        }
        break;
    case 1://Only marking
        SetValve2Off( );
        SetValve1Off( );
        if( IsDetonatorReached1( ))// && ! bCappingFlag)
        {
            Delay1mS(300);//20140926
            if( IsDetonatorReached1( ))// && ! bCappingFlag)
            {
                SetMarkingOn( );//Set Start marking Signal 20140116
                bMarkEnd = FALSE;
                dTimerCount2 = 0;
                do{
                    if( IsMarkingEnd( ))
                    {
                        bMarkEnd = TRUE;
                    }
                } while((! bMarkEnd) && (dTimerCount2 < 800));
                SetMarkingOff( );//Reset Start marking Signal
                do{
                } while( IsDetonatorReached1( ));
                Delay1mS(100);//Waiting the Detonator Pop out really
            }
```

```
                    }
                    break;
               case 2://Only capping
                    if( IsDetonatorReached1( ) && ! IsDetonatorCappered1( ))// && !
bCappingFlag)
                    {
                         Delay1mS(300);//20140926
                         if(IsDetonatorReached1( ) && ! IsDetonatorCappered1( ))// && !
bCappingFlag)
                         {    //Capping
                              SetValve2Off( );
                              SetValve1On( );
                              dTimerCount2 = 0;
                              do{
                                   if(IsDetonatorCappered1( ))//20140306 && Is MarkingEnd
())
                                   {
                                        SetValve1Off( );
                                   }
                              } while ( ! IsDetonatorCappered1 ( ) && ( dTimerCount2 <
800));
                              SetValve1Off( );
                              SetValve2On( );
                              do{
                              }while(IsDetonatorReached1( )); //Waiting until the Detonator
Pop out
                              Delay1mS(100);//Waiting the Detonator Pop out really
                              SetValve1Off( );
                         }
                    }
                    break;
          }
     }while(1);
}
```

5.3.2 按键功能码获取程序

储存器中所用到的按键功能代码 KeyCode 通过 ReadKeyStatus( ) 函数获取，其源代码如下：

```
BYTEReadKeyStatus(void)
{
    BYTE bKeyCode;
    bKeyCode = 0;
    if(((PRT2DR & (BIT0<<1)) == 0) || ((PRT2DR & (BIT0<<2)) == 0))
    {
        Delay1mS(20);
        if(((PRT2DR & (BIT0<<1)) == 0) || ((PRT2DR & (BIT0<<2)) ==
0))
        {
            if((PRT2DR & (BIT0<<1)) == 0)
            {
                bKeyCode = 1;
            }
            if((PRT2DR & (BIT0<<2)) == 0)
            {
                bKeyCode = 2;
            }
        }
    }
    return bKeyCode;
}
```

第 6 章　光纤激光控制器设计

随着光纤制造工艺的不断完善和改进，在光纤制作过程中，把相对于 Nd：YAG(掺铝钇铝石榴石)晶体具有更高受激吸收效率和受激辐射系数的激光工作物质 Nd：YVO4(掺钕钒酸钇)添加到光纤传输材料中，把二极管激光器输出的 808nm 泵浦光源耦合到光纤中，泵浦光源在光纤传输过程中经过多次光纤界面反射形成了激光谐振腔。采用这种方式制成的光纤激光器已经完全取代传统的氪灯泵浦 Nd：YAG 激光器和二极管泵浦 Nd：YAG 激光器，成为目前在激光标记、激光焊接和激光切割等领域广泛使用的中小功率光纤激光器。

对已经做成单独产品的光纤激光器的控制是一种较为简单的开环控制，光纤激光器控制器在完成对光纤激光器初始化以后，只需要设定输出激光器工作时所需要的功率信号、激光输出频率和脉宽调制信号，就可以直接通过开关信号控制激光输出和关闭。本章首先按照 Step by Step 的方式介绍光纤激光器的设计过程，然后给出基于 CY8C27443 芯片的光纤激光控制器设计的实际例子。

6.1　分步方式描述的光纤激光控制器设计过程

Step1：确定控制对象-光纤激光器

控制系统设计过程中的第一步就是研究控制对象的特性和控制要求，确定控制参数。这是最基本的要求，也就是确定要做什么，怎样才能做到的问题。对控制对象特性和要求的信息获取的最佳途径就是阅读控制对象的使用手册。对于光纤激光器来说，目前市场上广泛使用的光纤激光器有进口光纤激光器和国产光纤激光器两种类型，国产光纤激光器的性能正在逐渐达到或者超过进口光纤激光器的性能。对于控制器的设计要求来讲，无论是进口光纤激光器还是国产的光纤激光器，控制接口基本相同。因此，光纤激光控制器设计的最佳方案是控制接口不受激光器类型的限制，广泛适用于所有的光纤激光器类型。

根据进口光纤激光器使用手册得到进口光纤激光器的控制接口：例如某系列进口激光器在使用手册中关于激光器接口的工作原理控制接口的描述和根据某国产光纤激光器使用手册得到国产光纤激光器的控制接口可以看出，相近类型的光纤激光器中，进口光纤激光器和国产光纤激光器的控制接口和要求基本相同，可以设计相同的控制结果。设计时找到接口和控制要求不同的地方，控制器的设计按照兼顾二者的方式进行，如果不能兼顾则设计不同的控制接口。例如某进口光纤激光器，其 DB25 控制端口有一个功率锁定信号，即第 pin9 脚的 Latch 信号，该信号的作用是：并口输出的功率设定信号(pin1 ~ pin8)稳定输出以后，控制器在该引脚输出一个脉冲信号，接收到该锁存信号以后，激光器根据 Latch

信号上升沿锁定储存并口输出的功率信号到激光器本身。而国产光纤激光器，该引脚信号被定义为无效的保留信号，也就是不能锁定功率信号。为了达到一个激光控制器能够同时控制进口激光器和国产激光器的目的，只要我们的控制器能够保证 pin1 ~ pin8 功率信号能够保持就可以了。根据国产激光器和进口激光器的控制特点，采用 PSoC1 系列芯片 CY8C27443 为核心进行控制器设计，设置提供 pin1 ~ pin8 功率信号的端口具有输出保持功能，同时又输出一个锁存信号就能够实现两种激光器均可适用的输出功能，经过这样的方法设计的光纤激光控制器既可以用来控制进口光纤激光器，也可以用来控制国产光纤激光器，具有广泛适用性。

Step 2：进入 PSoC Designer 集成开发环境完成片上硬件逻辑电路设计；

采用 PSoC Designer 集成开发环境中的器件设计模块进行片上硬件设计，确定控制端口和控制方式的 cy8c27443 片上硬件连接。

Step 3：根据 cy8c27443 芯片管脚定义，采用电路板设计工具 Altium Designer 设计原理图；

Step 4：采用电路板设计工具 Altium Designer 设计的印刷电路板的 pcb 电路图；

Step 5：通过 pcb 电路图外协制作印刷电路板；

Step 6：购买相关元器件并在制作好的印刷电路板上装配所需元器件(焊接工艺)；

Step 7：回到 PSoC Designer 集成开发环境，编写简单程序并对硬件进行调试，确保硬件物理连接关系没有错误；

Step 8：最后回到 PSoC Designer 集成开发环境进行控制软件(固件)开发，完成所需功能软件编制、调试编译；

Step 9：通过 PSoC Designer 集成开发环境把编译得到的目标文件(一般为“工程名称 . hex”，本系统工程名称命名为“IPGFiberLasers”，系统所生成的目标文件就是 IPGFiberLasers. hex)写入到已经装配在电路板上的调试好的 CY8C27443 芯片集成 16K Flash 中，完成产品开发。

6. 2　控制系统片上硬件设计

根据国产和进口脉冲光纤激光器使用手册所描述的控制接口规范，设计光纤激光控制器控制系统片上硬件所占用的数字模块和模拟模块，如图 6. 1 所示。图 6. 1 中左图为数字系统所占用的数字模块，右图为模拟系统的模拟模块使用情况。

如图 6. 1 可见，图 6. 1 左部数字部分 DBB00 和 DBB01 模块构成 16 位的脉宽调制电路 PWM16_1，用来提供激光器所需的脉冲信号 PRR，该信号作为脉冲光纤激光器内部激光脉冲产生电路的脉冲同步输入信号使用，为 20kHz 到 80kHz 占股比例为 50%的方波信号，在这里采用定时器或者计数器均可以满足相同要求。PWM16_1 脉宽调制电路输入时钟信号选择 VC2(图 6. 1 中 2 ▶表示已经选中的 VC2)，在全局资源参数设置栏中系统时钟设置为 24MHz，VC1 的分频数为 3，VC2 的分频数为 4，因此输入时钟 VC2 频率 = 24÷3÷4 = 2 MHz，即可以得到 PWM16_1 最小输出频率为 2 MHz÷65536≈30Hz，最大输出频率为 2 MHz，能够满足光纤激光器控制时所需的脉冲信号要求。由于时钟信号选择的是系统时钟

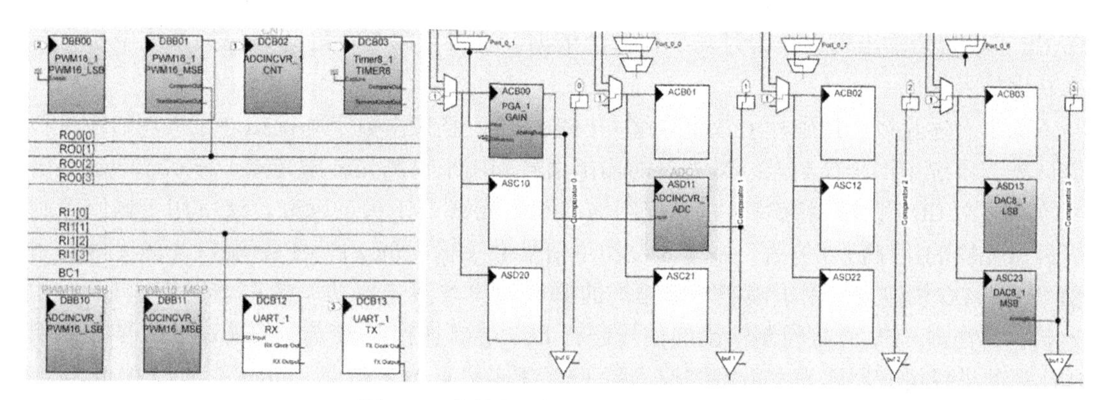

图 6.1　光纤激光控制器片上硬件设计

经过硬件分屏后所得到的时钟频率，PWM16_1 器件初始化完成并启动输出以后，所输出的脉宽调制信号不受软件运行的影响，数字系统和 CPU 之间硬件上是并行运行的关系。PWM16_1 器件输出的脉宽调制信号经过行输出选择开关将与全局输出总线连接，通过全局输出总线后连接到 P25 端口，经过片外布线以后以光纤激光器接口信号中的 PRR 信号相连接。

数字系统中的 DCB03 数字模块组成的 8 位定时器 Timer8_1 器件，以及由 DCB12、DCB13 组成的异步串行接口电路 UART_1 器件的片内设计和实现方法与第 4 章 4.5.2 所述器件相同。8 位定时器 Timer8_1 器件用来实现毫秒级硬件延时或定时，在光纤激光器初始化时可以精确控制信号作用延迟时间；异步串行接口电路 UART_1 器件用来实现光纤激光控制器与上位专用控制计算机的通信。DCB02、DBB10、DBB11 等三个数字模块和图 6.1 中右图模拟系统中的 D 型 ASD11 开关电容模拟模块一起组成设置为 12 位分辨率的积分型模式转换器 ADCINCVR_1。ADCINCVR_1 硬件设计和配置方法与第 4 章 4.5.1 所述器件相同。模拟系统中的由 ASD13、ASC23 模块构成的 8 位数字模拟转换器 DAC8_1，设计、配置和使用方法与第 4 章 4.5.1 所述器件 DAC9_1 相同，相对于 9 位分辨率 DAC，虽然降低了 1 位分辨率，但是 DAC8_1 转换速率更快，可以达到 125ksps。

ADCINCVR_1 的输入信号是连接到 P01 端口的实际激光功率反馈信号经过由 ACB00 构成的可变增益放大器 PGA_1 处理后的输出，也就是对激光器的实际输出功率的检测。一般用途的光纤激光器通常不提供光纤激光器的实际输出激光功率，这种情况下 12 位分辨率的积分型模式转换器 ADCINCVR_1 备用，对于激光输出功率要求较为精确的光纤激光器，激光器本身提供了一个较为粗略的激光输出功率反馈模拟信号；或者外接模拟量输出的激光功率检测装置时，ADCINCVR_1 的作用才能发挥出来。DAC8_1 模拟输出端通过第 4 列的模拟输出总线(AnalogOutBus_4)，由连接到模拟输出总线的模拟信号输出驱动器(AnalogOutBuf_4)驱动后连接到 P02 端口。DAC8_1 的数据源是激光功率设定参数，光纤激光器的功率设定是通过由 CPU 直接控制的 8 位数字输出信号实现的，因此连接到 P02 端口的 DAC8_1 模拟量输出是作为激光功率设定的辅助指示功能设计的，片外连接一个限流电阻以后用来直接驱动普通的发光二极管，发光二极管的亮度随着激光功率的设定而改变。光纤激光控制器在雷管激光编码设备中使用时，由激光功率设定的数字信号控制的DAC8_1模拟量输出可以作为过功率保护的依据，这将在第7章的防爆保护系统中作为激光功率信号提供。

除了上述直接连接到片上数字系统和模拟系统，直接由数字和模拟外设实现的接口功能以外，系统中用来控制光纤激光器的输出信号和用来检测光纤激光器工作状态的输入信号均直接由CPU针对相应端口完成控制输出和激光器工作状态读取。这些用于输出控制光纤激光器的接口信号包括：用于8位功率信号数字输出的P17~P10端口与激光器功率信号D7~D0相连接，用于锁定功率输出的P00端口与激光器功率锁存触发信号Latch相连接；其他由CPU直接控制输出的信号还有P03端口连接到激光器的功率放大器控制端PA（有的进口激光器称为发射调制输入端EM，Emission Modulation input[24]），P04端口连接到激光器的主振荡器工作允许控制端MO（有的进口激光器称为发射允许信号EE，Emission Enable signal[24]），P06端口连接到激光器的急停控制端Emergency。激光器的红光指示控制信号GuidLaser直接由安装在上位计算机的激光专业控制卡输出，在片外转接。由CPU直接读取的激光器工作状态信号有Alarm0、Alarm1、Alarm2、Alarm3，分别连接到P23、P24、P26、P27端口，光纤激光器通过这4个报警状态数据线可以提供最多16种激光器的工作状态，一般包含一种正常工作状态和激光器多种报警状态，包括：过功率报警、过温报警、激光器发射输出准备未完成报警、输出激光反射过高报警、系统报警等，各种光纤激光器对报警状态的定义不尽相同，控制器与之相连接时需要仔细阅读光纤激光器的使用说明书。在实际控制过程中发现，一些光纤激光器报警状态始终无法消除，也就导致即使在有报警输出的情况下光纤激光器也能正常工作，这种情况发生时，最好联系光纤激光器生产厂商协商解决。

6.3　控制系统硬件实现

6.3.1　光纤激光器控制器主控系统设计

根据CY8C27443芯片内部数字系统和模拟系统的设计情况，完成电路原理图设计如图6.2所示。

以图6.2中U1芯片为核心设计的电源驱动电路其输入端的供电电压Vdd直接由光纤激光器的供电开关电源提供，产生系统所需的5V电源电压Vcc。标注为U2的芯片选用的是CY8C27443，其引脚所使用的端口已经在上一节做了描述。光纤激光器的接口信号由标注为MainInOut1的DB25连接，可以直接采用压线的方式制作连接排线，注意与光纤激光器连接之前一定要仔细阅读光纤激光器的使用说明书。控制器与上位控制计算机的接口信号DGATE和FPSMO、串口通信信号两路RX和TX以及功率输出指示信号Pout、红光指示控制信号GuidLaser等信号线通过标注为Communication的10芯插座连接。其中，计算机输出的激光输出控制信号DGATE和本控制器输出的激光数字输出控制信号PA1通过标注为Jumper2的跳线与光纤激光器功率放大器允许信号PA相连接，保证同一时间只有一台设备能够控制光纤激光器的激光输出。图6.2中标注为U3的芯片为片上异步串行通

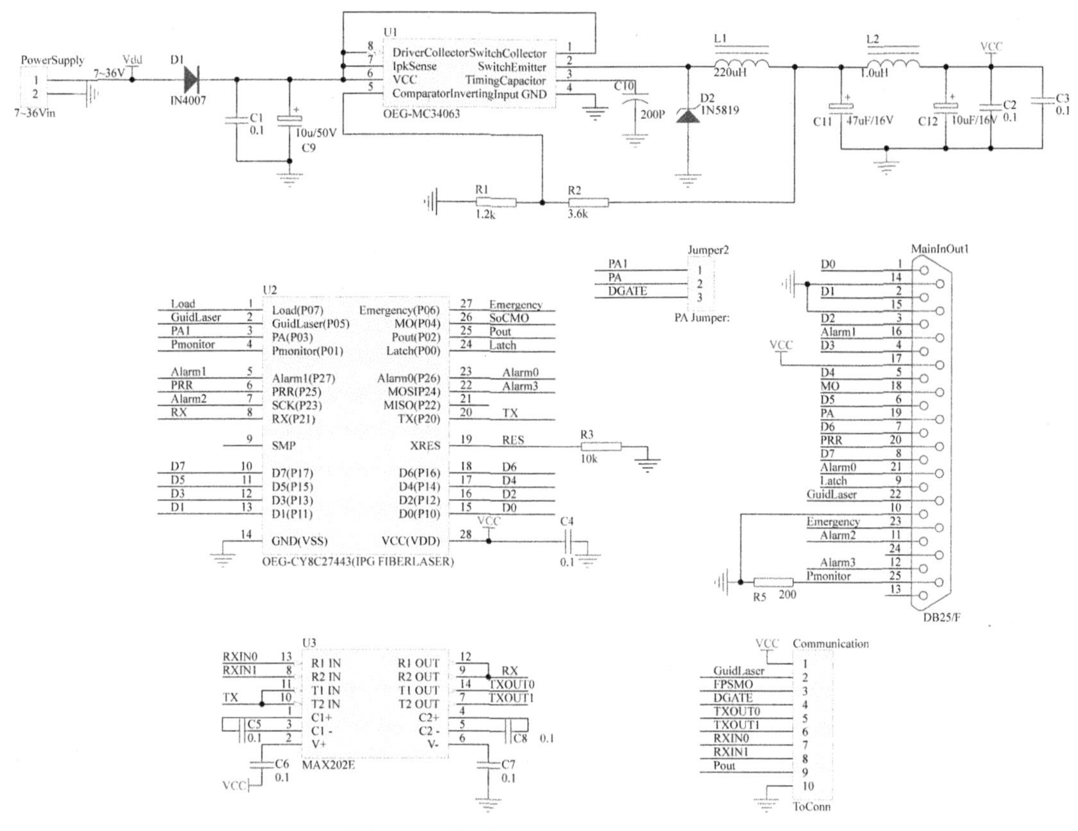

图 6.2 控制系统硬件连接原理图

信器件 UART_1 与 RS232C 通信协议的电平转换芯片 MAX202E，经过电平转换以后的异步串行通信信号通过 Communication 插座以上位控制计算机的 RS232C 串口连接。

按照图 6.2 所示的控制系统硬件连接原理图设计的印刷电路板 3D 显示图如图 6.3 所示。

6.3.2 信号转接设计

光纤激光器控制系统在光纤激光标记实际应用中所设计的信号转接原理图如图 6.4 所示。图 6.4 中左图为信号转接原理图，右图为根据该原理图设计的印刷电路板 3D 显示图。

图 6.4 中 DB15/M 型信号连接器 CON1 与上位计算机中的激光专用控制卡相连接，主要完成激光输出控制信号的连接和标记接口信号(如标记开始要结束信号)的连接。激光输出控制信号通过 Communication1 排线插座连接到光纤激光控制器主控板；激光标记接口信号包括标记开始光隔离输入信号 OPTOISO3-、OPTOISO4-，标记完成继电器隔离输出信号 RELAY1 NO、RELAY1 COM、RELAY1 NC。激光标记接口信号通过 DB15/F 型信号连接器 CON2 与外部接口信号线连接，例如采用手动触发激光标记方式工作时，可以把脚

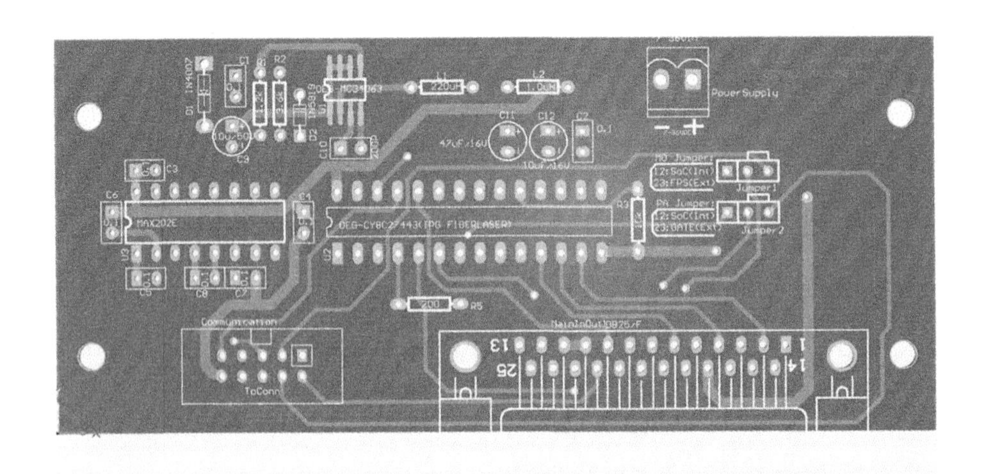

图6.3　控制系统硬件连接印刷电路板3D显示图

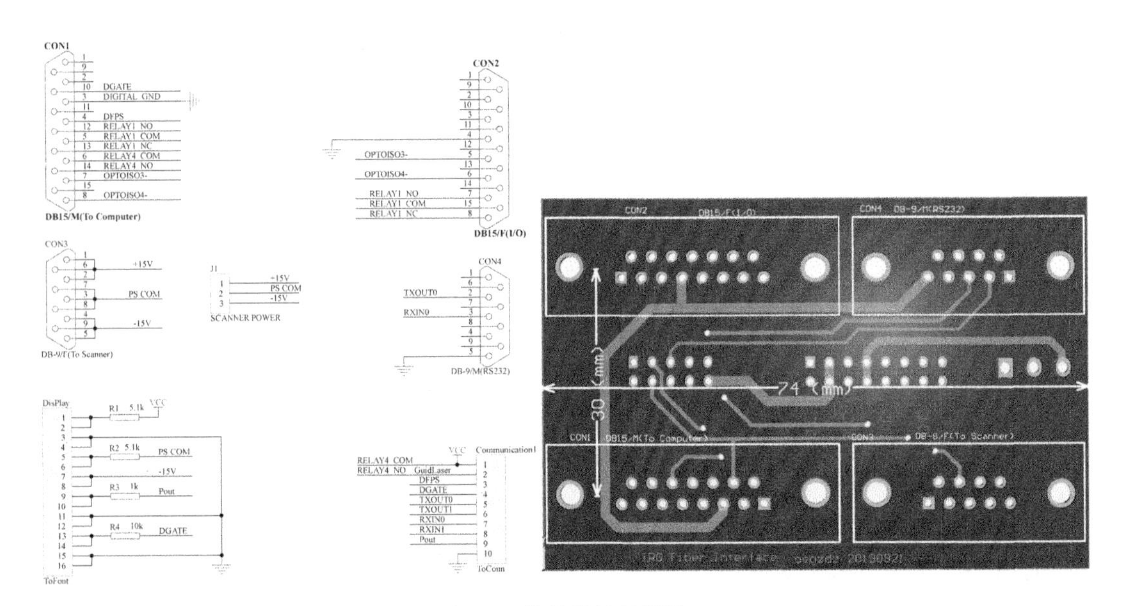

图6.4　信号转接板设计

踏开关连接到连接器CON2的光隔离输入信号OPTOISO3-或OPTOISO4-，忽略标记完成输出信号。与生产线相连接时，产品到位启动标记时由外部设备触发光隔离输入信号OPTOISO3-或OPTOISO4-，启动激光标记；激光标记完成后，由计算机通过激光专用控制卡输出激光标记完成信号RELAY1 NO、RELAY1 COM、RELAY1 NC，告诉生产流水线可以进行下一个流程。

与上位激光标记专用控制计算机进行通信的RS232C串行接口信号通过DB9/M型信号连接器CON2完成连接，光纤激光器的初始化和控制参数如激光脉冲频率、激光输出功率、急停、红光指示灯等通过串行接口上位专用计算机发送，由本控制器执行，可以大大减轻标记专用计算机的负担。对于激光标记实时性要求很高的激光开关信号 DGATE 则直接通过 Communication1 插座的排线转接到主控板，直接控制光纤激光器的激光发射。

图 6.4 中标注为 J1 功率电源连插座连接机箱内的激光扫描振镜电源，振镜电源通过 DB9/F 型信号连接器 CON3 外接激光标记专用的激光扫描振镜电源输入端，向扫描振镜提供电源。图 6.4 中标注为 DisPlay 的 16 芯插座与位于控制面板的状态指示灯相连接，实现激光标记系统的工作状态指示。

6.3.3 光纤激光器工作状态指示

激光标记系统的工作状态指示原理图和根据原理图制作的印刷电路板 3D 显示图如图 6.5 所示。图 6.4 和图 6.5 所示电路板之间的激光标记系统工作状态指示信号之间的连接关系设计是根据现场防爆要求专门设计制作的。图 6.5 所示的状态指示面板用于双标记机工作模式的机柜设计，机柜面板和控制箱之间必须采用防爆连接器件进行连接。由于防爆连接器件必须使用焊接方式，信号转接板上的压制排线插座连接的是压制排线，另一端采用每两根线一起焊接到装配在背板上的防爆航空插头，再通过控制箱背板的航空插头转接到位于防爆面板上的状态指示接线端子 CON1 或者 CON2。

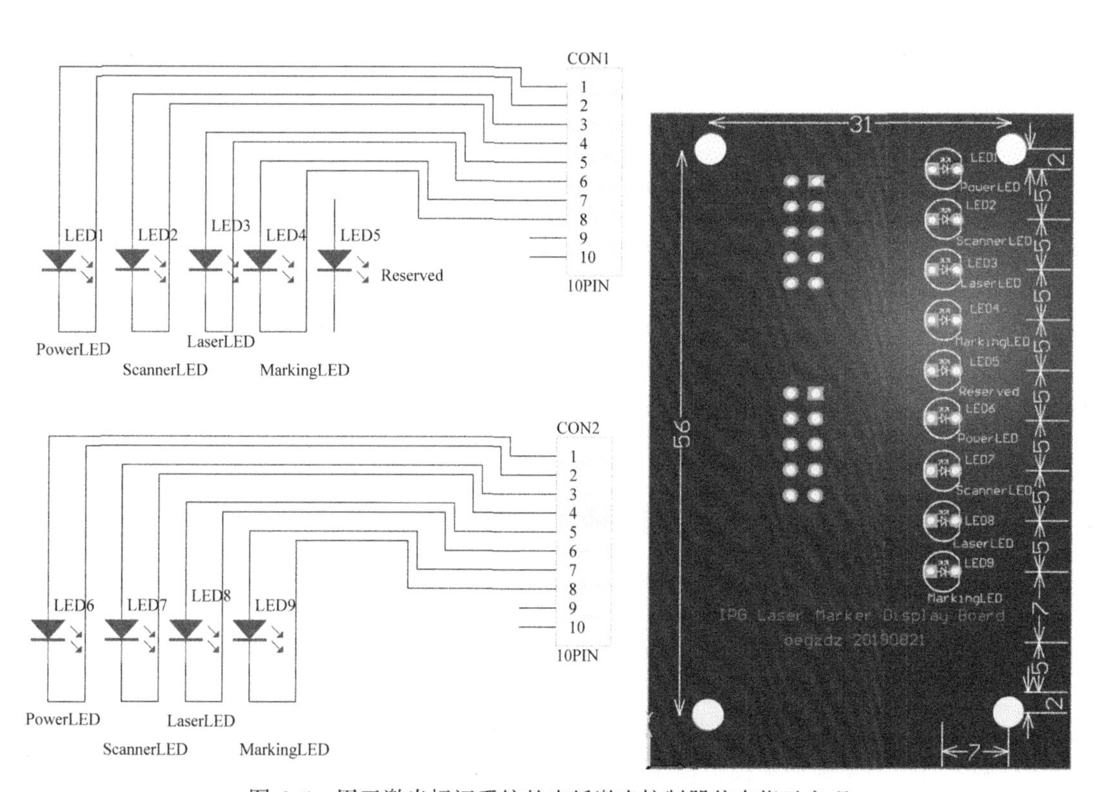

图 6.5 用于激光标记系统的光纤激光控制器状态指示实现

图 6.5 中所示的 LED3 和 LED8 发光二极管是控制芯片内部模拟系统中 8 位数字模拟

转换器 DAC8_1 的负载，其亮度随着光纤激光器的激光输出功率变化而改变。通过一个状态指示灯达到指示激光输出功率的目的。

6.3.4　光纤激光标记系统电气连接关系

以光纤激光器为核心设计的光纤激光标记系统电气连接原理图如图 6.6 所示。

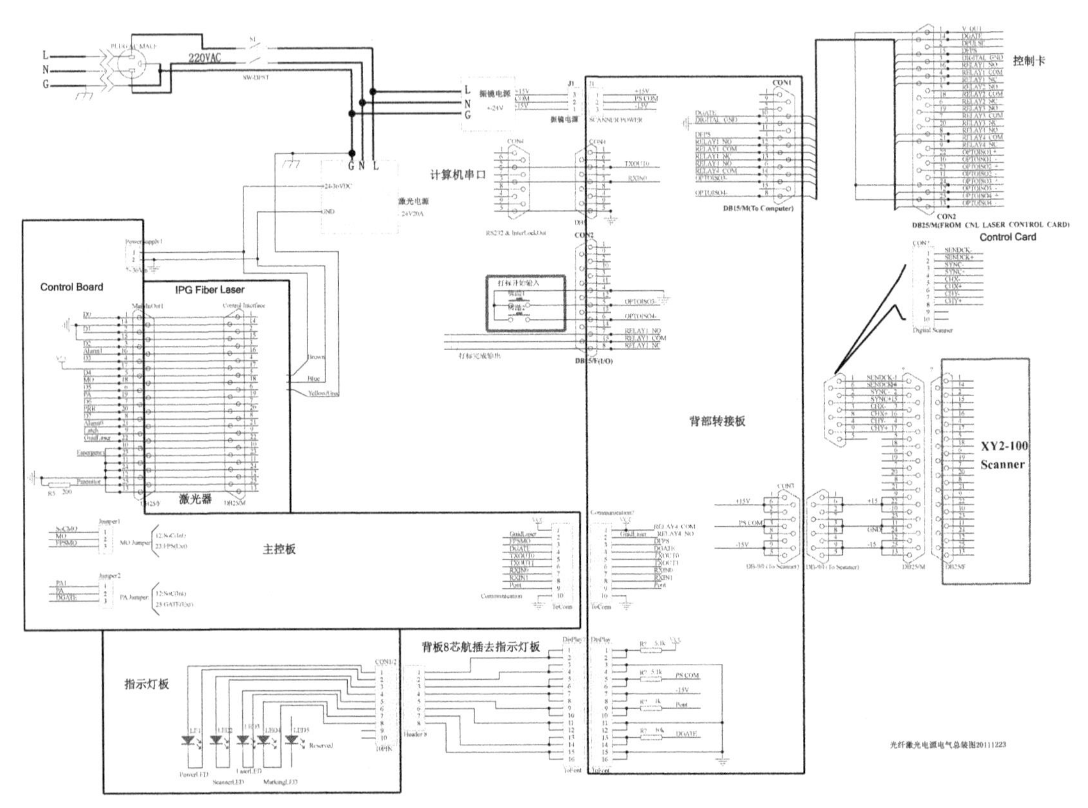

图 6.6　光纤激光标记系统电气总装图

6.4　控制系统软件设计

6.4.1　控制器初始化程序

控制器上电复位完成以后，首先执行的就是由函数 IniteAll( ) 执行的初始化程序。函数 IniteAll( ) 首先初始化包含标志位的全局变量，然后初始化片上数字系统和模拟系统中所用到的所有由数字模块和模拟模块组成的数字器件和模拟器件。变量和器件初始化完成以后，需要根据大多数光纤激光系统启动要求进行光纤激光器的初始化。IniteAll( ) 初始化函数代码如下：

```
voidIniteAll(void)
```

```
{
    // Inite the globle parameters
    bLaserPower = 0;
    bVariableFlag = 0;
    bParameterFlag = 0;
    bCommandFlag = 0;
    dTimerCount = 0;
    bAlarmStatus = 1;
    Flag. Protected = FALSE;
    Flag. Alarm = FALSE;
    Flag. TemperatureProtect = FALSE;
    wTempData=0;
    IniteM8C();
    InitVoltageOutputDAC();
    IniteTempSample();
    InitTimer();
    IniteUART();
    ReadParameters();
    if (bMyAddress == 0x30)
    {
        bMyAddress = 0;
        bLaserPower = 10;
        dPRRFrequency = 20000;
        dPRRPulseWidth = 25;
        WriteToE2PROM();
    }//Finish to Inite the default parameters if the data is out of range
    Delay1mS(7000);//20180502
    InitLaser();
}
```

初始化函数最后调用 InitLaser()函数来完成光纤激光器的初始化功能，光纤激光器能否正常工作，该函数至关重要，特别是信号的有效性先后顺序和每一个控制信号的有效时间长度直接影响到初始化完成以后的光纤激光器能否正常工作。InitLaser()函数的设计原则是能够让光纤激光器进入正常工作状态所需的初始化时间最短。因此该函数中一些信号的时间延迟确定可能需要根据不同的光纤激光器作适当调整。一些进口光纤激光器的初始化时间要求非常严格，需要认真阅读厂商提供的光纤激光器用户手册。另外，在很多情况下，一旦光纤激光器由于某些报警状态出现而锁定了光纤激光器激光发射输出，解除报警锁定的方法除了切断电源足够长时间然后重新上电复位的方法以外，解除报警锁定的最佳途径就是重新调用激光器的初始化函数。激光器初始化函数 InitLaser()实现代码如下：

```
void InitLaser(void)
{
    ClearMO();
    ClearPA();
    ClearGuidLaser();
    ClearEmergency();
    Delay1mS(5);
    SetPRR(dPRRFrequency,dPRRPulseWidth);//20kHz 25uS 占空比 50%
    PWM16_1_Start();
    Delay1mS(5);
    SetEmergency();
    SetLaserPower(bLaserPower);
    Delay1mS(20);
    SetMO();
}
```

6.4.2　光纤激光控制器主程序

光纤激光控制器的主程序代码如下：

```
#include "oegfunctions.h"
void main(void)
{
    IniteAll();
    do{
        ReadAlarmStatus();
        AlarmAction();
        if(Flag.Alarm)
        {
            ClearMO();
        }else
        {
            SetMO();
        }
        if((bVariableFlag & 0x10) == 0x10)      //ParameterChanged;
        {
            bVariableFlag &= ~(BIT0 << 4);
            if((bParameterFlag & 0x01) == 0x01)  //All ParameterChanged
            {
                bParameterFlag &= ~BIT0;
```

```
            SetLaserPower( bLaserPower) ;
            SetPRR( dPRRFrequency, dPRRPulseWidth) ;
        }
        if( ( bParameterFlag & 0x02) = = 0x02)      //Laser Power changed
        {
            bParameterFlag &= ~( BIT0 << 1) ;
            SetLaserPower( bLaserPower) ;
        }
        if( ( bParameterFlag & 0x04) = = 0x04)      //PRR changed
        {
            bParameterFlag &= ~( BIT0 << 2) ;
            SetPRR( dPRRFrequency, dPRRPulseWidth) ;
        }
        WriteToE2PROM( ) ;
    }
    if( ( bParameterFlag & 0x08) = = 0x08)//Command changed
    {
        bParameterFlag &= ~( BIT0 << 3) ;
        if( ( bCommandFlag & 0x01) = = 0x01)      //Laser On
        {
            bCommandFlag &= ~BIT0;
            SetPA( ) ;
        } else
        {
            ClearPA( ) ;
        }
          if ( ( bCommandFlag  &  0x02 )  = =  0x02 )       //20160823  &&  !
Flag. Alarm)//MO On
        {
            bCommandFlag &= ~( BIT0 << 1) ;
            SetMO( ) ;
        } else
        {
            ClearMO( ) ;
        }
        if( ( bCommandFlag & 0x04) = = 0x04)//Reset the Laser
        {
            bCommandFlag &= ~( BIT0 << 2) ;
```

```
                ResetLaser( ) ;
            }           //Guid Laser ON
            if( ( bCommandFlag & 0x08) = = 0x08)//Guid Laser ON
            {
                bCommandFlag &= ~( BIT0 << 3) ;
                SetGuidLaser( ) ;
            }
            else      //Guid Laser OFF
            {
                ClearGuidLaser( ) ;
            }
        }
        if( ( bVariableFlag & 0x08) = = 0x08)//RxFinished
        {
            SendData( ) ;
            bVariableFlag &= ~0x08;
        }
    } while(1) ;
}
```

主程序中除了调用的读取报警状态函数 ReadAlarmStatus( )和报警动作函数 AlarmAction( )是根据光纤激光器本身的输出决定以外，其他完成的所有参数改变和命令执行均由上位机发送。光纤激光控制器作为从设备执行由主设备发出的命令，主设备和从设备之间的通信采用现场总线 MODBUS 通信协议中的 RTU 模式。实现通信功能的片上 UART_1 器件采用接收中断的方式进行设计，其设计方法和实现方法与第 4 章相同。

6.4.3　通信协议设计

Fiber Laser Controller RS232(RS485 ModBus)通信协议如下：

物理接口：串行通信口采用 RS485/RS232，信息传输方式为全双工异步方式，起始位 1 位，数据位 8 位，停止位 1 位，无校验；数据传输速率为 9600bps，使用 MODBUS 通信协议中的 RTU 模式；在总线设备中，本控制器 Fiber Laser Controller 为从设备，控制器定义了 10 种命令功能代码，其中所用到的符号为 ADD：控制器地址；CRC-H：CRC 检验码的高字节；CRC-L：CRC 检验码的低字节。

命令传输方式为 COMMAND：控制命令，计算机→控制器；

RETURN：返回信息，计算机←控制器。

10 种命令功能代码分别为：

1)读控制器参数(查询响应方式)

(1)COMMAND(下传命令，长度 8 Byte)：

ADD，0x03，0x00，0x00，0x00，0x0c，CRC-L，CRC-H

(2)RETURN(返回信息，长度 15 Byte)：

ADD，0x03，0x0A，bLaserPower，wActualPower-H，wActualPower-L，bAlarmStatus，PRRFrequency >> 16，PRRFrequency >> 8，PRRFrequency，PRRPulseWidth >> 8，PRRPulseWidth>> 4，PRRPulseWidth，CRC-L，CRC-H

其中：

①bLaserPower：控制器实际使用的激光功率：0，Minimum；255，Maxmum。

②wActualPower：激光器的实际输出功率精度±30%。

③bAlarmStatus：激光器报警状态：0，激光器过温；1，激光器正常操作；2，反射功率过大，激光器自动关闭；3，激光器主振荡器(MO)故障；4~255，无定义。

④PRRFrequency：20000~80000(Hz)，PRRPulseWidth(μs)：占空比 0. 1~0. 9。

⑤PRRFrequency >>16：激光器频率高 8 位；

⑥PRRFrequency >>8：激光器频率中间 8 位；

⑦PRRFrequency：激光器频率最低 8 位；

⑧PRRPulseWidth >> 16：激光器频率脉宽高 8 位；

⑨PRRPulseWidth >> 8：激光器频率脉宽中间 8 位；

⑩PRRPulseWidth：激光器频率脉宽最低 8 位；

返回信息 CRC 为正常校验码，表示成功；否则，失败(下同)。

2)读控制器的激光功率参数(查询响应方式)

(1)COMMAND(下传命令，长度 8 Byte)：

ADD，0x03，0x00，0x01，0x00，0x01，CRC-L，CRC-H

(2)RETURN(返回信息，长度 6 Byte)：

ADD，0x03，0x01，bLaserPower，CRC-L，CRC-H

其中：bLaserPower：控制器实际使用的激光功率：0，Minimum；255，Maxmum。

3)读脉冲重复频率 PRR 参数(查询响应方式)

(1)COMMAND(下传命令，长度 8 Byte)：

ADD，0x03，0x00，0x21，0x00，0x06，CRC-L，CRC-H

(2)RETURN(返回信息，长度 11 Byte)：

ADD，0x03，0x06，PRRFrequency >> 16，PRRFrequency >> 8，PRRFrequency，PRRPulseWidth >> 16，PRRPulseWidth>> 8，PRRPulseWidth，CRC-L，CRC-H

其中：PRRFrequency：20000~80000(Hz)，PRRPulseWidth(μs)：占空比 0. 1~0. 9。PRRFrequency，PRRPulseWidth 的含义同"1. 读控制器参数"。

4)读激光器的实际输出功率参数(查询响应方式)

(1)COMMAND(下传命令，长度 8 Byte)：

ADD，0x03，0x00，0x08，0x00，0x02，CRC-L，CRC-H

(2)RETURN(返回信息，长度 7 Byte)：

ADD，0x03，0x02，wActualPower-H，wActualPower-L，CRC-L，CRC-H

其中：wActualPower：激光器的实际输出功率精度±30%。

5)读激光器的报警状态(查询响应方式)

(1)COMMAND(下传命令，长度8 Byte)：

ADD，0x03，0x00，0x0D，0x00，0x01，CRC-L，CRC-H

(2)RETURN(返回信息，长度6 Byte)：

ADD，0x03，0x01，bAlarmStatus，CRC-L，CRC-H

其中：bAlarmStatus：激光器报警状态：0，激光器过温；1，激光器正常操作；2，反射功率过大，激光器自动关闭；3，激光器主振荡器(MO)故障；4~255，无定义。

6)写控制器参数(查询响应方式)

(1)COMMAND(下传命令，长度16 Byte)：

ADD，0x10，0x00，0x00，0x00，0x08，bLaserPower，CommandCode，PRRFrequency > > 16，PRRFrequency > > 8，PRRFrequency，PRRPulseWidth > > 16，PRRPulseWidth > > 8，PRRPulseWidth，CRC-L，CRC-H

(2)RETURN(返回信息，长度8 Byte)：

ADD，0x10，0x00，0x00，0x00，0x0A，CRC-L，CRC-H

其中：

①bLaserPower：控制器实际使用的激光功率：0，Minimum；255，Maxmum。

②CommandCode：激光器控制命令：D0：激光开关(PA)：0：激光关闭；1：激光开启；

③D1：激光主振荡器(MO)开关：0：主振荡器关闭；1：主振荡器开启；

④D2：激光器复位：0：激光器正常工作；1：激光器复位；

⑤D3：红光指示(根据激光器配置，保留)：0：红光关闭；1：红光开启；

⑥D4~D7：Not defined。

⑦PRRFrequency：20000 ~ 80000 (Hz)，PRRPulseWidth (μs)：占空比0.1 ~ 0.9。PRRFrequency，PRRPulseWidth的含义同“1. 读控制器参数”。

7)写控制器的激光功率参数(查询响应方式)

COMMAND(下传命令，长度9 Byte)：

ADD，0x10，0x00，0x01，0x00，0x01，bLaserPower，CRC-L，CRC-H

RETURN(返回信息，长度8 Byte)：

ADD，0x10，0x00，0x01，0x00，0x01，CRC-L，CRC-H

其中：bLaserPower：控制器实际使用的激光功率：0，Minimum；255，Maxmum。

如果“ADD=0xFA”表示是广播命令，线路上所有控制器将同时设置该基本参数，但不返回任何数据。如果“ADD≠0xFA”，则对应ADD地址的控制器有返回信息。CRC为正常校验码，表示基本参数设置成功；否则，基本参数设置失败。控制器的基本参数只需设置一次，以后使用一般不必再更改。

8)写脉冲重复频率PRR参数(查询响应方式)

(1)COMMAND(下传命令，长度14 Byte)：

ADD，0x10，0x00，0x0D，0x00，0x06，PRRFrequency >> 16，PRRFrequency >> 8，PRRFrequency，PRRPulseWidth > > 16，PRRPulseWidth > > 8，PRRPulseWidth，CRC-L，CRC-H

(2)RETURN(返回信息，长度 8 Byte)：

ADD，0x10，0x00，0x0D，0x00，0x06，CRC-L，CRC-H

其中：PRRFrequency(Hz)，PRRPulseWidth(μs)；PRRFrequency，PRRPulseWidth 的含义同“1) 读控制器参数”。

如果“ADD=0xFA”表示是广播命令，线路上所有控制器将同时设置该常用参数，但不返回任何数据。如果 ADD≠0xFA，则对应 ADD 地址的控制器有返回信息。控制器的常用参数只需设置一次，作为以后使用的缺省常用参数。

9)控制激光器(查询响应方式)

(1)COMMAND(下传命令，长度 9 Byte)：

ADD，0x10，0x00，0x21，0x00，0x01，CommandCode，CRC-L，CRC-H

(2)RETURN(收到立即返回信息，长度 8 Byte)：

ADD，0x10，0x00，0x21，0x00，0x01，CRC-L，CRC-H

其中：

①CommandCode：激光器控制命令：

②D0：激光开关(PA)：0：激光关闭；1：激光开启；

③D1：激光主振荡器(MO)开关：0：主振荡器关闭；1：主振荡器开启；

④D2：激光器复位：0：激光器正常工作；1：激光器复位；

⑤D3：红光指示(根据激光器配置，保留)：0：红光关闭；1：红光开启；

⑥D4～D7：Not defined。

如果“ADD=0xFA”表示是广播命令。线路上所有控制器将同时执行该命令，但不返回任何数据。如果“ADD≠0xFA”，则对应 ADD 地址的控制器同时执行该命令，有返回信息。命令完成后各自返回信息。

10)修改控制器支路编号(查询响应方式)：

(1)COMMAND(下传命令，长度 11 Byte)：

ADD1，0x10，0x00，0x22，0x00，0x01，0x00，0x00，ADD2，CRC-L，CRC-H

其中，ADD2=新改的控制器支路编号，ADD1=控制器原来的编号。

(2)RETURN(返回信息，长度 8 Byte)：

ADD1，0x10，0x00，0x22，0x00，0x01，CRC-L，CRC-H

如果“ADD1=0xFA”，为广播命令方式，则不管 RS485 总线上的控制器的地址是多少，本命令都一律将地址改为 ADD2，同时无返回信息。如果记不清某变送器的确切地址，可用此命令将它改为预定的地址。此命令不要轻易使用，以免误改。如果“ADD1≠0xFA”，为本命令的正常使用方式。

6.4.4 上位机通信测试软件完成的功能

上位机通信测试软件采用 Visual Studio 集成开发环境中的 C++语言编写，测试软件的界面如图 6.7 所示。

运行该软件，成功连接光纤激光控制器以后，为了防止误操作清除控制系数中的默认参数，首先需要单击“读控制器参数”按钮，将控制器中已经保存的参数读出，作为默认

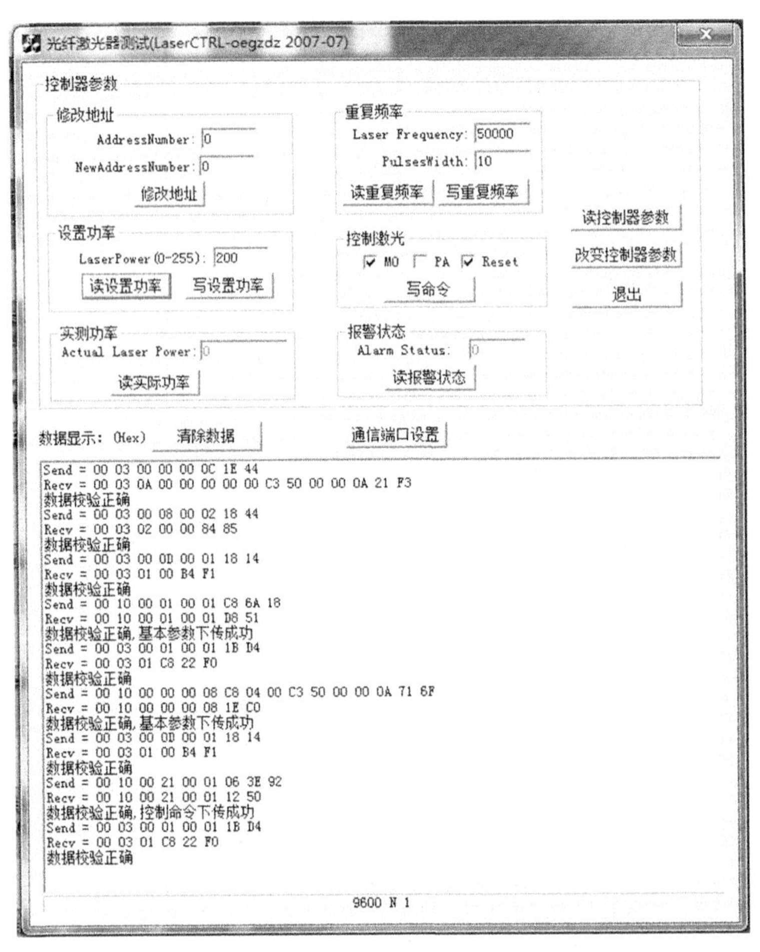

图 6.7　光纤激光控制器上位机测试程序界面

参数填入控制软件界面中，再根据实际需要修改控制器参数和发送需要控制器执行的命令。

第 7 章　雷管卡口激光编码一体机控制系统设计*

本章是在第 5 章自动卡口控制系统和第 6 章光纤激光器控制系统构成的激光标记系统基础上所做的集成化设计，在实现雷管自动卡口的同时完成雷管壳体的激光编码标记，同时集成了独立运行的雷管激光编码中使用的防爆保护系统。一体机控制系统还包括激光标记专用控制卡接口电路，激光标记专用控制卡的设计和实现将在第 8 章介绍。

7.1　雷管激光编码中的防爆保护设计

雷管激光编码规则所依据的是国防科工委与公安部联合发布的《工业雷管编码工序安全技术暂行规定》[26]和《工业雷管编码基本规则及技术条件》[27]，这两个规范性文件给出了民爆雷管编码规范，以及激光编码的安全技术要求。但是，在进行激光编码的时候，经常会出现编码过程中雷管爆炸事故，造成激光编码设备和生产线的巨大破坏。根据对雷管生产企业完成的雷管编码调查，结合激光编码机本身的特性，我们总结了一些激光编码过程中可能引起雷管爆炸的原因并给出了相应的解决方案。

由于雷管的易爆特性和激光的高功率密度特性，在编码过程中极易产生雷管爆炸，对生产设备造成严重破坏，带来巨大经济损失。针对这些情况，本章分析了编码过程中引起爆炸的五个主要因素：激光扫描系统误动作；干扰引起的激光功率突变；激光在同一发雷管上停留时间过长；编码控制计算机死机；雷管上存在大量浮药。其中，雷管外壳上存在浮药的问题可在生产工艺中解决，其他四个因素主要是由于激光编码设备出现误动作而造成的。

7.1.1　雷管激光编码爆炸原因分析

由于社会安全管理的需要，有关部门加强了爆炸物品的管理，特别对引爆物雷管实施了严格的编码规则，要求雷管生产企业保证所生产的雷管在 10 年之内全国不会出现相同的雷管编码。雷管编码有机械编码和激光编码两种方式，与机械编码相比，激光编码具有编码自动化程度高、无缺编漏编、标记均匀耐久、补码方便、操作简便、成本低、不接触雷管等诸多优点，激光雷管编码机已经被广泛采用。但是，在进行激光编码的时候，经常出现编码过程中雷管爆炸的事故，造成激光编码设备和生产线的巨大破坏。根据对众多雷管生产企业的调查，结合激光编码机本身的特性，总结出了以下爆炸原因，详

---

* 本章所述一体机控制系统中关于雷管激光编码的防爆保护系统部分内容已经在相关学术期刊上公开发表，见参考文献[15][16]。

细介绍如下：

1. 激光扫描系统误动作

激光扫描系统又称振镜系统或激光标记扫描头，是激光编码机中控制激光作用位置的执行元件。振镜系统由两个高速振镜电机驱动两片全反镜和相应的控制电路组成，控制激光的走向实现编码。根据输入到振镜系统的位置信号，将激光扫描头分为数字扫描头和模拟扫描头两种形式：数字扫描头由激光专用控制卡向数字扫描头以同步串行通信的方式同时发送 2~3 路 16 位分辨率的激光具体作用位置数字信号，信号传输协议遵从 XY2-100 激光工业标准；模拟扫描头激光具体作用位置通过计算机内的激光控制卡输出模拟控制信号与振镜系统连接实现。

大量证据表明，扫描振镜系统误动作是引发雷管爆炸的主要原因之一。振镜误动作有两种情况，一是振镜停止不动，计算机给出了振镜的移动命令，由于机械故障等原因振镜停止不动，激光长时间停留在雷管表面某一点引起雷管爆炸；二是振镜不能跟随计算机控制信号移动，激光作用在不适当的地方引起雷管爆炸。

2. 激光功率过大

在整个编码过程中，激光的输出功率必须保持一致，因为外界干扰、电源变化等原因可能会引起激光输出功率突变，如果激光功率突然变大，由于激光的高功率密度特性导致激光快速击穿纸雷管管壁或者金属雷管管壁过热而引爆雷管。

3. 激光在同一发雷管上停留时间过长

根据《工业雷管编码基本规则及技术条件》(公通字[2002]67 号)，每一发雷管必须标记 13 个字符才能保证 10 年之内不会出现重码。这就要求激光编码时，激光在同一发雷管上停留的时间不能超过编码标记 13 个字符的时间，如果停留时间过长，就会导致大量激光能量输入同一发雷管而引发爆炸。在振镜系统正常工作的情况下，激光在同一发雷管上停留的时间是由计算机决定的，也就是计算机操作不当引起的。为了防止这种情况的发生，要求防爆保护系统独立于计算机，独立于整个激光编码系统。

4. 计算机死机

随着计算机技术的快速发展，计算机特别是微型计算机死机的平均间隔时间已经越来越长，计算机死机问题正在逐步得到解决。但是由于操作系统本身存在缺陷、硬件设计不当、软件设计中对存储器的管理碎片回收不彻底、联网计算机的网络安全等各方面的原因，目前为止，控制计算机的死机仍然是不可预测的。控制编码的计算机如果死机，将会锁死所有控制信号的输出，导致激光长时间作用于同一点而引发雷管爆炸。因此，必须设计计算机死机保护功能。

5. 雷管上残留大量浮药

试验证明，少量引爆药残留于雷管表面(浮药)不会引发雷管爆炸，但是由于激光的高功率密度特性，在激光编码时少量浮药可能会引起明火。如果雷管上残存的浮药过量，编码出现的明火就会引爆雷管。浮药问题目前只能通过在雷管的生产工艺上严格要求来解决。

7.1.2　防爆保护系统设计

防爆保护系统主要由扫描振镜误动作模块、激光功率过大模块、激光作用于雷管上的作用时间过长或计算机死机保护模块和状态锁存与驱动输出电路组成。防爆保护的保护状态锁存与保护信号驱动电路如图7.1所示。

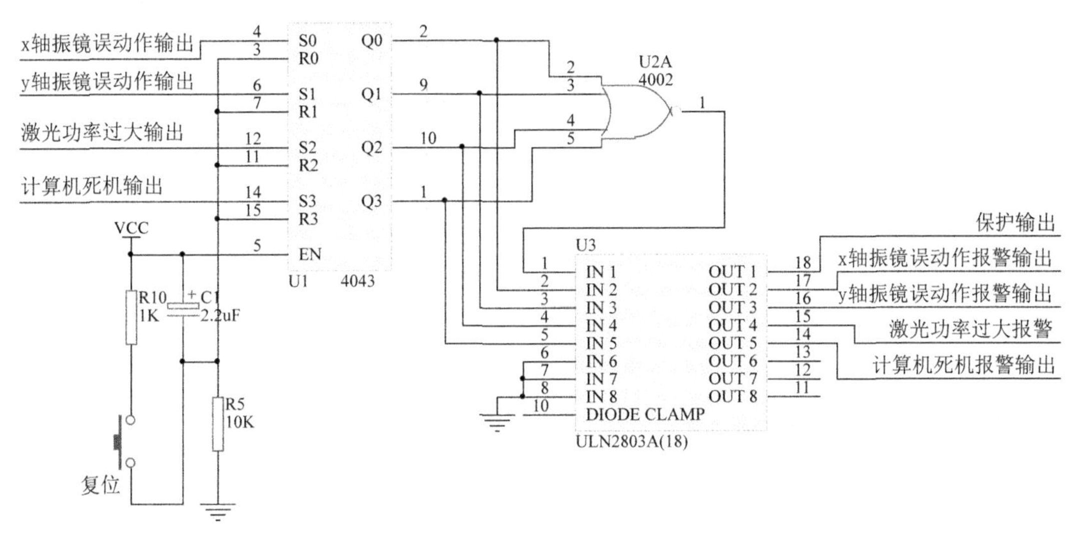

图7.1 防爆保护状态锁存与保护信号驱动电路原理图

图7.1中U1为四通道RS触发器CD4043，U1的置位输入端子R0、R1、R2、R3分别接受来自x轴振镜误动作模块输出、y轴振镜误动作模块输出、功率过大模块输出、计算机死机模块输出等4路保护触发信号。4路模块中任何一路信号保护或报警均被锁存到相应的输出端。4路保护信号经过或非门U2A(CD4002)后由集电极开路达林顿阵列U3(ULN2803)驱动输出，用来切断激光输出(通过切断激光控制信号和激光器控制电源实现)。锁存后的4路保护信号分别经过U3驱动后输出，用来驱动报警信号指示灯，同时提供给计算机相应的状态检测端，如果保护报警信号不是由计算机死机产生的，计算机可以识别出报警信号，停止编码并显示保护报警信息。

电阻R5、R10，电容C1以及复位按钮组成的清除报警锁定电路与U1的清零端子S0、S1、S2和S3连接在一起，当按下"复位"按钮时，解除报警锁定，恢复正常工作状态。

1. 振镜误动作保护模块

振镜误动作保护模块由相同的x轴与y轴两部分组成，根据计算机给定的位置信号和由振镜返回的实际位置信号确定振镜是否误动作。图7.2是x轴振镜误动作的检测电路原理图。

图7.2中U9A-3和U9B-5分别接收计算机给定的位置信号和从振镜驱动器返回的实际位置信号，为了保证保护系统的接入不会影响激光编码系统的正常工作，U9A和U9B均设计成电压跟随器。R16、R17、R34、R35与U9C一起组成放大倍数为10的误差检测放大器，得到放大了10倍的设定位置与实际位置之差，根据所检测到的误差信号判断振镜是否出现误动作。VR5、R7、R38与U9D共同组成正向门限电压比较器，门限电压由精密多圈电位器VR5调节。VR6、R6、R39与U11A共同组成负向门限电压比较器，门限

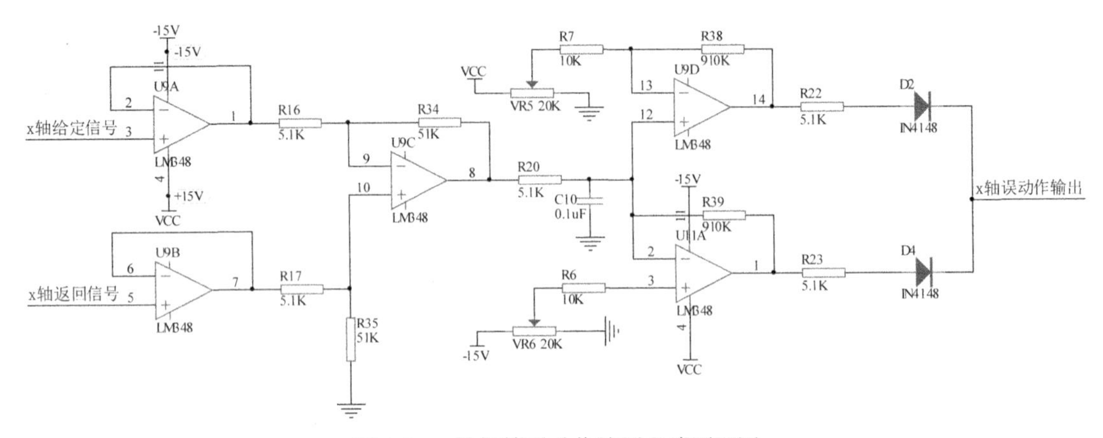

图 7.2 x 轴振镜误动作检测电路原理图

电压由精密多圈电位器 VR6 调节。R20 和 C10 构成干扰消除电路，消除干扰信号引起的误动作。

由于振镜系统自身带有 PID 定位调节，振镜系统的反应速度受到机械惯性影响，振镜正常移动时返回信号滞后设定的定位信号，此时放大后的误差信号在±2V 左右，必须调节 VR5 和 VR6 以避开这个电压范围。另外，选择不同厂商生产的振镜系统，这个正常误差信号大小也不相同，门限电压也要相应调节。由于误动作输出信号接到图 7.1 中的 U1-S0，U1 工作在 15V CMOS 电平，RS 触发器 CD4043 不能接收 15V 信号，所以误动作信号经 R22、D2 和 R23、D4 隔离以后输出。

振镜正常移动或停止时，误动作输出信号为低电平(约 0V)，报警保护不动作；当振镜卡死或误动作时，误动作输出信号为高电平(约 13.6V)，图 7.1 的 U1 锁存振镜误动作信号切断激光输出，同时发出声音报警，显示 x 轴振镜误动作，直到报警状态排除以后，按下复位按钮解除报警锁定。

y 轴原理与 x 轴相同，此处不再赘述。

2. 作用时间过长/计算机死机保护模块

采用可重复触发的单稳多谐振荡器 CD4098 完成作用于同一发雷管上的时间过长保护功能和计算机死机保护功能，电路原理如图 7.3 所示。

图 7.3 中，VR1，C9 和 U6A 组成下跳沿重复触发的单稳电路，由计算机输出触发信号。只要在 VR1 和 C9 决定的触发时间间隔之内，计算机输出一个触发脉冲信号，U6A 的反相输出端 7 脚就一直保持低电平，保护不动作。一旦计算机死机，不能在触发时间间隔之内输出触发信号，U6A 第 7 脚变高，启动计算机死机保护。

调节图 7.3 中 VR6，使触发时间间隔比编码一个雷管所需的时间稍长，而计算机在每次编码完成一个雷管时输出一个触发脉冲，就能通过调节 VR1 控制激光停留在同一个雷管上的时间。一旦操作失误，同一个雷管的编码时间超过触发间隔时间，则保持锁存时间过长保护状态，直到人为消除锁定。激光编码机空闲时，编码软件也要定时给出触发信号，以保证空闲时该电路不动作。

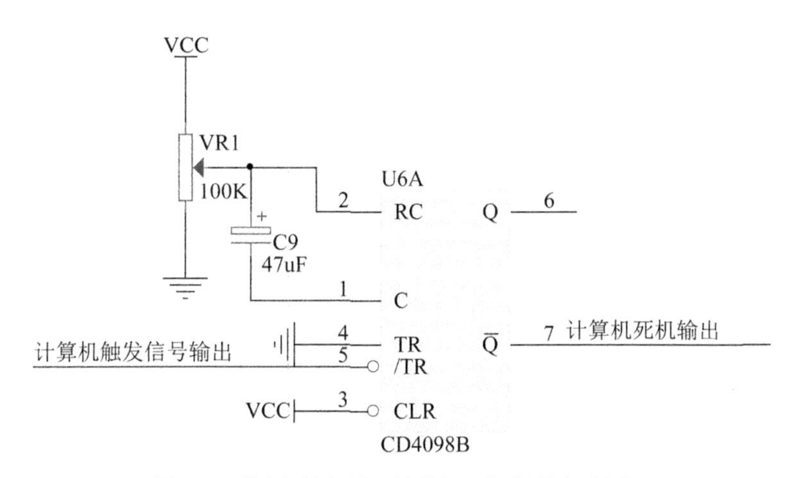

图 7.3　作用时间过长/计算机死机保护电路原理

不同类型的雷管，不同类型的激光器，单个雷管的编码时间是不相同的，必须根据实际情况调节 VR1。另外，由于保护系统与编码系统之间是相对独立的，编码机启动时，在没有进入激光编码软件之前，保护系统处于保护状态。

3. 激光功率过大保护模块

激光功率过大保护由信号调节电路和门限比较电路组成。针对非金属雷管编码的激光功率过大保护电路原理图如图 7.4 所示。

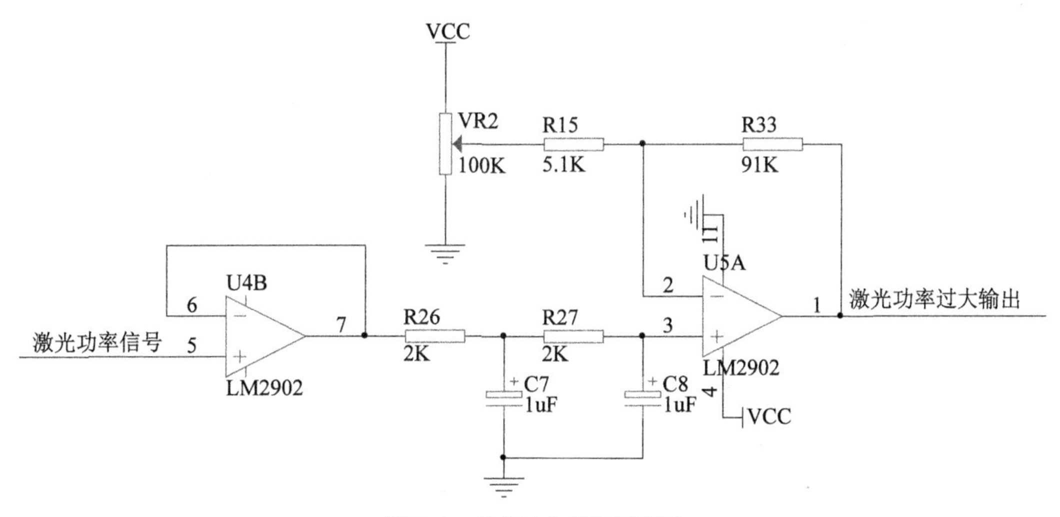

图 7.4　功率过大保护原理图

非金属雷管编码时一般采用射频 CO_2激光器[3]，CO_2激光器的功率由控制信号的占空比决定。图 7.2 中，激光功率信号是脉冲调宽(PWM)信号，频率一般设置为 5kHz，占空比代表当前输出功率与激光器最大输出功率之比。因此，检测到激光功率信号的占空比，也就得到了激光实际输出功率，通过滤波电路后得到该信号的平均功率，也就代表了激光的实际输出功率。U4B 构成电压跟随器，消除保护系统的接入对激光编码系统的影响。R26、R27、C7、C8 组成 π 型滤波器。VR2、R15、R33 和 U5A 组成门限电压比较器，门限电压根据激光编码对象的材料、速度要求改变激光输出功率后，由 VR2 调节保护功率门限。一旦功率平均值超过门限，立即输出功率过大保护信号。

对于金属雷管编码，一般可以采用光纤激光器进行激光编码，也可以采用连续固体激光器加调制后进行编码。当采用连续固体激光器进行激光编码时，固体激光器的平均功率与激光电源的电流成正比。此时，过功率保护必须通过检测激光电源的电流和调制装置的射频功率实现保护，这里不再赘述。目前广泛采用的是光纤激光器进行雷管激光编码，光纤激光器的功率设置一般采用 8 位并行数字接口，此时不宜作为过功率保护性信号的输入端，而是采用第 6 章所描述的在通过 8 位并行数字接口设定激光功率的同时，8 位并行数字接口输出的功率信号作为 8 位 DAC 的数字输入信号，由 8 位 DAC 输出的模拟信号作为判断激光是否过功率的依据。

7.1.3　防爆保护系统的集成实现

雷管卡口光纤激光雷管编码一体机集成的雷管编码防爆保护系统具体实现通过以下 3 张原理图展示，如图 7.5、图 7.6 和图 7.7 所示。图 7.5 为计算机死机和过功率保护实现电路原理图，图 7.6 为激光编码扫描头振镜误动作保护实现电路原理图，图 7.7 为报警保护动作锁定和处理电路原理图。

图 7.5 中由雷管激光编码软件控制激光专用控制卡输出的死机触发信号 DFPS 为 TTL 电平信号，经过 T2、T3 组成的达林顿三极管把 TTL 电平信号转换成+12V CMOS 电平信号触发由 U3A 组成的单稳态触发器，单稳态触发器的时间常数由图 7.5 中的 C17 和位于面板上中心抽头连接到 TimeADJ 的电位器确定。单稳态触发器的工作方式和看门狗电路类似，雷管激光编码软件正常工作时会在时间常数确定的时间范围内输出 DFPS 信号触发保护电路，如果在时间常数确定的时间范围之内没有收到触发信号，则 U3A 的 Pin6 变为低电平，经过 U2A 反向后输出作用于雷管上的激光停留时间过长或者计算机死机触发信号。

由光纤激光控制器输出的激光功率模拟信号 LaserPower，经过由 U6C 组成的电压跟随器，并经过 R54、R55 和 C24 构成的 RC 滤波器后送入到由 U6D 组成的模拟电压比较器，电压比较器的输出信号 OUT2 作为激光功率过大保护信号使用。激光功率最大值的设定由位于面板上的中心抽头经过 PowerADJ 连接的电位器进行调整设定。

雷管卡口光纤激光雷管编码一体机集成控制电路板供电电源由图 7.5 中标注为 J1 的电源接线插座连接。图 7.5 中的 C20、C21、C22 和 C23 组成电源滤波电路，LED5、LED6、LED7 组成板上电源指示电路。

图 7.6 中由雷管激光编码软件控制激光专用控制卡输出的 x、y 轴激光定位信号分别通过电路网络标识 X_OUT 和 Y_OUT 连接，激光编码扫描头的 x、y 轴振镜返回的实际位置信号分别通过电路网络标识 X Position 和 Y Position 连接。x 轴激光定位控制输出信号和实际位置信号分别通过 U7A、U7B 组成的信号调理电路后送入由 U7C 组成的减法电路进行减法运算，输出的信号差作为判断 x 轴是否有误动作的依据，U7D 及其周边的电阻网络

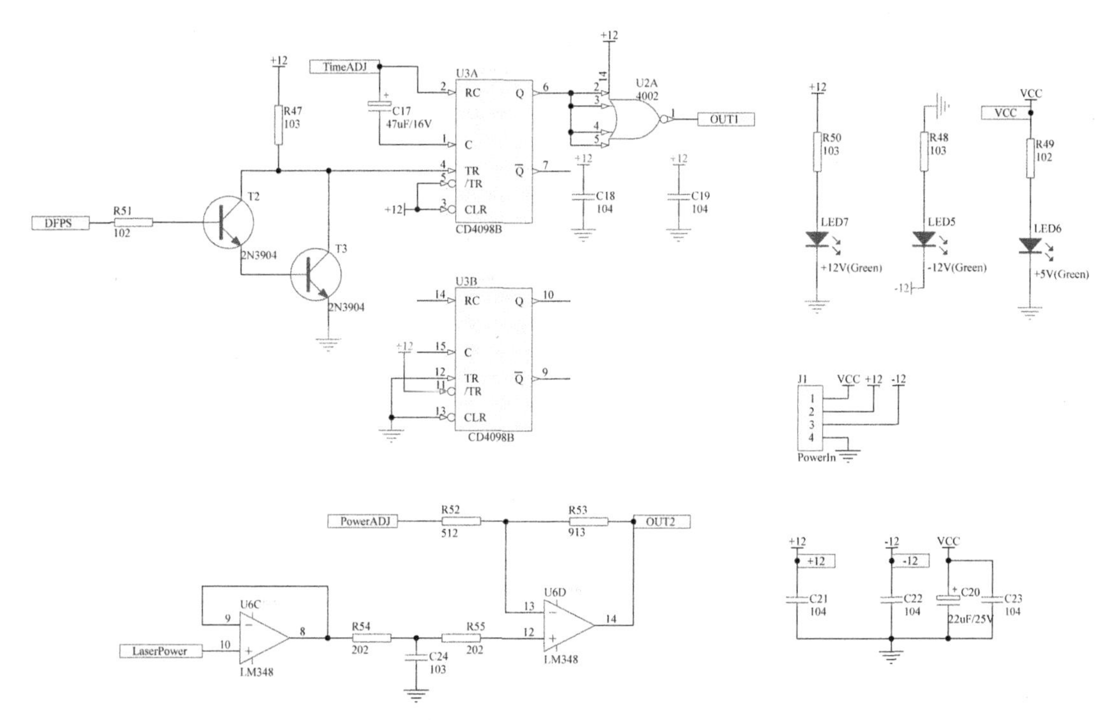

图 7.5 计算机死机和过功率保护实现电路原理图

组成正向误差过大误动作判断电路实现正向误动作判定，U6A 及其周边的电阻网络组成负向误差过大误动作判断电路实现负向误动作判定。OUT3 为 x 轴误动作触发报警保护输出信号。同样的实现方法，y 轴激光定位控制输出信号和实际位置信号分别通过 U8A、U8B 组成的信号调理电路后送入由 U8C 组成的减法电路进行减法运算，输出的信号差作为判断 y 轴是否有误动作的依据，U8D 及其周边的电阻网络组成模拟电压比较器，实现 y 轴正向误差过大误动作判断电路完成正向误动作判定，U6B 及其周边的电阻网络组成模拟电压比较器，实现 y 轴负向误差过大误动作判断电路完成负向误动作判定。OUT4 为 y 轴误动作触发报警保护输出信号。

图 7.6 中可以通过 VR1 和 VR2 电位器消除 x、y 轴激光定位控制信号和实际返回信号之间的静态误差，静态误差通过测试点 TP1 和 TP2 进行测试。实现 x、y 轴误动作判断的参考电压设定如下：由 R11、R12 和 R29、R30 确定正向误动作参考电压，由 R26、R27 和 R44、R45 确定负向误动作参考电压。信号滤波电容 C4、C5、C7、C8 和 C12、C13、C14、C15 分别消除 x 轴和 y 轴由于干扰信号引起的误动作。采用贴片封装的快速开关二极管 IN4148WS 隔离扫描振镜没有误动作时的负向电压输出。在设备的实际安装过程中，经常会把 x 轴和 y 轴的实际位置返回信号接线端子混淆，造成即使是扫描头正常工作时，系统也一直处于报警状态的情况，为了增强安装调试和测试方便性，在 x、y 轴的位置控制信号和返回信号处分别放置 4 个测试点，分别标注为“X”、“Y”、“X-R”和“Y-R”。

图 7.5 和图 7.6 中所示的报警输出动作信号“OUT1”、“OUT2”、“OUT3”、“OUT4”分

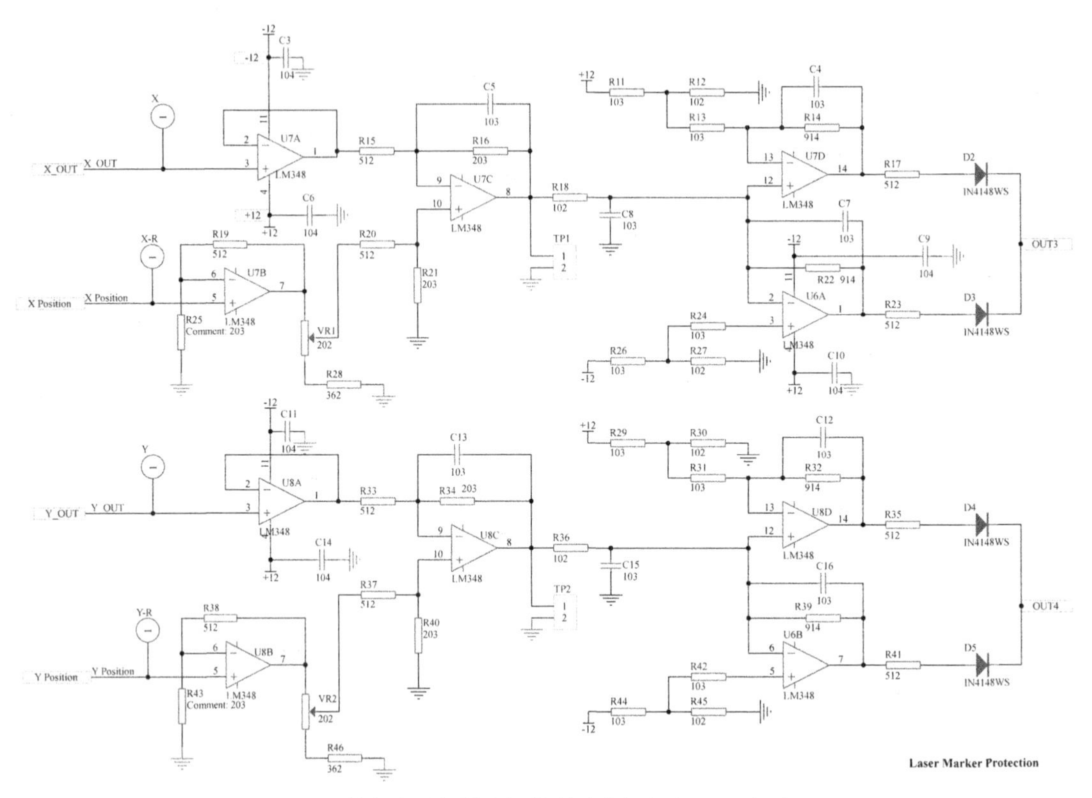

图 7.6　激光编码扫描头振镜误动作保护实现电路原理图

别对应作用于同一个雷管上的时间过长(Over Time)、编码激光功率过高(Over Power)、x 轴误动作(x-CH Fault)和 y 轴误动作(y-CH Fault)等 4 个雷管激光编码中的防爆保护动作触发信号，其原理如图 7.7 所示。

在图 7.7 中，来自图 7.5 和图 7.6 原理图的 4 个雷管激光编码中的防爆保护动作触发信号分别输入标号为 U1 所示双稳态 RS 触发器集成电路 CD4043 的 4 个 S 输入端，4 个双稳态 RS 触发器 R 复位端定义为 RESET-信号连接到控制面板的“Reset”按钮。根据双稳态 RS 触发器的特性，由 S 输入端为高电平时设定的输入信号时，对应的输出端信号 Q 变为高电平，即使在 S 输入端变为低电平以后一直稳定保持为高电平。S 输入端变为低电平并保持低电平不变，也就是报警状态触发信号消除以后，对应的输出端信号 Q 只有设置 R 输入端为高电平时，才能消除报警锁定。4 个报警保护锁定信号的输出 Q0～Q3 经过标注为 U2B 的输入或非门集成电路 4002 合并以后，输出控制 T1 所示的开关三极管 2N3904，由开关三极管 2N3904 驱动报警输出继电器 RL1，输出报警保护主信号。报警保护主信号通过报警输出继电器 RL1 隔离以后，把 CMOS 电平变换为更容易通过 CPU 等硬件直接处理的 TTL 电平输出，根据实际处理的需要，报警保护主输出信号可以通过标注为 JP1 的跳线进行极性改变，由命名为 Status 的状态信号输出。图 7.7 中的贴片发光二极管 LED1～LED4 在控制主板上装配，用来指示 4 种系统报警状态：时间过长、功率过高、x

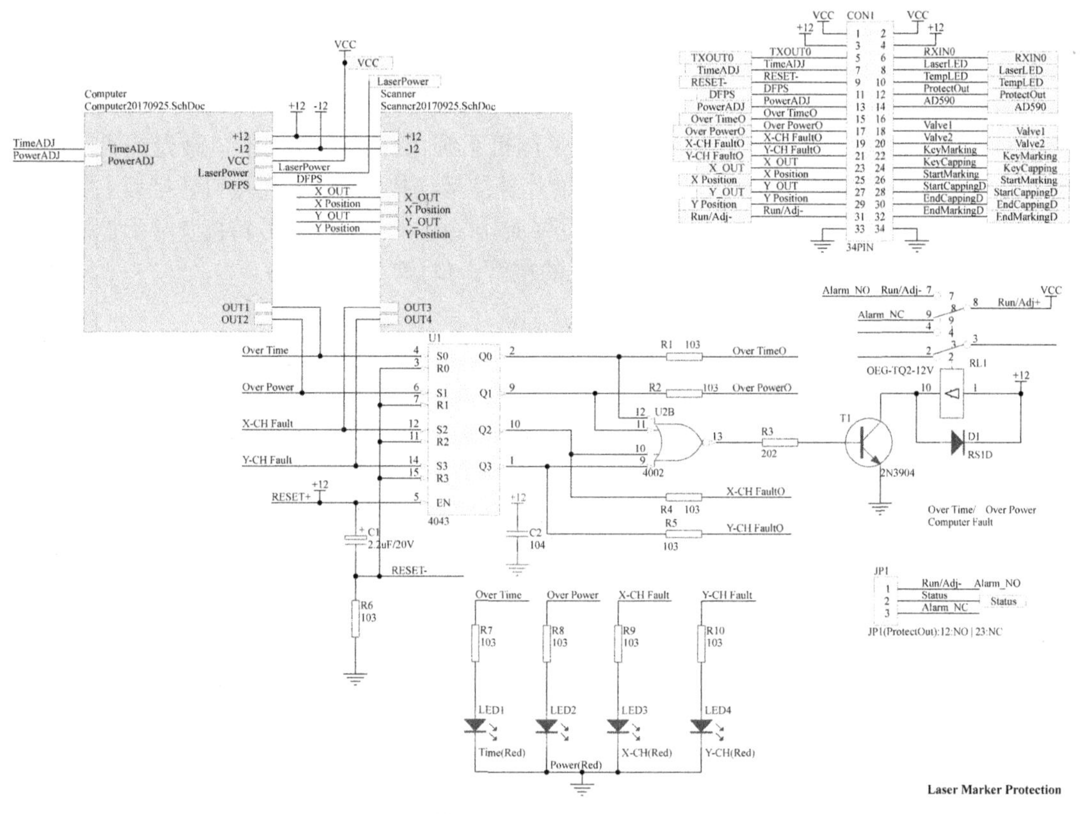

图 7.7　报警保护动作锁定和处理电路原理图

轴误动作和 y 轴误动作。系统中只要有一个报警信号存在，报警输出信号(Status 状态信号)都变为有效。

具有防爆保护功能的雷管卡口激光编码一体机主控板与信号转接及显示控制板的信号连接采用 34 芯扁平电缆排线插座 CON1 后，采用压制的扁平电缆相连接。

7.2　一体机的雷管卡口系统集成设计

雷管卡口激光编码一体机的卡口系统集成设计基于 CY8C27443 芯片实现，CY8C27443 芯片片内硬件系统包括数字系统和模拟系统的设计、控制软件程序设计，这些均和第 5 章所描述的一致。本节主要描述基于 CY8C27443 芯片的片外硬件系统简化设计以及和其他模块之间的相互关系。总体上讲，雷管卡口部分在检测到雷管到位信号后启动卡口动作的同时由 CPU 输出数字信号触发雷管编码系统开始激关编码，系统在完成雷管机械卡口的同时完成雷管激光编码。

雷管卡口激光编码一体机采用贴片型的 CY8C27443 芯片替代双列直插的芯片，选用更简洁的输入型光电耦合器件代替单个集成的光耦电路，减少了印刷电路板设计时所占用的空间。采用贴片芯片时，芯片需要首先安装在印刷电路板上，通过在线编程(ISSP)协议的方式把集成开发环境软件 PSoC Designer 构建完成的目标文件下传到芯片的 Flash 程序存储器中，形成固件，完成雷管自动卡口激光编码系统设计。

具有防爆功能的雷管卡口激光编码一体机的雷管自动卡口功能实现如图 7.8 所示，电路原理图由三部分组成：图 7.8(a)为集成一体机系统主控板的自动卡口激光编码功能部分，主要完成控制贴片型芯片 CY8C27443 的片外信号连接，(b)为在接口转接板上实现的雷管卡口接口电路，信号接口电路的实现主要安排装配在一体机信号转接及显示控制印刷电路板上，(c)为在接口转接板上装配完成的雷管卡口信号耦合电路。

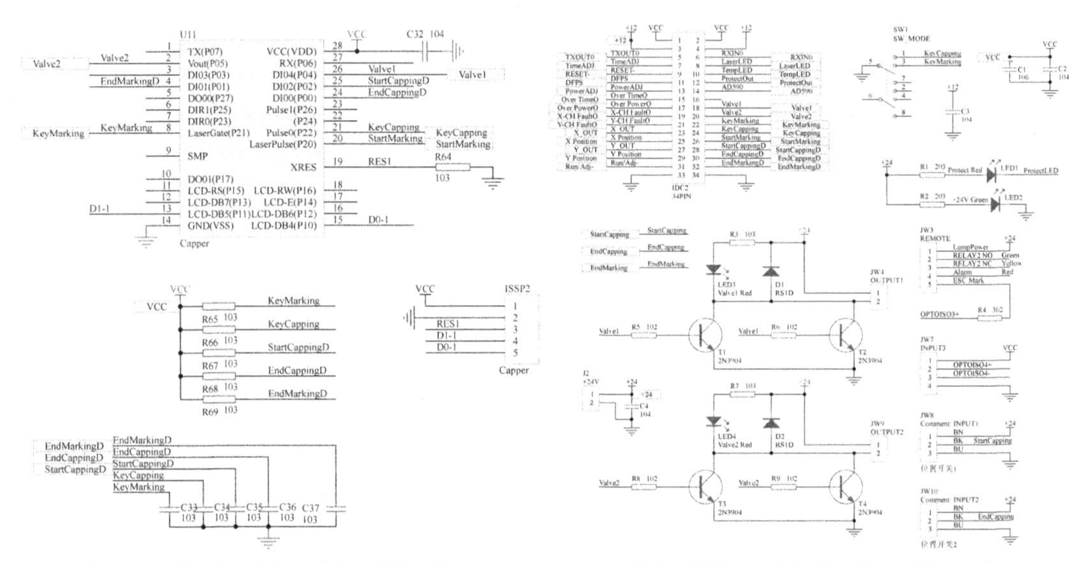

(a) 集成到主控主板的雷管卡口控制系统

(b) 在接口转接板上实现的雷管卡口接口电路

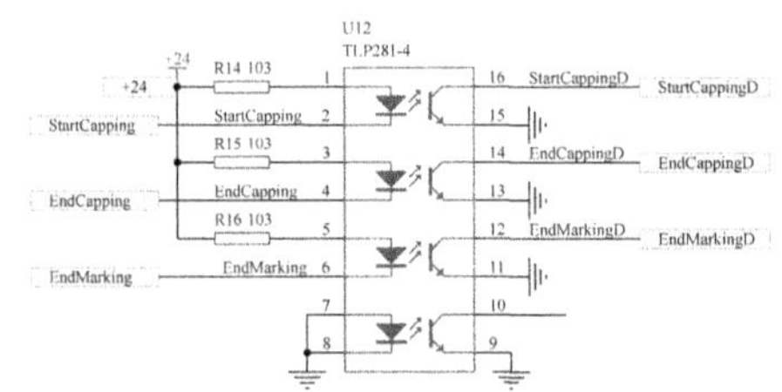

(c) 在接口转接板上实现的雷管卡口信号耦合电路

图 7.8　雷管卡口系统简化设计电路原理图

具有防爆功能的雷管卡口激光编码一体机的雷管自动卡口功能实现采用两个反射式光电开关传感器分别检测雷管到位信号和雷管卡口完成信号，采用双气阀控制气缸作为卡口的机械动力驱动元件，以此完成卡口动作。根据气源的压力调整、卡口到位检测开关的位置调节和控制双气阀气缸的开关时间长度的精确硬件定时，可以实现卡口位置和雷管卡口印痕深度的精确定位控制。

图 7.8(b)所示的标注为 JW8、JW10 的插座用来连接于雷管到位信号和卡口完成信号

检测的 NPN 型反射式光电开关传感器，标注为 StartCapping、EndCapping 的光电开关传感器输出信号，和由激光专用控制卡输出的标注为 EndMarking 的雷管编码完成信号一起作为贴片型光电隔离芯片 TLP281-4 的输入信号，光耦集成电路的 3 路 TTL 电平输出信号 StartCappingD、EndCappingD、EndMarkingD，经过上拉电阻 R67、R68、R69 和滤波电容 C35、C36、C37 组成的硬件抖动消除电路后连接到控制芯片 CY8C27443 的 P00、P01、P02 数字输入端口，由芯片 CY8C27443 片内 CPU 直接读取，作为启动卡口动作和结束卡口动作的依据。图 7.8(b)中标注为 SW1 的档位开关信号 KeyCapping、KeyMarking 经过上拉电阻 R65、R66 和滤波电容 C33、C34 组成的硬件抖动消除电路后连接到控制芯片 CY8C27443 的 P21、P22 数字输入端口，作为雷管卡口模式控制输入信号，由 CPU 直接读取。CPU 通过读取的 P21、P22 数字输入状态确定当前设备处于何种工作状态：只进行雷管卡口状态、只进行雷管编码状态、进行雷管卡口的同时完成雷管编码状态。由于状态检测是在主程序中以轮询的方式进行，因此雷管卡口系统的工作状态可以在线改变。

CPU 读取到雷管到位信号 StartCappingD 有效时，由 CPU 直接通过数字输出端口 P04 和 P05 输出标注为 Valve1 和 Valve2 的两个气缸电磁阀控制信号。气缸电磁阀控制信号 Valve1 经过限流电阻 R5 和 R6 控制 T1 和 T2，连接到 JW4 端子的执行气缸电磁阀 1 由开关三极管 T1 和 T2 并联后共同驱动，由 LED3 指示气缸电磁阀控制信号 Valve1 的有效性；气缸电磁阀控制信号 Valve2 经过限流电阻 R8 和 R9 控制 T3 和 T4，连接到 JW9 端子的执行气缸电磁阀 2 由开关三极管 T3 和 T4 并联后共同驱动，由 LED4 指示气缸电磁阀控制信号 Valve2 的有效性。StartCappingD 有效时，CPU 根据需要延迟一定时间长度后通过数字输出端口 P20 输出启动雷管编码信号，该信号直接由转接板上经过压线连接到激光专用控制卡的光电耦合器的正向输入端 OPTOISO1+，启动雷管开始编码。

雷管卡口激光编码一体机的片内系统和软件设计完成以后通过集成开发环境构建雷管卡口系统固件，固件下传方法可以通过把编程接口电路(如厂商提供的 MiniProg3 编程器所提供的 ISSP 接口)与图 7.8(a)所示的标注为 ISSP2 插座连接以实现硬件传输通路，把在集成开发环境生成的目标文件传输并固化到控制芯片 CY8C27443 内部 Flash 存储器中。编程软件可以选用 PSoC Programmer，最新版本是 3.29.1。

7.3 一体机的光纤激光器控制系统集成设计

雷管卡口激光编码一体机的光纤激光器控制系统可将第 6 章所述独立工作的光纤激光控制器优化改进以后得到，主控回路电路原理图如图 7.9 所示。

图 7.9 中 U9 所示的控制芯片 CY8C27443，把第 6 章所述的双列直插式封装电路改为贴片型集成电路芯片，增加标注为 ISSP2 的编程接口插座，与激光器相连接尺寸较大的 DB25 形式的插座改为图 7.9 中 CON2 所示简易牛角形插座。另外增加了雷管激光编码防爆保护状态读取，由防爆保护电路经过继电器输出的保护状态信号 Status 通过下拉电阻 R59 和滤波电容 C25 组成的继电器触点抖动消除电路以后连接到 P22 数字输入端口，该端口由 CPU 直接读取。关于光纤激光器实际输出功率的检测问题，首先由光纤激光器所提供的实际功率信号与实测功率信号之间误差较大；其次，目前大量实际应用的光纤激光

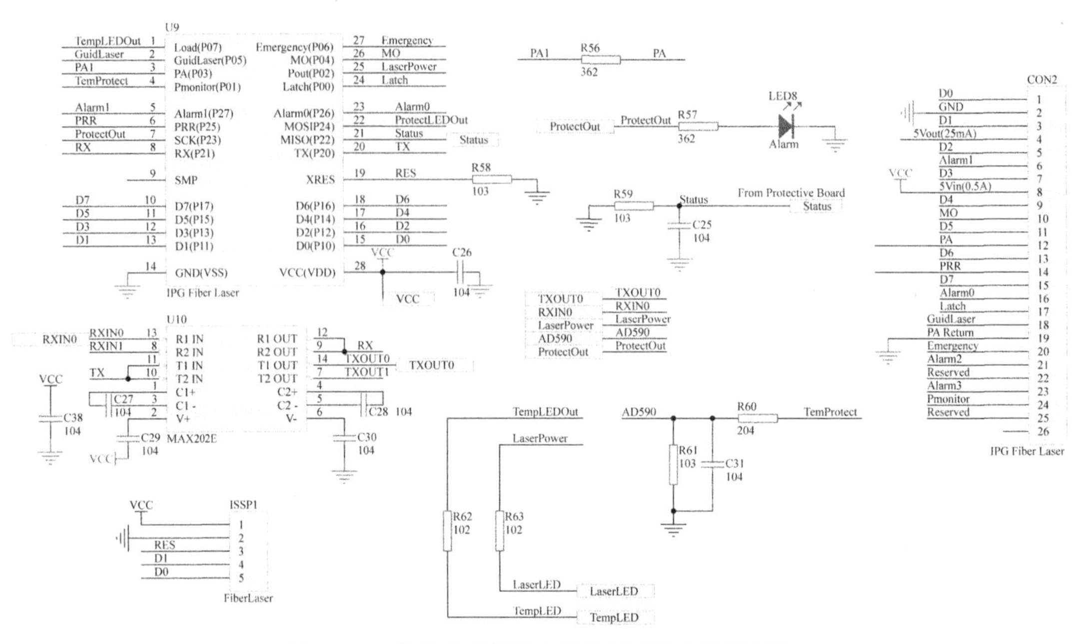

图 7.9　一体机的光纤激光器控制系统电路原理图

器并未提供实际输出激光反馈信号；最后，一体机中将光纤激光控制器功率设置的 DAC 输出作为激光功率过大的保护依据来使用，而不需要使用该准确率不高的功率反馈信号，因此原独立运行的光纤激光控制器设计中激光实际功率的采集问题在简化设计中被删除，把该模拟量的采集端口改为采集一体机工作环境温度过高保护信号。温度过高保护信号所使用的环境温度由安装在转接板上的集成温度传感器 AD590 提供，通过精密电阻 R61 进行电流电压变换、C31 信号滤波以后，连接到 P01 端口作为片内模拟比较器的输入端。芯片内部原独立设备所使用的增益可编程放大器更改为模拟比较器，通过模拟比较器和温度传感器 AD590 实现温度过高保护的设计方法与第 4 章所描述的保护方法相同。

一体机的光纤激光器控制系统读取并综合考虑防爆保护状态 Status、激光器本身的报警保护状态和工作环境温度过高保护状态等信息之后，由数字输出端口 P23 输出报警保护信号 ProtectOut。该信号通过转接板连接到激光专用控制卡的 2 号光耦输入端，向主控计算机报告报警状态，同时通过转接板上的开关三极管 T1 驱动报警输出继电器 RL1，继电器 RL1 的一对触点用于报警状态指示，另外一对无源触点用来控制标准的三色指示灯灯塔。输出报警保护信号 ProtectOut 的同时，由数字输出端口 P24 输出专门驱动 LED 灯的报警保护信号 ProtectLEDOut，通过板上的 LED 发光二极管进行报警指示。如果报警保护状态是由于过温报警引起的，控制系统由数字输出端口 P07 输出专门驱动 LED 灯的过温报警保护信号 TempLEDOut，经过限流电阻 R62 以后，输出过温指示信号 TempLED，进行过温报警指示。激光功率设定控制的 DAC 输出模拟信号 LaserPower 经过限流电阻 R63 以后，输出激光功率指示信号 LaserLED，通过二极管的亮度来指示激光的输出功率。

7.4 一体机印刷电路板设计

7.4.1 一体机主控印刷电路板设计

把由图 7.5、图 7.6 和图 7.7 组成的雷管激光编码防爆保护系统、图 7.8 所示雷管卡口控制系统中的(a)图部分和图 7.9 所示光纤激光器控制系统组合在一块形成一个项目，增加一张原理图之间的电路网络表连接关系原理图，如图 7.10 所示。

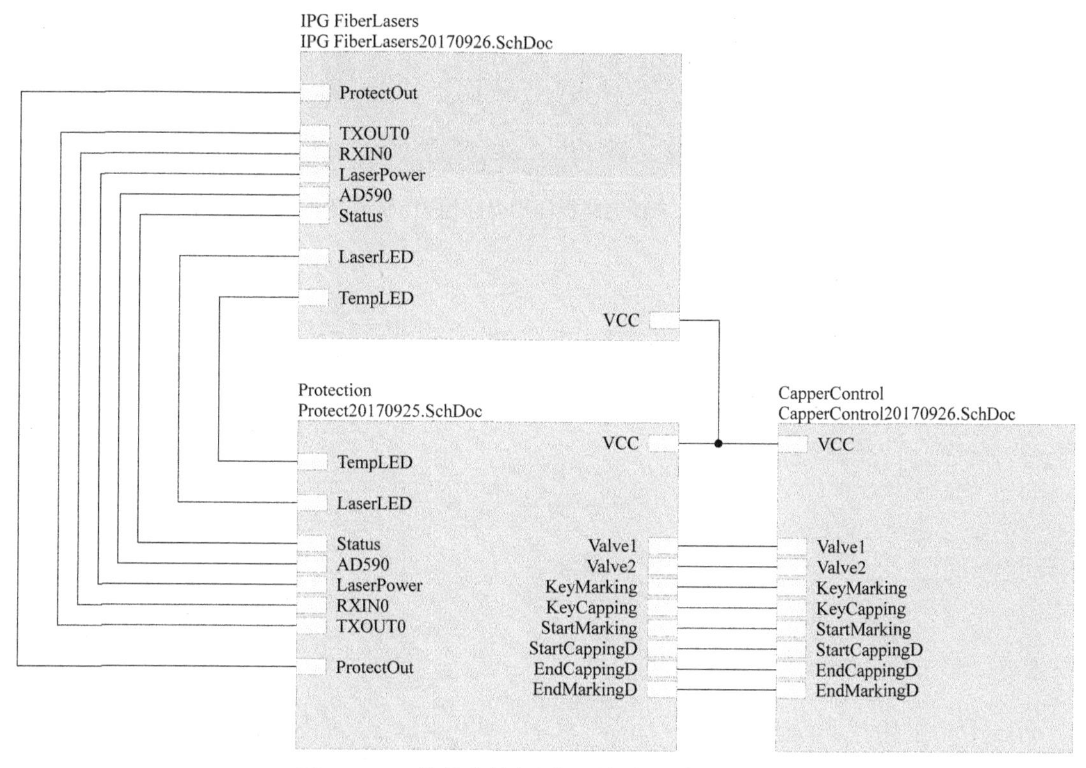

图 7.10 一体机主控板原理图间的网络连接关系

通过图 7.10 所示的网络连接关系，把原本独立的雷管激光编码防爆保护系统、雷管卡口控制系统、光纤激光器控制系统联系在一起组成一张电路网络表后，设计制作具有防爆保护功能的雷管卡口激光编码一体机控制系统主控电路板。设计完成后的主控电路板印刷电路板 3D 显示图如图 7.11 所示。

7.4.2 一体机信号转接和显示电路板设计

包含了图 7.8(b)所示接口部分原理图的完整一体机信号转接原理图和信号指示原理图如图 7.12 和图 7.13 所示。图 7.12 和图 7.13 信号连接关系原理图如图 7.14 所示。

根据图 7.12、图 7.13、图 7.14 设计制作具有防爆保护功能的雷管卡口激光编码一体

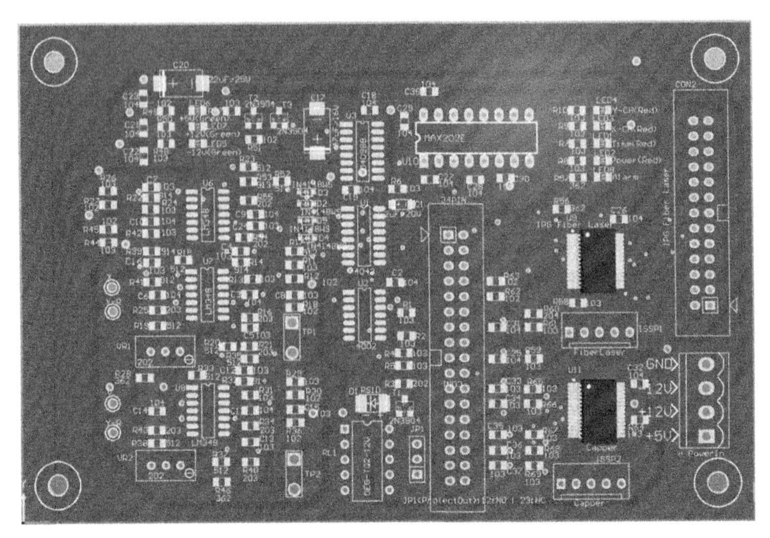

图 7.11　主控电路板印刷电路板 3D 显示图

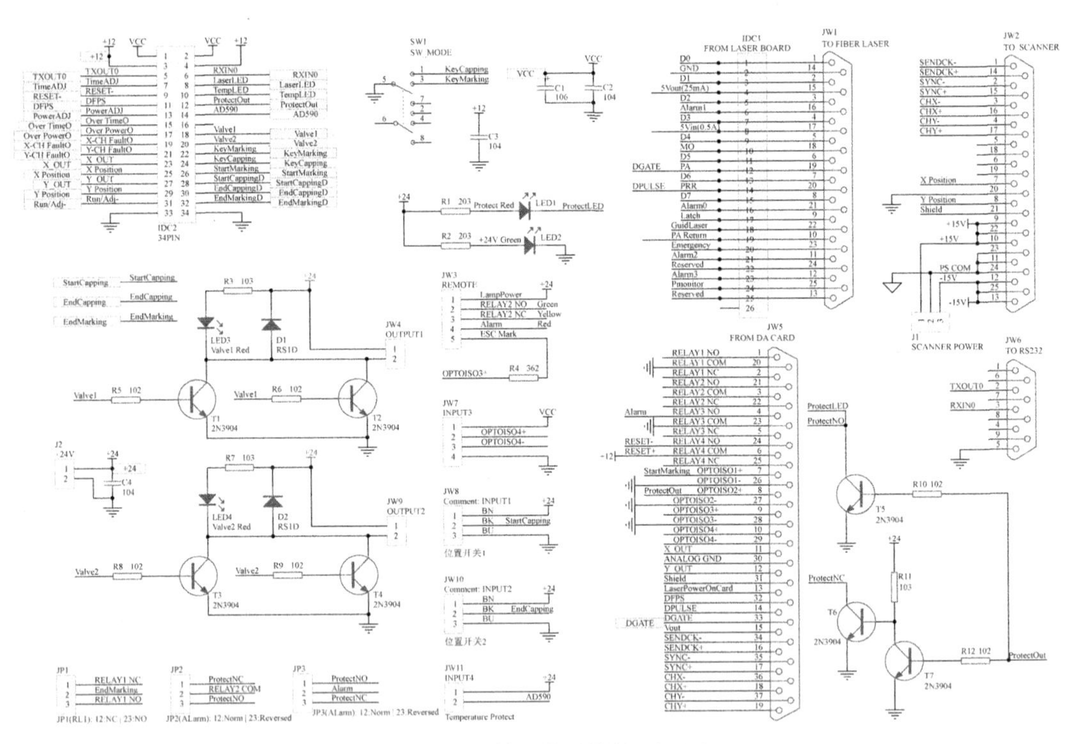

图 7.12　一体机信号转接原理图

机控制系统显示的信号转接接口印刷电路板，设计完成后的印刷电路板 3D 显示图如图 7.15 所示。

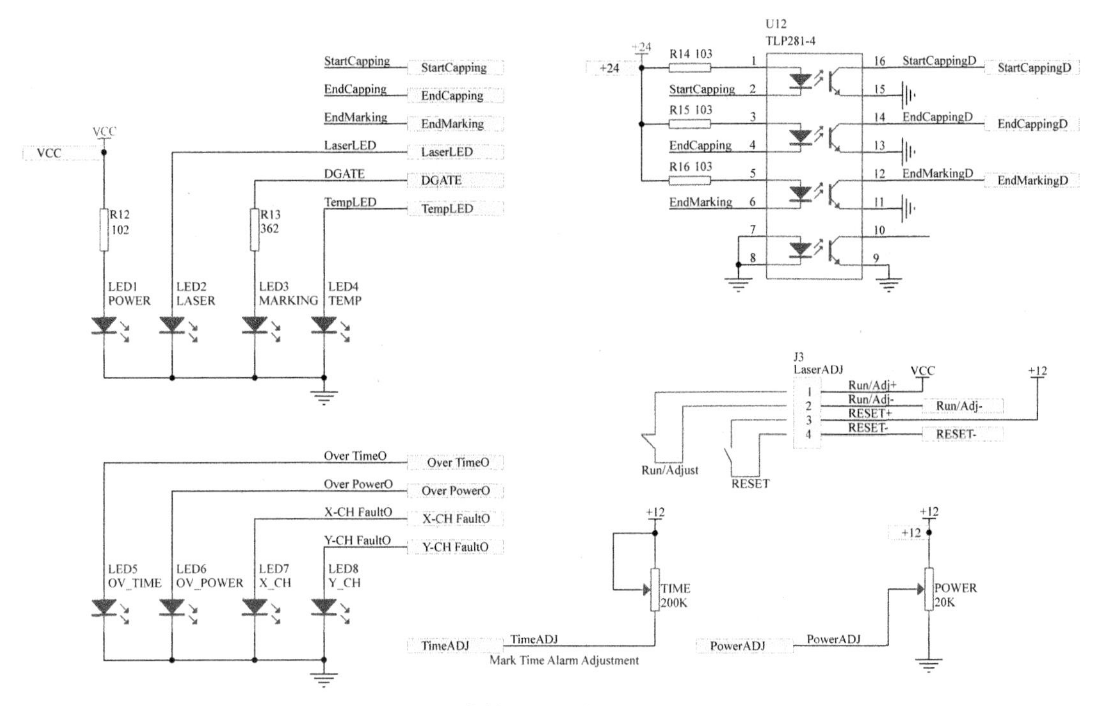

图 7.13 参数设定和信号指示原理图

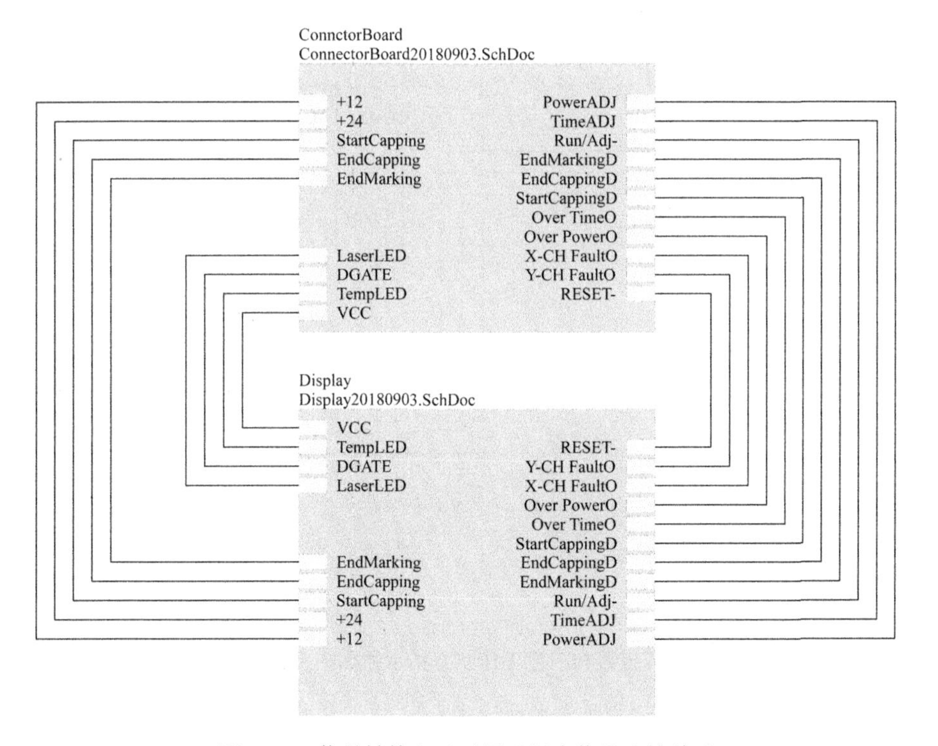

图 7.14 信号转接和显示原理图中信号连接关系

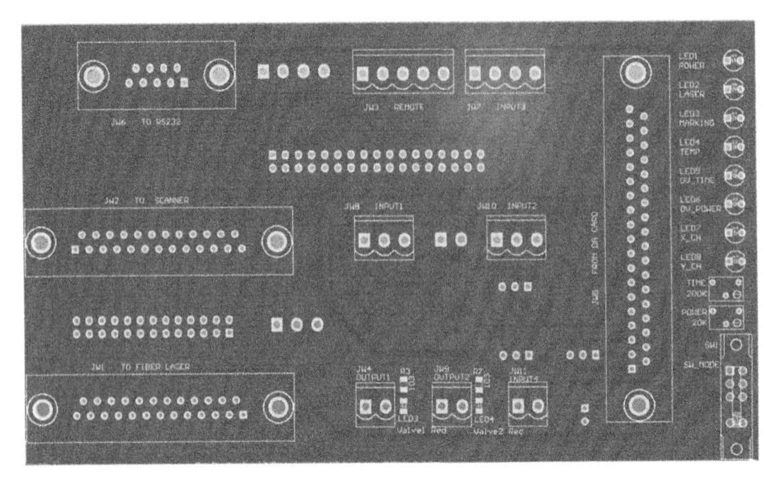

图 7.15　显示的信号转接印刷电路板 3D 显示图

7.4.3　声音报警和三色工作状态指示电路板制作

根据实际使用情况，声音报警和三色工作状态指示需要独立设计一块电路板，需要满足工业标准的通用三色指示灯塔接口。电路原理图如图 7.16 的左图所示，图中标注编号为 J2 的控制信号接口插座直接由图 7.12 接口板中的 JW3 控制。

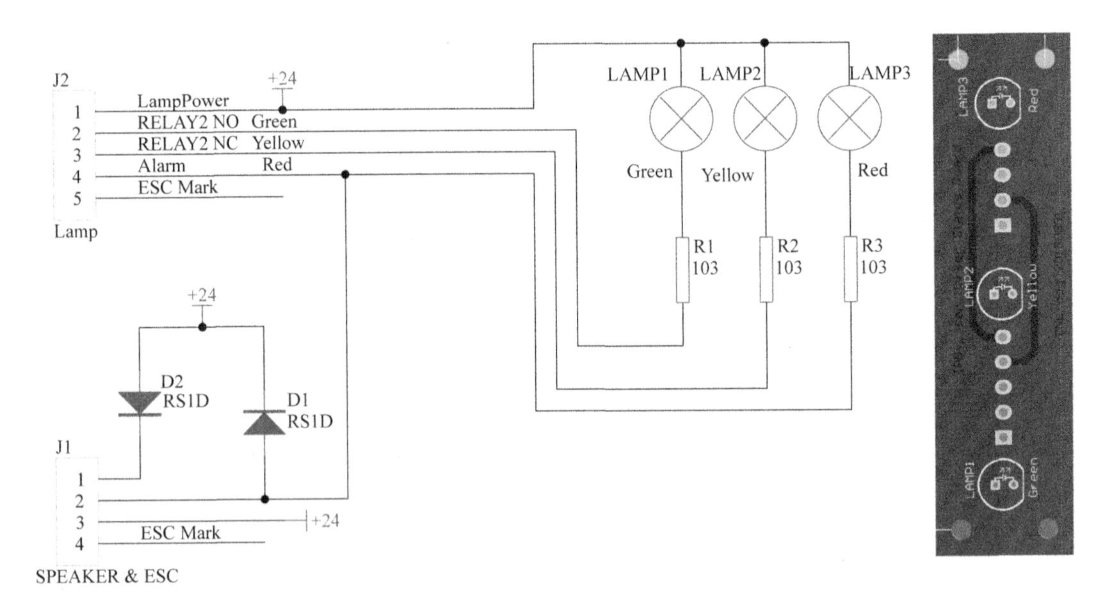

图 7.16　声音报警和三色工作状态指示原理图及其印刷电路板

根据图 7.16 的左部所示电路原理图设计印刷电路板 3D 显示如图 7.16 右图所示。

7.5　一体机的信号连接关系

雷管卡口激光编码一体机控制系统电气总装图如图 7.17 所示。一体机信号转接板与数字扫描头之间的连接关系如图 7.18 所示。

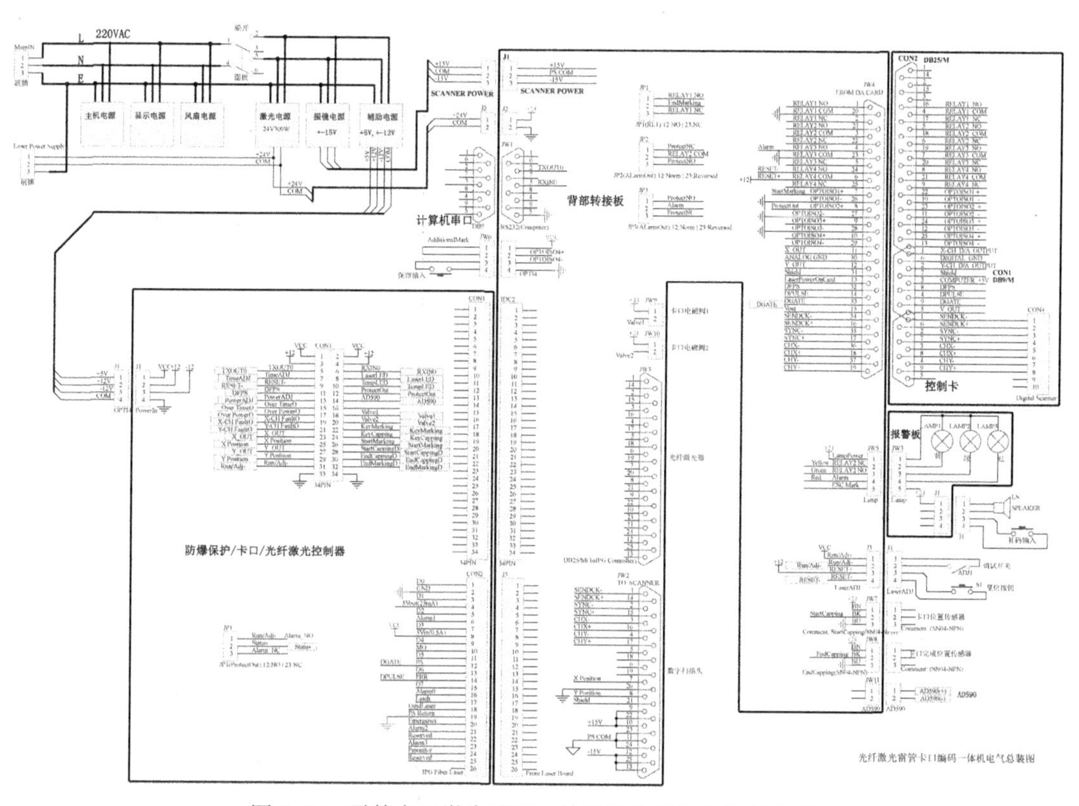

图 7.17　雷管卡口激光编码一体机控制系统电气总装图

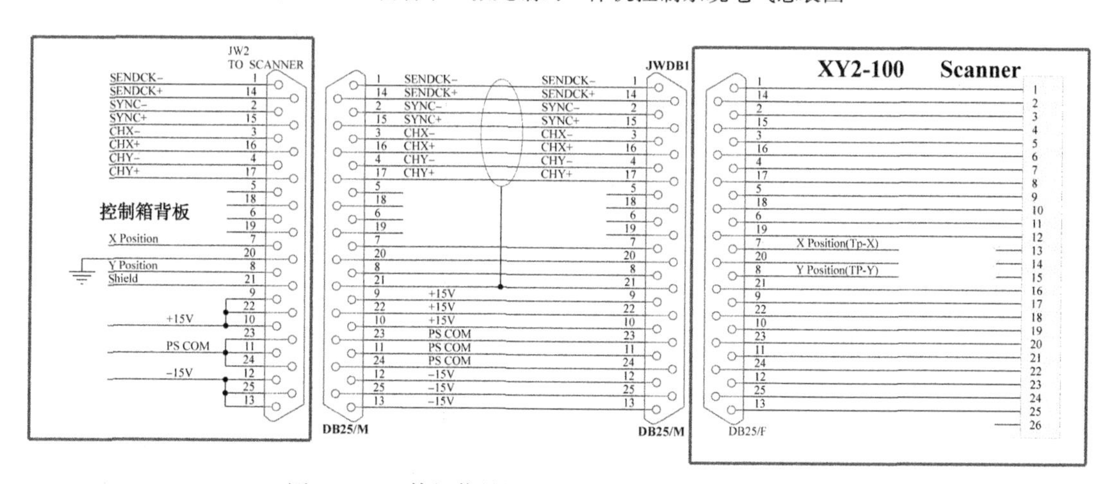

图 7.18　一体机信号转接板与数字扫描头的连接关系

第 8 章　基于 PSoC5LP 的激光控制系统设计

随着激光技术和计算机技术的快速发展，激光技术在工业上的运用越来越广泛，对激光的控制要求也越来越高。硬件上，虽然一些工业控制计算机还保留了少量的 ISA (Industry Standard Architecture)总线扩展插槽，但是传统基于 ISA 接口的激光控制技术已经不能适应当前的激光控制需要；软件上，为了计算机系统的运行安全和使用方便，目前流行的基于 NT 内核的操作系统的功能在不断完善，直接对硬件进行读写的操作功能已经不能在用户态(目态)完成，传统基于硬件直接读写的控制软件已经不能使用。根据这种情况，我们开发了基于 PCI (Peripheral Component Interconnect) 局部总线规范的激光专用控制卡，在硬件基础上开发运行在操作系统内核环境下的激光专用控制卡驱动程序，运行在用户态(目态)完成的专用激光控制软件，该系统已经经过了多年的实际应用检验。

本章介绍基于计算机外围设备互联总线协议 PCI 局部总线接口芯片 PCI9052 实现 PCI 总线协议硬件接口设计，采用 PSoC52LP 系列中的 CY8C5268AXI-LP047 芯片实现激光专用控制系统的设计方法和实现过程。关于 PSoC5LP 系列芯片和集成开发环境 PSoC Creator 软件的介绍和使用过程可以参考第 2 章 2. 4 节的相关内容。

8. 1　基于 PLD 逻辑电路的激光控制系统设计*

由于技术规范的完全开放特性和功能上的优秀表现，PCI 局部总线规范已经成为计算机系统外围设备并行互联的标准接口。为了确保系统安全运行，Windows 操作系统严禁用户程序直接访问硬件。针对硬件的直接读写和对中断系统的管理权利只能由操作系统内核完成，用户运用程序无法获取这种权利。对硬件的访问必须通过操作系统内核实现，并且由操作系统统一调度，用户程序通过特定的接口机制把控制命令发送到在操作系统内核(Kernel)工作的驱动程序，操作系统管理驱动程序对硬件的操作。另外，用户进程的调度统一由操作系统完成，用户无法干预，也就是说，用户进程何时占用 CPU，执行用户无法预知。这给精确控制激光带来了困难。需要开发基于 PCI 局部总线规范的激光专用控制卡，在此基础上开发运行在操作系统内核的专用激光控制软件。

8. 1. 1　基于 PCI 接口的激光控制卡硬件设计

由于 PCI 接口中信号传输方式采用反射波方式传输，接口比较复杂。PCI 接口设计通

---

* 本节所述部分内容已经公开发表于武汉大学学报(工学版)，见参考文献[17]，在这里做了修订和更新。

常有两种可行的方法：一种是采用带有 PCI 接口功能的可编程逻辑如 CPLD 或者 FPGA 芯片器件实现 PCI 接口，这种方法比较灵活，可以根据具体需要实现 PCI 协议的部分或全部功能。但是这种方法前期投入大，开发周期长；另一种方法是采用专门 PCI 接口芯片实现 PCI 接口规范的全部功能，这种方法不用过多地考虑信号传输问题，可以减少开发时间和成本。基于 PCI 接口芯片 PCI9052 硬件接口框图如图 8.1 所示。

根据 PCI 总线协议，图 8.1 中带有#后缀的信号均为低电平有效，其他信号均为高电平有效。控制系统硬件按照 PCI 扩展插槽外接 5V 33MHz 扩展接口方式设计，扩展卡中与 PCI 总线的信号接口通过 PCI9052 芯片完成，局部总线部分的逻辑电路采用一片 PLD 芯片 22V10 和一片 16V8 共同实现，激光控制系统接口通过 AD669 数模转换器、82C54 定时/计数器、并行总线接口芯片 74HC245 和 74HC574 及相关驱动接口实现。驱动程序设计以后，激光器的控制功能由软件直接控制对应功能的逻辑芯片实现。PCI9052 芯片工作模式通过串行电可编程只读存储器(E^2PROM)93LC46B 按照同步串行 I^2C 协议接口方式在系统上电时完成 PCI9052 芯片的初始化工作。

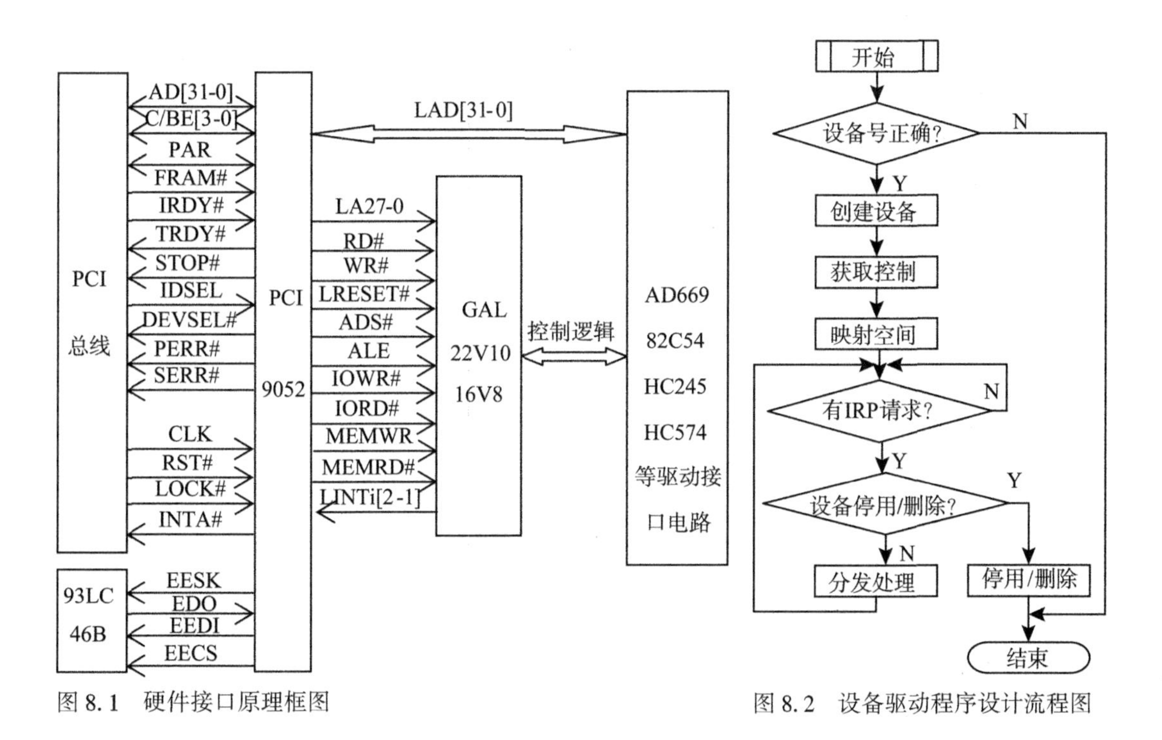

图 8.1 硬件接口原理框图　　　　图 8.2 设备驱动程序设计流程图

1. PCI9052 简介

PCI9052 是博通公司(Broadcom Inc.)提供的 PCI 从设备扩展板专用接口芯片，支持包括 ISA 总线在内的多种复用/非复用局部总线，支持慢速设备的突发传输。PCI9052 既是 PCI 的从设备又是局部总线的主控设备，对于原有 ISA 接口扩展卡平滑过渡到 PCI 接口扩展卡，PCI9052 是较好选择。

PCI9052 采用 160 脚塑料 PQFP 封装，管脚主要有四个部分：第一部分直接与 PCI 扩展槽接口，包括 PCI 地址/数据总线 AD0～AD31、PCI 控制接口线：FRAM#(周期帧，#表示低电平有效，下同)、IDSEL(初始化设备选择)、INTA#(中断 A)、RST#(复位)、DEVSEL#(设备选择)、TRDY#(目标准备好)、IRDY#(准备好)、CLK(时钟)、LOCK#(锁定)、PAR(奇偶校验)、PERR#(奇偶校验错)、SERR#(系统错)、STOP#(停止)等。这部分的引脚直接与 PCI 扩展槽的相应端子连接，布线时要特别注意符合 PCI 协议规范所规定的物理连接要求。第二部分是局部总线接口信号，包括多路复用时的地址/数据总线 LAD0～LAD31，非多路复用时用作数据线，非多路复用时地址总线是 LA27～LA0，局部总线控制信号 RD#(读)、WR#(写)、LRESET#(局部总线复位)、ADS#(地址选通)、ALE(地址锁存允许)、IORD#(输入/输出读)、IOWR#(输入/输出写)、MEMRD#(内存读)、MEMWR#(内存写)等信号。第三部分是初始化配置空间 I^2C 串行 E^2PROM 接口信号，包括 EECS(片选)、EEDI(数据输入)、EEDO(数据输出)、EESK(数据时钟)。第四部分为包括电源引脚、地线引脚、模式选择引脚、可编程输入/输出引脚以及其他相关引脚。

布线时，除了满足 PCI 规范外要特别注意 CLK 引脚的布线和电源的去耦问题。

2. 控制卡功能设计

根据激光控制要求，激光专用控制卡需要设计以下四种功能：第一种，四路 16 位分辨率 D/A(数字模拟转换)独立输出，由四片 AD669 完成。其中，两路用于激光高速扫描振镜控制，一路用于动态聚焦控制，一路用于固体激光器功率控制。第二种，四路 10MHz 高速光电隔离输入，由两片惠普公司的 2630 完成。提供开激光动作信号、系统互锁保护信号、激光电源保护状态、Q 开关驱动器工作状态、生产线运动状态等信号的输入。第三种，四路继电器触点输出，由 TX2-12 完成。提供激光加工完成信号、红光指示信号、激光电源开启信号、制冷系统开启等信号的输出。第四种，激光专用控制信号输出，由 82C54 完成。由三路 PWM 信号合成后输出激光专用控制信号，提供激光调制频率、激光首脉冲抑制、射频 CO_2激光功率调节、固体激光器调 Q 脉宽调节信号的综合输出。

另外，提供八路 TTL 电平输出(通过 74HC574 和 ULN2803 完成)和八路 TTL 电平信号输入(由 74HC245 完成)，可以对一些激光辅助设备进行控制，如电机的控制、相关生产流水线的控制、工作台的控制等。

PCI9052 配置成 ISA 模式的 32 位总线方式，可以采用 PLD 芯片 GAL22V10 和 GAL16V8 比较方便地产生控制逻辑信号，从而实现上述功能，这里不再赘述。

3. 控制卡配置

PCI 协议严格规定了 PCI 设备(含 PCI 扩展卡)的配置空间，任何 PCI 设备都必须具有相应的配置空间，完成配置空间的全部或部分功能。PCI9052 提供了通过 I^2C 串行 E^2PROM 完成配置空间的方法，同时 PCI9052 严格规定了 E^2PROM 必须具有连续读(Sequential Read)功能。这里采用 Microchip Technology 生产的 93LC46B 完成配置空间数据存储。93LC46B 存入的信息包括设备号 DID、制造商号 VID、子设备号 SDID、子制造商号 SVID、中断号、设备类型号、局部空间基地址、局部空间描述符、片选响应以及局部响应控制字等内容。E^2PROM 的内容关系到扩展卡能否正常工作，设计时要非常注意。

8.1.2 基于逻辑电路的激光专用控制卡硬件实现

1. 控制卡硬件实现电路原理图

图8.3为PCI扩展总线和PCI9052信号连接关系电路原理图，图8.3中P1为位于计算机主板上的PCI扩展插槽5V33MHz短板的信号定义及外部连线关系，外部扩展设备通过该插槽和计算机的PCI总线相连接，完成计算机系统外围设备的并行扩展。U16为PCI桥接芯片PCI9052芯片引脚定义和外部连线关系，通过该芯片把低速外围设备通过PCI扩展插槽连接到计算机的高速并行PCI总线，PCI9052芯片作为PCI总线的从设备和外部低速局部总线的主设备使用。U17为PCI9052的串行接口E^2PROM配置芯片，计算机上电时通过同步串行接口把保存在该芯片中的数据传输到PCI9052的配置寄存器，从而完成PCI9052的功能初始化。

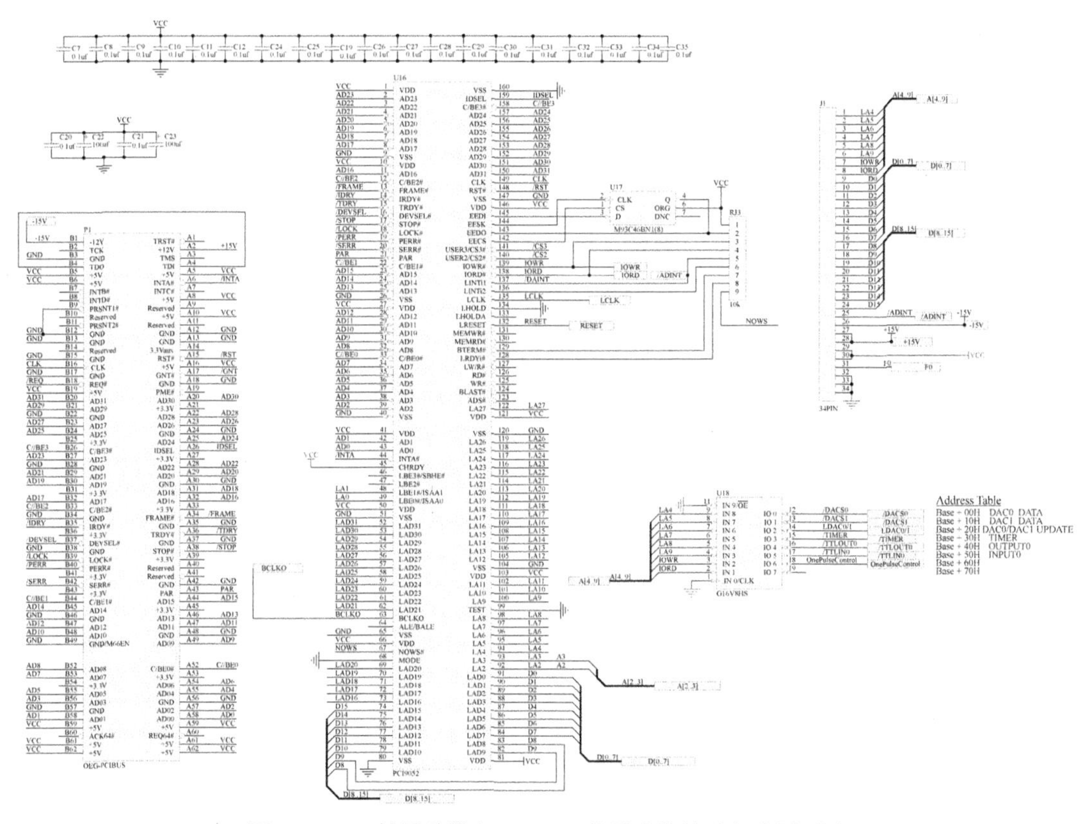

图8.3 PCI扩展总线和PCI9052信号连接关系电路原理图

图8.3中，电源滤波电容C7～C12完成由PCI总线输出的5V电源滤波，放置在扩展插槽5V触点的附近；C20～C35装配在PCI9052芯片电源输入端的附近，以完成电源滤波功能。标注为U18的PLD芯片GAL16V8设计为地址译码电路，其内部实现的译码功能电路原理图如图8.4所示。

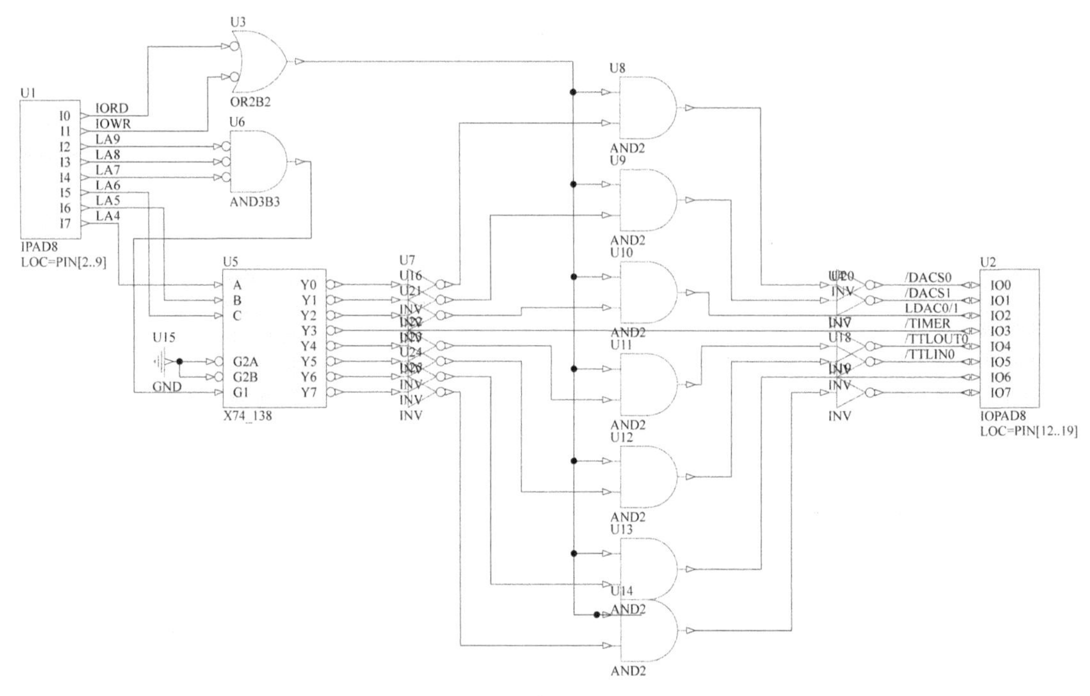

图 8.4　GAL16V8 设计的地址密码电路原理图

为减小控制卡的尺寸，采用 34 芯插座 J1 作为控制板的扩展插座，一些不常用但有可能用到的功能可以通过该扩展插座实现，如四路数字模拟转换器 DAC 输出，常用的两路在主控制板上设计，另外不常用的两路可以通过扩展插口实现。

激光器控制的数字接口信号可通过如图 8.5 所示的控制逻辑电路原理图实现。图 8.5 中 U15 所示的三定时/计数器能实现激光器所需的功率脉宽调制信号 PWM 和激光预置信号 TICKLE，这两个信号作为 U6 标注的 PLD 芯片 GAL22V10 的输入使用，来自 U11 标注的 MC74AC273 锁存输出的激光控制信号高 4 位 D7 ~ D4 也作为 U6 的输入，经过 GAL22V10 内部逻辑电路产生激光器控制所需的标准控制信号 GATE(激光开关)、PULSE(激光脉宽调制脉冲)和 FPS(激光手脉冲抑制)，这些信号经过 U7 标注的集电极开路型达林顿三极管阵列集成芯片 ULN2803 驱动后输出。归纳不同类型激光器的控制方式，三个控制信号 GATE、PULSE 和 FPS 的驱动电压有 12V 和 5V 两种，通过设计 JP2、JP3、JP4 三个跳线来切换三个控制信号输出是 12V 还是 5V，从而解决了控制器的通用性问题。定时/计数器 U15 所需的时钟信号 F0 将 PCI9052 局部总线工作的时钟输出信号 BCLKO 作为时钟源，经过 GAL22V10 分频后提供。

定时/计数器 U15 的工作模式设置方式为：COUNTER 0：设置为模式 2(MODE 2)，速率发生器，定义输出脉冲的频率 f =F0/N0，其中 F0 为 U15 的时钟输入频率，由 U6 提供，N0 为 COUNTER0 的计数初始值；COUNTER 1：设置为模式 1(MODE 1)，硬件可重复发单脉冲输出方式(Hardware Retriggerable ONE-SHOT)，用来定义激光预置信号

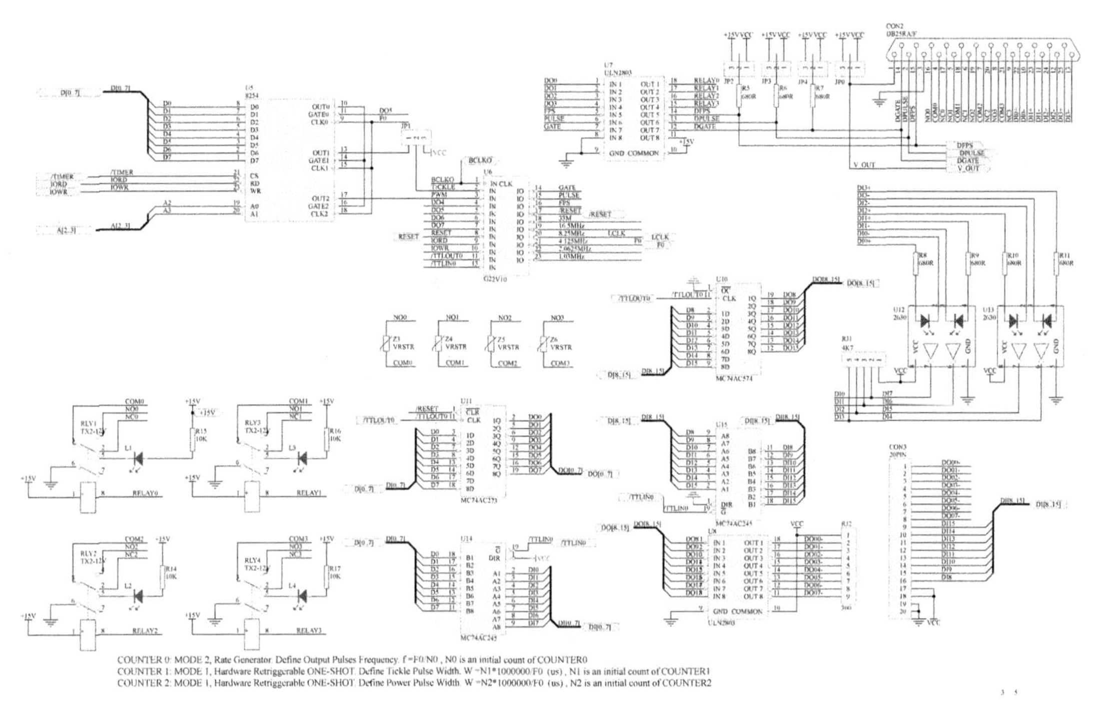

图 8.5 激光控制逻辑电路原理图

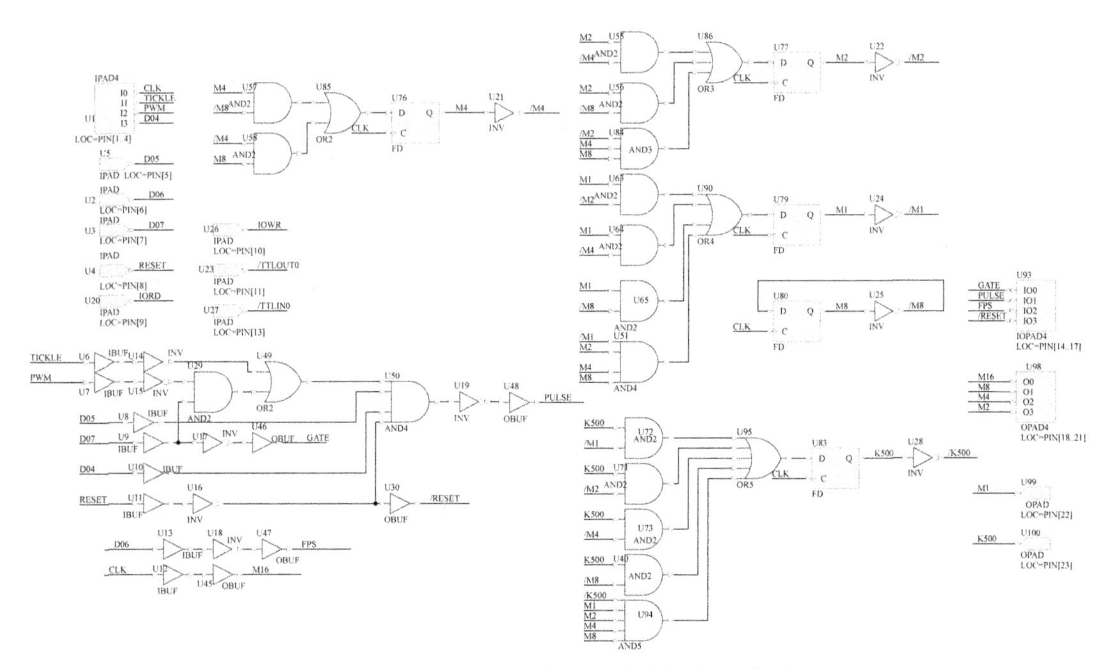

图 8.6 GAL22V10 设计的激光控制逻辑电路原理

(Tickle)的脉宽，Tickle 脉宽定义为 W =N1×1000000÷F0 (us) ，N1 为 COUNTER1 所设置的初始计数值；COUNTER 2：设置为模式 1(MODE 1)，硬件可重复发单脉冲输出方式(Hardware Retriggerable ONE-SHOT)，用来定义激光功率信号(PULSE)的脉宽，PULSE 脉宽定义为 W = N2×1000000÷F0 (us)，N2 为 COUNTER2 所设置的初始计数值。

标注为 U6 的 PLD 芯片 GAL22V10D 设计为激光控制逻辑和时钟分频电路，其内部实现的控制逻辑和时钟分频功能电路原理图如图 8. 6 所示。

两路模拟输出的激光定位信号输出原理图如图 8. 7 所示。采用标注为 U1 和 U2 的两片数模转换电路芯片 AD669 实现，C1~C6、C14~C18 组成的电容网络，分别完成 AD669 芯片的电源去耦滤波电路，设计时要尽量地靠近芯片的电源引脚。AD669 芯片的模拟电压输出经过 OP07 运放驱动后作为 x 轴和 y 轴的模拟坐标信号控制激光器的作用平面中激光作用点的定位坐标。AD669 芯片设计的默认输出幅值为±10V 模拟电压输出方式，大多数的激光扫描头需要幅值±5V 的模拟电压控制方式，通过图 8. 7 中所示的 R1、R2 和 R3、R4 分压后变成幅值±5V 模拟电压输出，针对幅值为±10V 模拟电压输出控制的激光扫描头，只需要卸掉 R1 和 R3 即可满足要求。

2. 印刷电路板和 PLD 器件控制逻辑

保存图 8. 3 所示 PCI 扩展总线和 PCI9052 信号连接关系电路原理图的文件名称为 PCIBus. SCH，保存图 8. 5 所示激光控制逻辑电路原理图的文件名称为 82C54. SCH，保存图 8. 7 所示激光定位控制信号模拟输出电路原理图的文件名称为 DaAd. SCH，根据电路原理图文件名称制作的电路原理图之间信号连接关系图如图 8. 8 所示。

根据图 8. 8 所示三张电路原理图之间的电路网络连接关系，把三张原理图对应的电子元器件及其连接关系映射到同一张印刷电路板上，据此设计基于组合逻辑电路和时序逻辑电路的激光专用控制卡印刷电路板如图 8. 9 所示。

PCI 扩展接口卡印刷电路板设计制作时，布线要严格按照 PCI 协议进行设计，特别是时钟信号 PCI CLK 的布线及长度有严格要求，PCI 协议规定 32 位和 64 位 PCI 扩展卡 PCI CLK 信号线的长度为 2. 5 英寸±0. 1 英寸(2. 5 inches ± 0. 1 inches)[28]，转换为国际单位为 63. 5mm±2. 54 mm。这就要求 PCI9052 芯片的 P149 引脚与 PCI 插槽触点 B16 之间的 CLK 信号线的长度为 63. 5mm±2. 54 mm。图 8. 9 所示的激光专用控制卡 CLK 时钟信号的实际布线结果如图 8. 10 所示。

图 8. 10 所示的 PCI CLK 信号线的布线除了长度要满足要求以外，走线还要尽量圆滑，33MHz 的时钟信号走线出现拐角或者负载不匹配时，可能会把信号线上的能量直接变成电磁波，并向空间发射，同时还会造成对其他信号线的较大干扰。其他信号线应该尽量远离 PCI CLK 信号线，如 PCI9052 芯片的 P148 引脚与 PCI 插槽触点 A15 之间相连接的复位/RST 信号线的走线采用相反走向而不是并行走线。PCI CLK 信号线附近尽量走地线，当然地线和时钟信号线之间不能形成电感效应。

8. 1. 3　激光控制系统软件设计

1. 控制卡驱动程序设计

基于 NT 内核的操作系统 Windows 2000、XP、2003、7、8、10 必须提供相应的设备

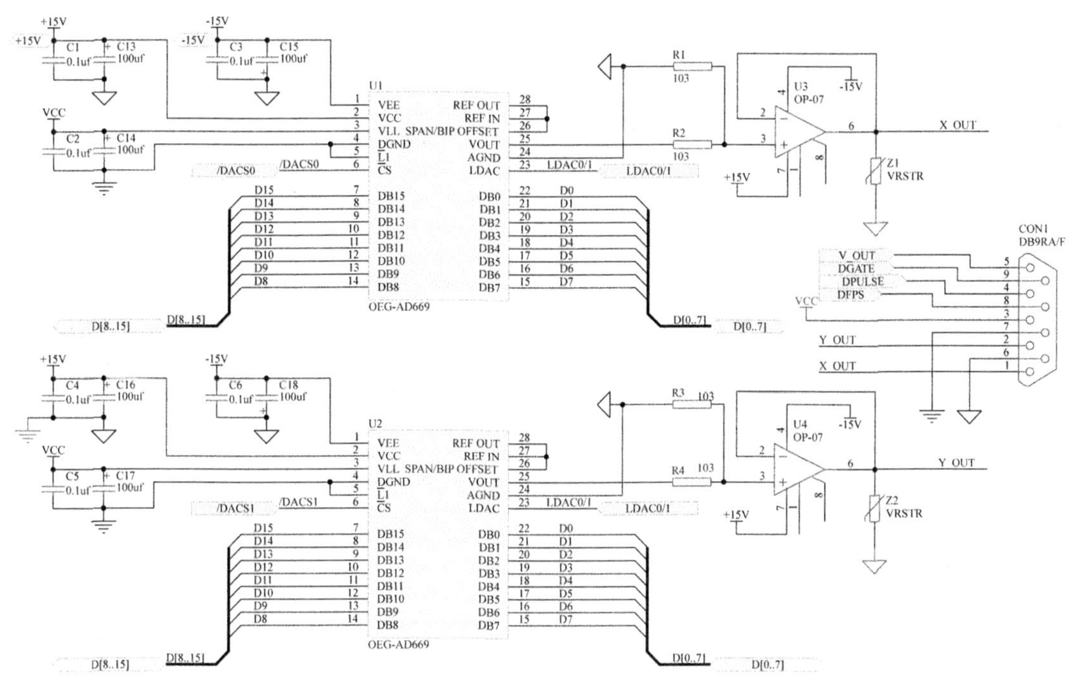

图 8.7　激光定位控制信号模拟输出电路原理图

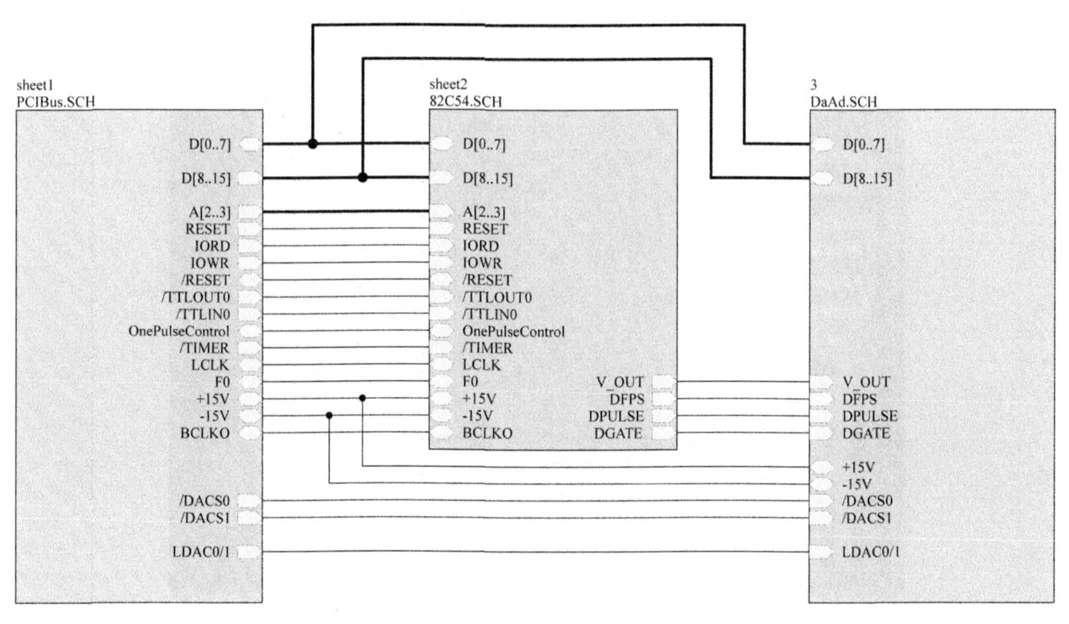

图 8.8　电路原理图之间信号连接关系图

驱动程序，PCI 设备(扩展卡)才能正常工作。

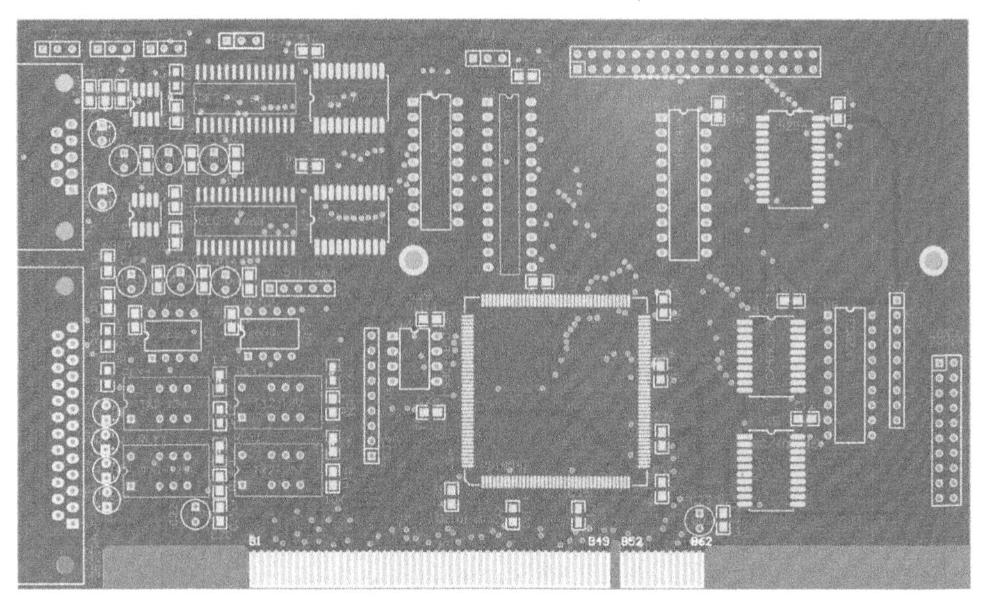

图 8.9　控制卡硬件实现印刷电路板 3D 显示图

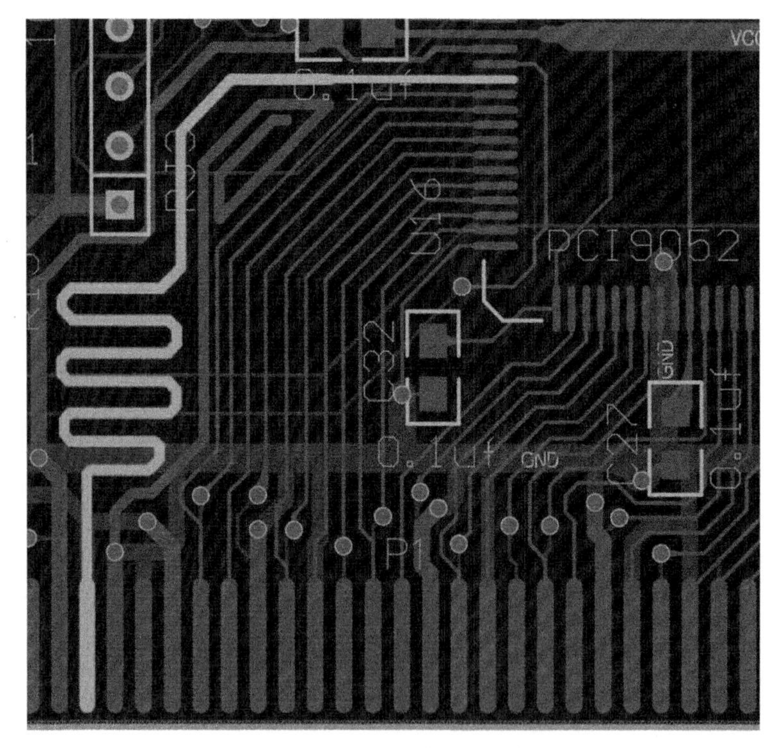

图 8.10　PCI CLK 信号线的布线

PCI9052 设备的启动过程是：系统上电时 RST#有效，PCI9052 首先检测 E^2PROM 是否存在，若存在则顺序从 E^2PROM 读出配置信息来初始化内部寄存器，若 E^2PROM 不存在则按缺省值初始化寄存器；复位完成，RST#无效，系统自举，PCIBIOS(PCI 基本输入输出系统，由计算机硬件制造商固化在主板上)根据配置空间的内容进行系统资源分配；系统装载操作系统，设备驱动程序作为操作系统的一部分被加载(系统根据 PCI 配置空间的设备号、制造商号、子设备号和子制造商号选择加载的驱动程序)。只有驱动程序获取了 PCI 设备的资源，实现了资源映射，完成了 PCI 设备资源与用户程序之间的接口工作，用户程序才能通过驱动程序对 PCI 设备进行操作。

驱动程序的工作是根据 PCI 配置空间的设备号等内容获取 PCI 设备的资源，完成资源映射，实现 PCI 设备资源与用户程序之间的接口。驱动程序流程如图 8.2 所示。

PCI 设备的资源分配是由 PCI 配置机构完成的，系统装载驱动程序后收回了控制权，只有系统得到 IRP 请求包后才向相应的驱动程序发送 IRP，驱动程序根据 IRP 进行相应处理，包括存储器读写、端口输入输出读写、中断处理、DMA 操作(虽然 PCI 总线不支持 DMA 操作)等。一旦驱动程序接受 IRP 请求，就可以完全占用系统资源，也就可以实现多任务操作系统下的实时控制。

实时性要求不高的系统，驱动程序只需要完成 PCI 设备资源与用户程序之间的接口就可以了，但对于实时性要求较高的系统，就需要在驱动程序部分多下工夫。

由于激光本身具有高功率密度特性，这就决定了激光控制必须是严格的实时控制，但是基于 NT 技术的操作系统处理多任务时的进程调度不能保证用户进程的实时性。因此必须把激光实时控制软件的核心部分从用户态移植到驱动程序(内核态)，在系统加载驱动程序时装入主存，只有在内核才能实现独占处理器实现实时控制。当然，置于内核的程序不能过大，否则影响计算机系统的效率。本系统把完成激光实时控制、振镜系统实时控制的代码移植到驱动程序里完成，实现了多任务操作系统下的激光实时控制。

PCI 设备驱动程序可以由微软提供的专门的驱动程序开发软件设计，这是最完美的驱动程序开发方式。早期曾经出现过辅助驱动程序开发的一些工具，如采用基于 DDK 的驱动程序开发工具 DriverStudio 或 Windriver 来完成，由于 Windriver 灵活性较差，一般选择 DriverStudio 与 DDK 相结合的方式完成，这种采用辅助工具软件的方式目前已经基本被淘汰。

2. 激光控制软件设计

在完成了 PCI 控制卡驱动程序的开发，实现了激光实时控制程序的移植到内核以后，上层(用户态)激光控制软件的开发就变得容易多了。但是，把完成什么任务的代码移植到驱动程序，需要认真分析，谨慎考虑，并且要尽可能地压缩进入驱动程序的代码。系统的任何资源都是对驱动程序开放的，完成任务不受限制。但是，驱动程序的一个微小错误都会导致系统崩溃。能在用户层面完成的工作就绝不放到驱动程序内部。

通常的软件处理工作都放在用户态完成。原来基于非 NT 技术操作系统 Windows 95/98/me 的激光控制系统，除了上述实时性要求较高的部分外，都可以在用户状态直接使用，但是必须把端口、中断操作改由驱动程序完成，用户状态程序通过严格的数据传输机制(数据请求包 IRP)调用驱动程序完成这些操作。

用户状态程序完成的功能有：不同文件格式的转换；字体处理；图形图像处理；对象

旋转、倾斜、镜像等编辑功能的实现；激光参数的修改与显示；生产线激光应用中激光控制与生产线控制之间的接口处理；屏幕显示到激光输出的处理等。用户状态处理完成后通过特定接口 IRP 结构把数据从用户态发送到驱动程序，完成激光控制。

8.2　基于 PSoC5LP 的激光控制逻辑设计

基于 PLD 逻辑电路的激光控制系统设计制作完成后，经过了长时间的实际应用考验，总体效果较好。但是经过长时间的应用，还是发现了一些问题：一方面是工艺制造方面的问题，如金手指镀金效果达不到要求，导致金手指氧化，进而接触不良的问题，这种问题主要靠印刷电路板外协加工的质量保证，一般需要重新选择印刷电路板制造的加工协作单位；另一方面是由于电子元器件制造工艺不过关导致的局部功能出现缺陷的问题，集中体现在极个别元器件，特别是定时器/计数器芯片 82C54 芯片本身的问题。曾经有一段时间采购的 82C54 芯片缺陷比例极高，必须寻求该芯片的替换解决方案。在探寻 82C54 芯片替换解决方案过程中，我们发现原有激光专用控制卡还需要完成一些功能的改进，包括数字扫描头接口实现问题、独立的光纤激光控制器集成到控制卡的问题、激光器接口控制信号接口实现的优化等问题。综合各种因素，我们选择了采用 PSoC5LP 系列嵌入式片上系统芯片实现激光控制逻辑，很好地解决了原有控制卡所存在的问题。

8.2.1　基于 PSoC5LP 的激光控制系统片外功能实现

1. PCI 总线扩展接口的实现

PCI 总线扩展接口的实现电路原理图如图 8.11 所示。图 8.11 中依然采用 PCI 专用桥接芯片 PCI9052 实现 PCI 扩展插槽接口功能电路，主要的信号连接关系与 8.1 节相同。

与图 8.3 所示原理图相比，图 8.11 中所有电子元器件经采用贴片封装形式，电源滤波电容由原来的电解电容更改为贴片型的钽电容，双列直插型的独石电容全部更改为 0603 封装贴片电容；单列直插型排列电阻更改为 0603 型封装贴片电阻。去掉了采用 PLD 器件 GAL16V8 完成地址译码功能电路，地址译码电路由 PSoC5LP 系列芯片中的 CY8C5268AXI-LP047 芯片的片内查询表 LUT(Lookup Table)实现，同时去掉了 34 芯扩展插座，进行小型化处理。

在图 8.11 中，一方面 PCI 桥接芯片 PCI9052 直接与标注为 P1 的 PCI 扩展槽接口同名信号相连接，包括 PCI 地址/数据总线 AD0～AD31、PCI 控制接口线：周期帧 FRAM#(表示低电平有效，下同)信号、初始化设备选择 IDSEL#信号、A 号中断 INTA#信号、复位 RST#信号、设备选择 DEVSEL#信号、目标准备好 TRDY#信号、准备好 IRDY#信号、时钟 CLK 信号、锁定 LOCK#信号、奇偶校验 PAR 信号、奇偶校验错 PERR#信号、系统错 SERR#信号、停止 STOP#信号等。另一方面，桥接芯片 PCI9052 局部总线接口信号直接与实现局部总线控制功能的设备相连接，这些信号包括多路复用时地址/数据总线 LAD0～LAD31，非多路复用时用作数据线，非多路复用时地址总线是 LA27～LA0，局部总线控制读 RD#信号、写 WR#信号、局部总线复位 LRESET 信号、地址选通 ADS#信号、地址锁存允许 ALE 信号、输入/输出读 IORD#信号、输入/输出写 IOWR#信号、存储器读 MEMRD#

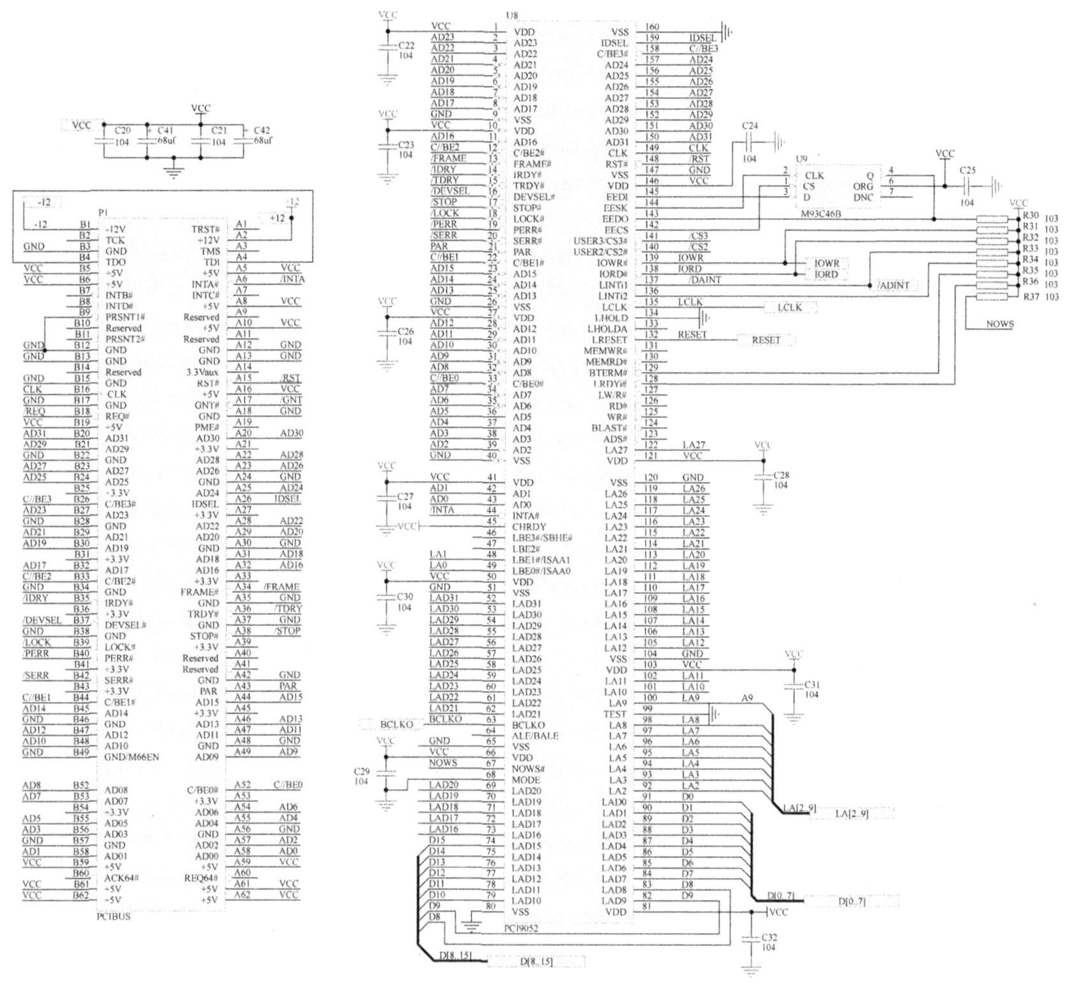

图 8.11　PCI 总线扩展接口实现电路原理图

信号、存储器写 MEMWR#信号等。

本设计中桥接芯片 PCI9052 局部总线接口信号采用非多路复用方式工作，因此地址/数据总线 LAD0～LAD31 作为局部总线的数据总线使用，由于激光控制卡只需要 16 位局部总线就能够完成工作，因此图 8.11 中把数据总线 LAD0～LAD31 中的低 16 位 LAD0～LAD15 定义为数据总线 D0～D15；根据激光控制需要，地址译码所需要的局部地址总线为 LA2～LA9；激光控制功能的实现采用的是 IO 读写方式，因此输入/输出读 IORD#信号、写 IOWR#信号经过上拉电阻以后定义为局部总线输入读 IORD 信号和局部总线输出写 IOWR 信号。这几组信号直接与 PSoC5LP 控制芯片数字端口相连接。局部总线工作所需的时钟频率信号 LCLK 由 PSoC5LP 控制芯片提供，频率为 40MHz 的 PCI9052 输出局部总线工作时钟频率 BCLKO 直接连接到 PSoC5LP 控制芯片，由控制芯片内部分频处理后输出 LCLK，作为局部总线的实际工作时钟。

2. 激光控制接口信号片外实现

PCI 总线扩展接口经过桥接芯片 PCI9052 桥接以后的局部总线接口信号类似于 ISA 总线信号，可以较为方便地实现低速外围设备与 PCI 高速总线的有效连接，对外围设备的 IO 读写在系统初始化时直接映射到 PCI 空间，也就是控制计算机统一存储和 IO 空间。采用 PSoC5LP 系列芯片中的 CY8C5268AXI-LP047 实现激光控制接口的电路原理图如图 8.12 所示。图 8.12 中插座 J1 提供编程接口，编程机构采用三线串行传输协议 SWD/V，通过该接口在集成开发环境 PSoC Creator 软件中根据项目构建的名称为项目名称，文件扩展名为 .hex 目标程序下传到 CY8C5268AXI-LP047 芯片内部 Flash 存储器中转换成固件，完成应用系统开发。控制芯片 U6 通过 P15[6]、P15[7] 端口传输三线制的串行传输信号 SWDIO、SWDCK，由于系统设计时不需要在线调试功能，因此系统不提供协议 SWD/V 中的调试信号线 SWV 和 TDI。

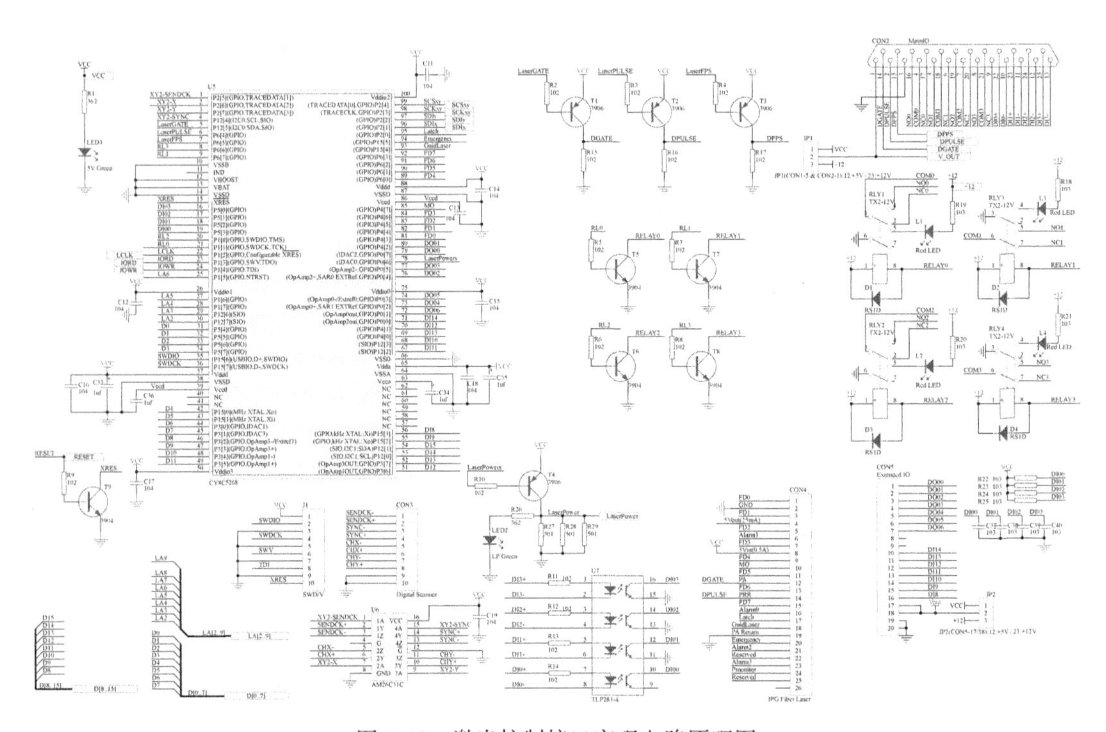

图 8.12　激光控制接口实现电路原理图

1) 标准激光控制信号的实现

图 8.12 中，标注为 U5 的 CY8C5268AXI 芯片直接与 PCI9052 的局部总线相连接，包括 16 位数据总线 D0～D15、地址总线 LA2～LA9、输入读 IORD 信号、输出写 IOWR 信号、时钟信号 LCLK 和 BCLKO。与 PCI9052 的局部总线相连接端口包括 P1[2]～P1[7]、P3[0]～P3[7]、P5[4]～P5[7]、P12[0]～P12[1]、P12[6]～P12[7]、P15[6]～P15[7]。通过这些接口信号的连接，CY8C5268AXI 芯片所实现的所有激光控制接口功能均通过桥

接芯片 PCI9052 桥接以后映射到计算机的统一地址空间，由控制计算机软件完成对激光设备的直接控制。对激光器的控制功能通过芯片 CY8C5268AXI 片内硬件设计和软件程序设计形成的固件，与图 8.12 所示的控制接口电路一起实现。

PCI9052 芯片输出的高电平有效的局部总线复位 RESET 信号直接连接到图 8.12 所示的标注为 T9 的贴片封装开关三极管 3904，T9 的集电极输出直接连接到 CY8C5268AXI 芯片低电平有效的复位输入端，通过内接的上拉电阻作为负载，实现低电平有效的复位输入信号 XRES。这样连接以后，控制计算机复位时所产生的局部总线复位信号输出也将使芯片 CY8C5268AXI 复位，达到激光控制系统同步主控计算机完成复位时初始化的功能。

图 8.12 中通过芯片 CY8C5268AXI 实现的激光控制功能信号包括：P12[5]、P6[4]、P6[5]端口输出，由 T1、T2 和 T3 分别驱动的激光专用控制信号 DGATE、DPULSE 和 DFPS，可以实现不同种类激光器的控制接口；P1[0]、P1 [1]、P6[6]、P6[7]端口输出，由 T5、T6、T7 和 T8 分别驱动继电器 RLY1、RLY2、RLY3 和 RLY4 输出的 4 对继电器隔离无源触点信号 NO0、COM0、NC0~NO3、COM3、NC3，可以在激光器控制前后输出信号，告知其他相关设备激光器的工作状态；由 U7 完成光电耦合隔离后输入 P5[0]~P5[3]端口，由 CPU 直接读取输入状态的 4 对光隔离输入信号 DI0+、DI0-~DI3+、DI3-，可以接收其他设备如生产线等对激光控制设备的要求信号。这三种信号通过标记为 CON2 的 DB25/F 型号的连接器直接装配在 PCI 扩展卡的挡板上。如此设计以后，控制卡可以直接替代 8.1.2 节所描述的基于 PLD 逻辑电路的激光控制卡的相同型号接口，其他软件硬件均可不做任何改变，达到所设计的新系统完全兼容原有设备的目的。

图 8.12 中通过芯片 CY8C5268AXI 的 CPU 直接控制 7 个输出端口 P0[1]~P0[5]和 P4[2]的输出信号，CPU 直接读取 7 个输入端口 P0[0]、P4 [0]、P4[1]、P12[2]、P12[3]、P15[2]、P15[3]输入信号，7 个 TTL 电平输入和 7 个 TTL 电平输出信号通过标注为 CON5 的压线型扁平电缆插座扩展实现。当需要有更多的标准数字输入输出信号与其他设备如生产线使用的 PLC 控制器互联时，可以通过增加一个扩展挡板的方式连接 CON5 实现，这和原有的控制系统也是兼容的。

2)激光数字扫描协议 XY2-100 的实现

激光数字扫描头接收满足激光工业标准 XY2-100 协议的数字接口激光定位信号。图 8.12 中通过芯片 CY8C5268AXI 内部采用自定义模块实现的 XY2-100 数字同步通信系统直接控制 4 个输出端口，分别是 P2[5]~P2[7]和 P12[4]；输出 4 个用于 XY 轴扫描定位的 XY2-100 协议信号 XY2-SENDCK、XY2-X、XY2-Y、XY2-SYNC，通过图 8.12 中标注为 U6 的满足 TIA/EIA-422-B 信号规范的差分驱动芯片 AM26C31C 转换成 4 对同步 XY2-100 协议的差分信号 SENDCK+、SENDCK-、SYNC+、SYNC-、CHX+、CHX-、CHY+、CHY-。U6 输出的满足 XY2-100 协议的差分信号由图 8.12 中的 CON3 插座直接通过压线方式转接到控制计算机机箱的扩展槽挡板的 DB9/F 型插座，通过 4 对双绞线直接和满足 XY2-100 协议的激光扫描头中的振镜控制系统接口信号相连接。

3）激光模拟扫描接口信号

激光模拟扫描接口信号，由图 8.12 中标注为 U5 的芯片 CY8C5268AXI 内部采用自定义模块实现同步串行通信接口模块直接驱动 4 个由输出端口 P2[1]~P2[4]输出的同步串行接口信号 SCSxy、SCKxy、SDIx 和 SDIy 控制两片具有同步串行数字接口的 16 位数字模拟转换器件 DAC8831 芯片输出幅值为±5V 模拟电压信号直接控制。CY8C5268AXI 控制芯片与两片 DAC8831 数码转换器之间的同步串行接口信号直接接口，不需要差分电路驱动。两片 DAC8831 芯片输出幅值为±5V 模拟电压信号的实现方法将在下一节讲述。

4）光纤激光控制系统的实现

第 6 章讲述的基于 PSoC1 独立工作的光纤激光控制系统移植到 CY8C5268AXI 控制芯片内部实现，其外部接口信号由图 8.12 中的 U6 通过 P4[3]~P4[6]、P6[0]~P6[3]输出功率数字接口信号 FD0~FD7，P2[0]端口输出功率锁存信号 Latch，P15[4]端口输出红光指示控制信号 GuidLaser，P15[5]端口输出激光急停控制信号 Emergency，P4[7]端口输出激光器主振荡器允许控制信号 MO，P0[6]端口输出激光功率指示信号，由激光功率设定数字信号直接控制的输出幅值为 0~255μA 的陷电流模式（Sink）电流型 DAC 模拟输出信号 LaserPowers，通过 PNP 三极管 T4 把模拟电流信号 LaserPowers 转变为模拟电压信号 LaserPower 输出。由于实际应用过程中大量的光纤激光器不提供激光器本身的报警保护状态反馈信号，同时限于 CY8C5268AXI 控制芯片的引脚端口全部占用，因此光纤激光控制功能没有包含光纤激光报警保护信号的状态读取功能。片内实现的光纤激光控制系统中光纤激光器的接口信号通过图 8.12 中的 CON4 插座经过压线连接到控制计算机扩展插槽挡板上，再通过挡板上的插座直接与光纤激光器的 DB25/F 控制信号接口相连接。

3. 模拟激光扫描头控制功能的实现

模拟激光扫描头控制功能通过 CY8C5268AXI 控制芯片外两片接 16 位串行接口 DAC 集成芯片 DAC8311 和运算放大器 OPA2209 的方式实现，输出 X、Y 轴两路幅值为±5V 的电压模拟信号。模拟激光扫描头控制功能电路原理图如图 8.13 所示。

图 8.13 中，由图 8.12 所示的控制芯片 U6 通过 P2[1]~P2[4]数字端口输出的同步串行接口信号 SCSxy、SCKxy、SDIx 和 SDIy 分别连接到 U1 和 U2，其中 SCSxy、SCKxy 信号 U1 和 U2 共用，减少了 2 根信号线，节省了 2 个 U6 输出引脚。U1 和 U2 通过接收同步串行信号所传输的数字信号，转换为模拟电压信号输出，所输出的电压信号通过 U3A 和 U3B 所示的双通道高精度运算放大器 OPA2209 驱动后作为 X 轴和 Y 轴的模拟坐标信号输出。数模转换电路 U1 和 U2 所使用的参考电压由 U4 所标识的参考电压集成电路 ADR02 提供。为了达到±5V 满幅值的电压输出，高精度运算放大器 U3 和参考电压集成电路 U4 均采用 PCI 扩展接口所提供的±12V 电源供电，三组电源的滤波电容 C1、C2、C3 选用耐压为 25V 的 6032（C 型）封装的钽电容，同时在每个芯片的电源引脚附近增加 0.1 微法 0603 贴片电容，保证电源滤波效果。

两路 XY 轴激光定位坐标模拟输出信号 X_OUT 和 Y_OUT 通过标注为 CON1 的 DB9/F

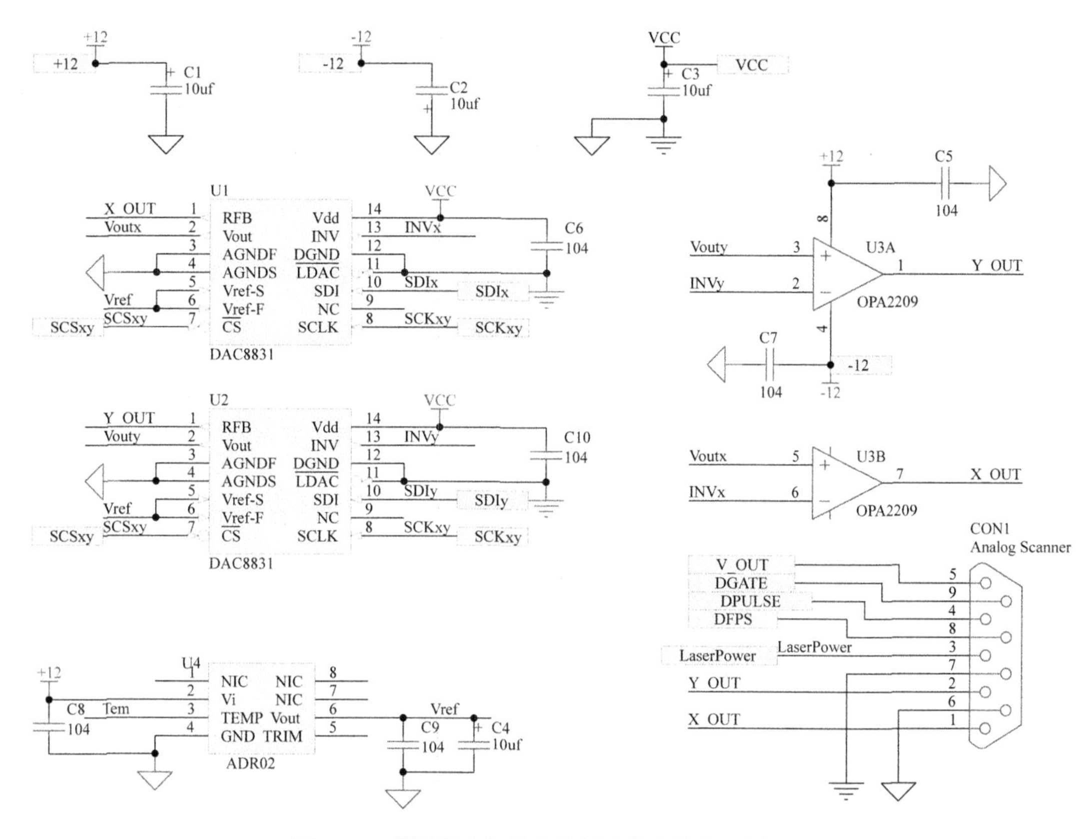

图 8.13　模拟激光扫描头控制功能片外实现原理图

型插座输出，CON1 插座与图 8.12 所示的 CON2 插座一起焊接安装在印刷电路板上，通过 CON1 和 CON2 把印刷电路板固定在控制计算机扩展插槽挡板上。除了 CON1 的 PIN3 输出光纤激光器的设置功率模拟信号以外，其他信号的引脚定义和安装尺寸与 8.1 节所叙述的原激光专用控制卡完全兼容。通用激光控制信号 DGATE、DPULSE、DFPS 在 CON1 和 CON2 插座上均有输出，因此作为最简单的非光纤激光器激光控制系统使用时，只需要连接 CON1 插座就可以实现常用的激光控制功能。

8.2.2　激光控制专用印刷电路板制作

图 8.11 所示的 PCI 总线扩展接口实现电路原理图、图 8.12 所示的激光控制接口实现电路原理图和图 8.13 所示的模拟激光扫描头控制功能片外实现原理图，均为激光控制专用印刷电路板上的一部分电路，三张原理图合在一起后才是完整的激光专用控制系统原理图。把三张原理图中的电路网络信号连接后合并成一张电路网络表的原理图间信号关系连接如图 8.14 所示。

根据图 8.14 所示原理图间信号关系连接，按照图 8.11～图 8.13 电路原理图设计印刷电路板，设计完成后的印刷电路板 3D 显示图如图 8.15 所示。

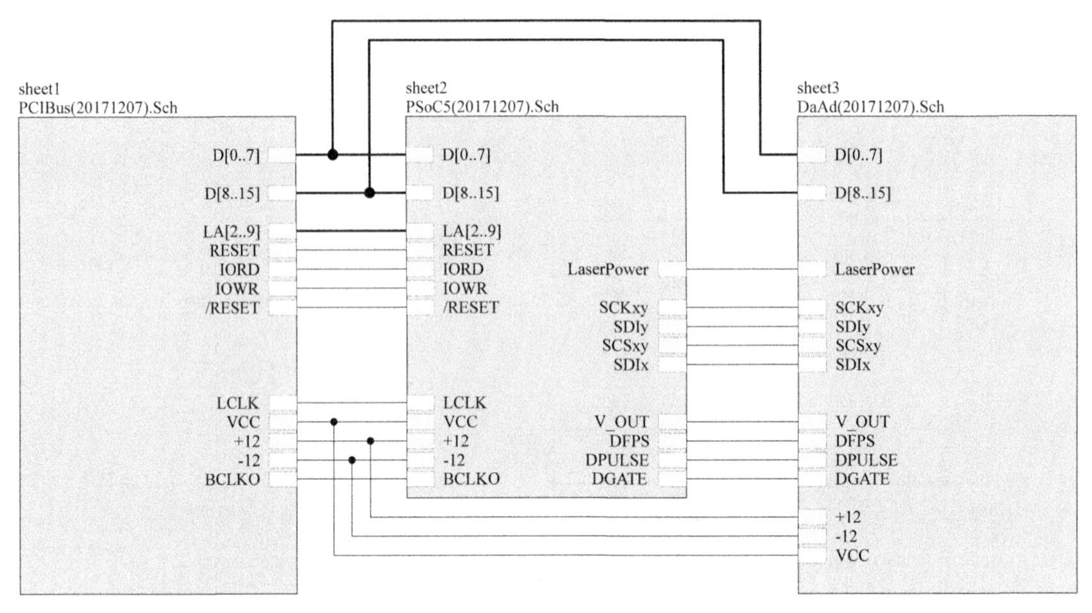

图 8.14　原理图间信号关系连接图

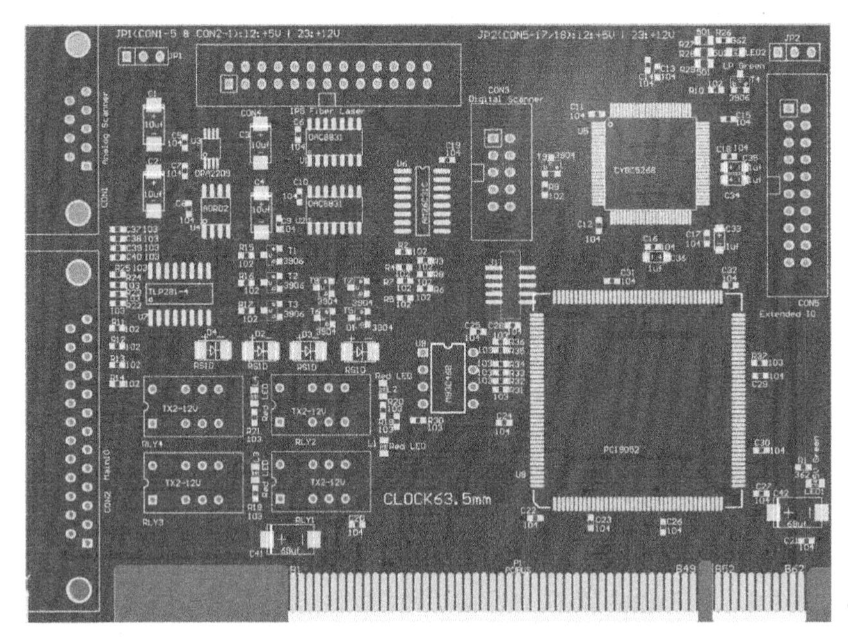

图 8.15　基于 PSoC5LP 的激光专用控制印刷电路板

图 8.15 所示印刷电路板中，PCI 时钟 CLK 信号线布设如图 8.16 所示。

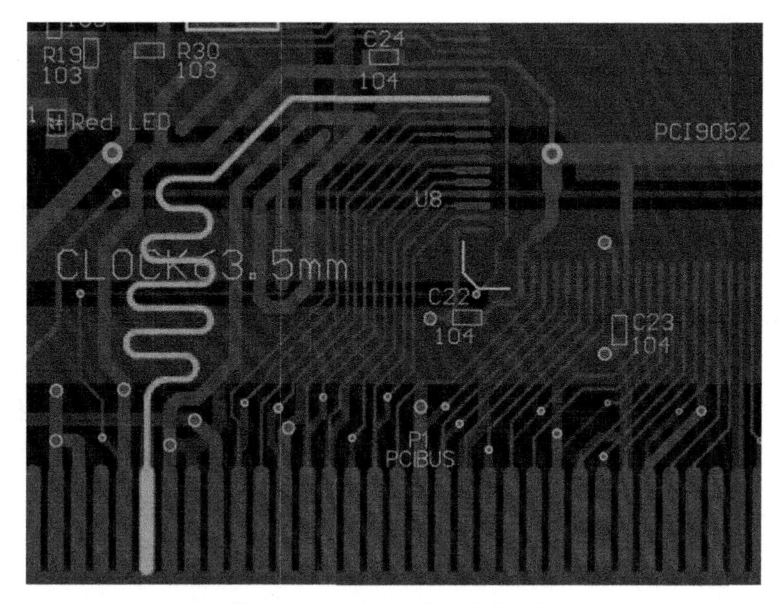

图 8.16　PCI CLK 信号线的布设

8.3　基于 PSoC5LP 的激光控制系统片内硬件设计

基于 PSoC5LP 的激光控制系统片内设计通过集成开发环境 PSoC Creator 软件实现。在实际的设计过程中，片外硬件设计和片内的硬件设计是同步进行的。PSoC5LP 系列芯片的结构更加合理，片内数字系统全部采用类似于本章第 1 节所用到的 PLD 芯片 22V10 架构，数字系统设计更加灵活方便；此外，系统采用了更加灵活方便的全局互联总线，片内系统模块与芯片各个引脚之间的全局硬件走线更加灵活方便，除了特殊功能引脚(SIO Pins)需要有专用的驱动模块以外，片内无论是数字模块还是模拟模块均可以自由路由到任意一个通用的输入输出引脚(GPIO Pins)。这就给具体的实际应用系统激光专用控制卡印刷电路板的设计制作带来极大的方便，除了需要整个端口一起读写的特殊要求以外，为了保证在印刷电路板上布局和走线方便，可以随时调整片内数字模块和模拟模块的接收和驱动的输入输出端口所对应的芯片引脚。因此，最方便快捷的设计方法就是在片内系统设计和片外的硬件设计布线之间同时交替进行，当印刷电路板设计完成以后，整个片内系统的数字部分和模拟部分系统设计也就完成了，可以在印刷电路板的外协加工过程中专心进行控制功能程序的设计和优化。

8.3.1　片内局部总线接口设计

在 PCI 总线上传输的激光数字控制信号经过桥接芯片 PCI9052 以后转变为局部总线信号，实现与 PCI9052 局部总线信号接口的 PSoC5LP 芯片 CY8C5268AXI 内部硬件设计电路原理图如图 8.17 所示。图 8.17 左半部为以地址译码为核心的局部总线接口硬件设计，右半部为地址译码表。本设计中 PCI9052 采用非复用方式工作，激光控制信号只使用了低 16 位数据线，因此只需要对数据线上的低 16 位数据进行获取即可，高 16 位闲空不用。从图 8.17 可知，局部总线的低 16 位数据线 D0～D15 通过片外硬件布线连接到端口 P3[0]～P3[7]、P5[4]～P5[7]、P12[0]～P12[1]、P12[6]～P12[7]，完成激光控制的所有信号都需要从这 16 位双向数据端口中获取或者提供。在图 8.17 中，16 位数据线中的高 8 位标注为 DAHi，低 8 位标注为 DALow，DAHi 和 DALow 均为 8 位的带有选通信号的双向数据端口，选通控制端由状态输入信号的读取脉冲控制，输入控制选通信号有效时，总线上的数据由设备提供输入到控制计算机的总线上；输入控制端选通信号无效时，由控制计算机的 PCI 总线输出激光控制信号。图 8.17 所示的控制芯片 CY8C5268AXI 片内局部总线接口电路最主要的功能就是实现计算机读取状态时把状态数据输入到局部总线上，计算机输出控制信号时把位于总线上的控制信号锁存并转换为相应的激光动作控制信号。

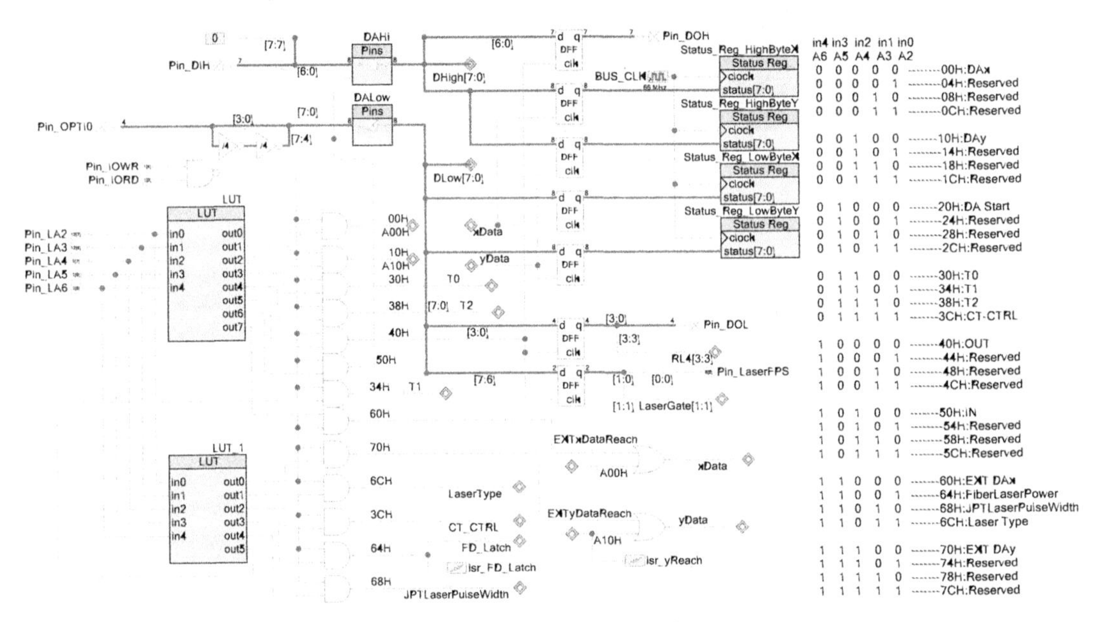

图 8.17　片内局部总线接口电路原理图

在图 8.17 中，由标注为 LUT 和 LUT_1 的系统软件提供的用户模块查询表(Lookup Table)器件共同完成地址译码功能，由映射到 P1[2]～P1[7]、P15[6]～P15[7]端口的局部总线地址信号 LA9～LA2 中的 LA6～LA2 地址作为查询表输入信号，可以得到 32 个地址输入输出空间，如图 8.17 右部的地址列表所示。译码列表中标注为 Reserved 地址空间保留不用，不需要输出数据锁存信号，其他标注地址列表均为本设计中所用到的地址空间，都有对应的地址空间数据锁存信号输出。查询表模块器件的输出经过写脉冲 Pin_IOWR 和读脉冲 Pin_IORD 选择后输出数据锁存触发信号，作为数据选择锁存器 D 触发器的时钟信号，写脉冲信号 Pin_IOWR 有效时，把数据总线上的数据锁存到 D 触发器，然后通过状态寄存器(Status Register)模块器件由 CPU 直接读取；读脉冲信号 Pin_IORD 有效时，把设备提供的状态信号输入到数据总线上，经过桥接芯片 PCI 9052 转送到 PCI 总线，由控制计算机直接读取。

如图 8.17 中的左上部所示，地址为 50H 的端口为数据输入端口，地址译码输出的标注为 50H 的选通信号连接到数据总线 DAHi 和 DALow 的选通控制端。片外 4 路光耦输入信号的光电隔离输出端 Pin_OPTI0 作为低 8 位数据线信号 DALow 数据源直接连接到 D3～D0，D3～D0 通过设备反向器后连接到 D7～D4，使 D7～D4 数据信号线处于可靠连接状态而非浮空的不确定状态；7 位扩展口 TTL 电平数字输入信号 Pin_DIH 是高 8 位数据线信号 DAHi 的数据源，最高位数据线 D15 没有外部电路驱动，因此在片内设计为 0 电平。

图 8.17 中地址为 40H 的端口为数据输出端口，该端口输出的数据为激光控制的主要控制信号输出，分成三部分锁存：第 1 组为通过高字节数据总线 DAHi 锁存的 8 位信号中的 7 位即 D14～D8 以扩展的信号名称为 DO06～DO00 的 TTL 电平信号直接通过相应的输出端口引脚 Pin_DOH，以集电极开路的模式连接到输出插槽；第 2 组为通过低字节数据总线 DALow 的 8 位信号中分离锁存的 D3～D0，通过 4 个输出端口引脚 Pin_DOL 控制片外贴片封装的三极管驱动片外 4 个输出继电器，由于激光专用控制卡第 4 号输出继电器 RL4 输出触点在激光控制系统中作为额外增加的红光指示的控制信号使用，因此图 8.17 中同时把第 4 号继电器的控制信号 RL4[3：3]分离出来，提供给具有红光指示功能的光纤激光器的红光指示控制信号使用；第 3 组为通过低字节数据总线 DALow 的 8 位信号中分离锁存的 D7～D6 作为激光开关控制信号 LaserGate[1：1]和激光首脉冲抑制信号 LaserFPS 使用，LaserFPS 信号直接通过 Pin_LaserFPS 端口引脚后由片外贴片封装三极管驱动输出，LaserGate[1：1]需要进一步处理后和 LaserPULSE 信号一起输出。

图 8.17 中地址为 00H 和 10H 的端口均属数据输出端口，该端口输出的数据为控制激光作用定位的 XY 轴位置坐标信号。两个端口的数据信号通过数据总线 DAHi 和 DALow 锁存后由图 8.17 中的 4 个状态寄存器 Status_Reg_HighByteX、Status_Reg_LowByteX 和 Status_Reg_HighByteY、Status_Reg_LowByteY 直接通过 CPU 读取。由于 XY 轴位置坐标信号总是成对出现，因此在 Y 轴定位信号到来之时触发中断信号，坐标信号的读取由中断服务程序完成。地址为 60H 和 70H 的端口分别对应扩展的 X 轴坐标数据和扩展的 Y 轴坐标数据，两组坐标信号不可能同时输出，因此图 8.17 中把 X 轴位置触发信号和扩展 X 轴位置触发信号合并为 X 轴信号 xData，相应 Y 轴和扩展的 Y 轴位置触发信号合并为 Y 轴信号 yData。

PSoC5LP CY8C5268AXI 芯片 CPU 获取了 X 轴和 Y 轴的位置坐标信号以后，启动内部 XY2-100 协议实现电路，完成激光数字扫描头接口信号的输出；同时启动同步串行接口电路控制 DAC8311 芯片接口实现电路输出±5V 电压的输出信号，完成激光模拟扫描头接口信号的输出。

图 8.17 电路原理图中 CY8C5268AXI 芯片内部硬件实现的接口还有地址为 30H、34H、38H 和 3CH 的数据总线锁存信号 T0、T1、T2 和 CT_CTRL，用来获取三个计数器的计数初值和控制模式数据，获取这些数据以后计算出激光控制信号 LaserPULSE 频率和脉宽，然后启动硬件脉宽调制发生器输出激光控制信号 LaserPULSE。同时还完成了地址为 64H 的传输光纤激光器设定功率的数据总线锁存信号 FD_Latch 和与之对应的中断触发信号 isr

_FD_Latch，地址为 68H 的传输用于 JPT 类型光纤激光器激光脉冲宽度的数据总线锁存信号 JPTLaserPulseWidth，地址为 6CH 的传输激光器类型的数据总线锁存信号 LaserType。得到这些信号后，完成相应功能的片内具体实现方法和电路后文将有详细介绍。

8.3.2　片内通用激光器控制接口设计

普通的非光纤激光器一般需要提供三个标准控制信号与激光器接口：LaserGATE 用来控制激光器的发射开关；LaserPULSE 用来控制激光器的发射频率和每一个脉冲点的延续时间，有的激光器也用该信号的占空比来控制激光输出功率的大小；LaserFPS 用来进行激光首脉冲抑制。根据激光产生的基本原理，反转的粒子数即激光工作物质处于高能级的粒子数量决定了激光输出的功率大小，反转粒子数的多少取决于泵浦光的数量和持续时间。当激光器处于受激吸收状态时，处于低能级的激光工作物质（粒子）吸收泵浦光的能量向高能级跃迁，激光器处于非发射状态也就意味着激光器的受激辐射条件没有形成，这时候控制信号 LaserGATE = 0，激光输出开关被关闭，处于非发射状态。当受激吸收状态持续一段时间以后，受激吸收的粒子数和自然辐射的粒子数相等，处于一种平衡状态，也就是受激吸收的粒子数达到饱和状态。这时候如果激光辐射允许控制信号 LaserGATE = 1，也就是打开了激光辐射输出开关，处于粒子数反转饱和状态的激光谐振腔建立，激光器由非发射状态进入激光器发射状态。经过长时间的受击吸收累积了过多的反转粒子数，在激光辐射输出开关打开瞬间，这些超过平均反转粒子数更多能量的激光工作物质在受激辐射条件建立的瞬间全部发射出去，形成了激光首脉冲。没有经过抑制的激光首脉冲会造成极大的破坏，因此需要由控制系统提供一个何时出现激光首脉冲的提示信号，激光器通过缩短首脉冲的发射时间、改变首脉冲的输出功率等方式压缩激光首脉冲的输出能量。早期的激光器控制首脉冲抑制信号是必需的，随着控制技术的快速发展，激光器本身的控制可以通过激光辐射开关信号 LaserGATE 的状态来判断激光首脉冲出现的时间，由激光器本身的控制系统对激光首脉冲进行抑制控制，因此有的激光器如大多数的光纤激光器不再需要额外提供激光首脉冲抑制信号 LaserFPS。需要额外提供激光首脉冲抑制信号 LaserFPS 的激光器会指定该信号的持续要求，可以直接由控制软件按照实际的时序要求输出，因此片内硬件控制系统中激光首脉冲抑制信号 LaserFPS 输出直接由硬件转发到相应端口后由片外硬件系统布线连接到激光器。

片内激光器控制接口的设计思路是把第 6 章描述的独立工作的光纤激光控制系统与普通的非光纤激光器控制系统通过硬件逻辑关系和软件程序接口实现统一控制，采用相同的控制软件实现不同类型激光器的控制。光纤激光器一般都有专用的控制接口，也需要 LaserGATE 信号和 LaserPULSE 信号进行激光器控制，只是在光纤激光器中 LaserGATE 信号被命名为功率放大器输出允许 PA（Power Amplification）信号或者激光发射允许 EE（Emission Enable）信号。同时光纤激光器的控制要有专门的初始化过程，在初始化完成之前，功率放大器输出允许 PA 或者激光发射允许 EE 信号必须设置为无效也就是 0V，否则光纤激光器不能正常工作，因此需要对 LaserGATE 信号在用作 PA 或者 EE 信号之前做专门的处理，初始化完成以后直接使用。CY8C5268AXI 芯片内部实现通用激光器控制系统接口的硬件电路原理图如图 8.18 所示。

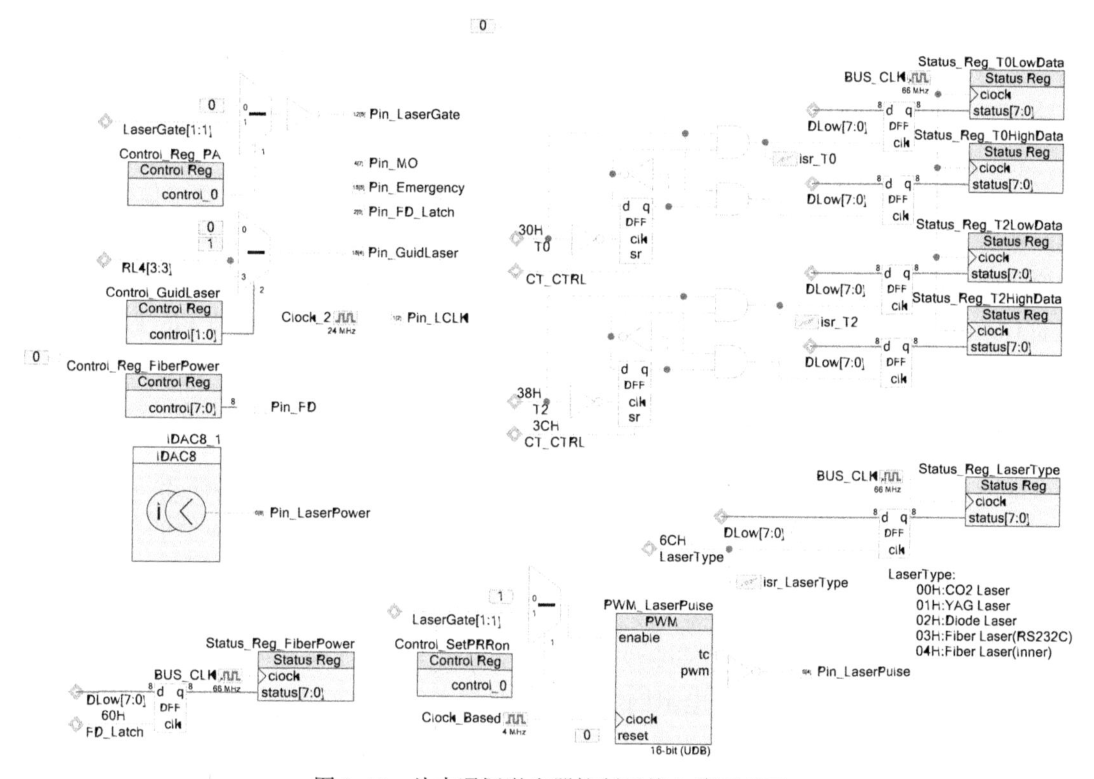

图 8.18 片内通用激光器控制系统电路原理图

图 8.18 中，通过软件设置的控制输出通过译码电路输出信号触发锁存电路获取的激光开关信号 LaserGATE 作为 2 选 1 多路数字复用电路的输入端之一，另一个输入端连接到 0 电平，多路复用器的控制端通过控制寄存器 Control_Reg_PA 直接由 CPU 通过软件程序操作控制。光纤激光器初始化时，初始化程序通过寄存器 Control_Reg_PA 输出 0 电平，此时 LaserGATE 输出端口 Pin_LaserGate 即输出引脚 P12[5]通过 2 选 1 多路数字复用器直接连接到 0 电平；光纤激光器初始化完成以后，初始化程序通过寄存器 Control_Reg_PA 输出 1 电平，此时 LaserGATE 输出端口 Pin_LaserGate 即输出引脚 P12[5]通过 2 选 1 多路数字复用器直接连接到激光开关信号 LaserGATE，由控制计算机中专用控制软件直接控制激光输出信号。

图 8.18 中，采用软件和硬件共同实现的相同处理方法的还有红光指示控制信号 Pin_GuidLaser。本章第 8.1 节所描述的激光专用控制卡对指示红光的控制采用的是第 4 号继电器，通过数据总线获取的第 4 号继电器控制信号 RL4[3：3]连接到 4 选 1 数字多路复用器的第 3 号第 4 号输入端，多路复用器的控制端通过控制寄存器 Control_GuidLaser 直接由 CPU 通过软件程序操作控制。光纤激光器初始化时，初始化程序通过控制寄存器 Control_GuidLaser 输出 00b 电平，此时 GuidLaser 输出端口 Pin_GuidLaser 即输出引脚 P15[4]通过 4 选 1 多路数字复用器直接连接到 0 电平；光纤激光器初始化完成以后，初始化程序通过控制寄存器 Control_GuidLaser 输出 10b 或者 11b 电平，此时

GuidLaser 输出端口 Pin_GuidLaser 即输出引脚 P15[4]通过 4 选 1 多路数字复用器直接连接到指示红光开关信号 RL4[3：3]，由控制计算机中专用控制软件直接控制指示红光开关信号输出。本系统也可以根据需要由 CPU 通过控制寄存器 Control_GuidLaser 直接输出 01b 电平，开启红光。

光纤激光器的功率设置首先通过图 8.18 中所示的光纤激光器功率输出锁存信号 FD_Latch 触发由硬件组成的 8 个 D 触发器从局部数据总线独立设置的低字节数字信号锁存下来，然后 CPU 在中断服务程序中的通过状态寄存器 Status_Reg_FiberPower 读取 D 触发器中保存的光纤激光功率设置数字信号。CPU 获取功率设置信号以后，一个方面通过控制寄存器 Control_Reg_FiberPower 输出 8 位功率设置数字信号通过数字输出端口 Pin_FD 直接连接到光纤激光器的功率设定信号端；另一个方面启动一个快速陷电流输出的电流型数字模拟转换器 IDAC8_1，IDAC8_1 设置为反向电流(Sink)，输出范围 0~255μA，通过片外的三极管和电阻网络电流信号变成电压信号输出，用来驱动外接的发光二极管，通过发光二极管的亮度模拟显示激光功率信号。如果把控制卡作为雷管激光编码设备使用，该模拟输出同时提供到雷管编码保护时的功率过大保护电路的输入，作为过功率保护的判断依据。需要注意的是，受片外三极管外接供电电压的限制，三极管发射极 e 和集电极 c 级之间的压价在 1.2V 左右，因此通过外接三极管输出的电压信号和实际设置功率之间的关系并非完全线性的关系，如果实际使用需要线性关系较好的输出，可以把提供给三极管的供电电压由 5V 提高到 12V，从而调整电阻网络，改善线性关系。电流电压转换三极管采用 5V 供电时的实际测量设置功率与输出电压之间的关系如图 8.19 所示。

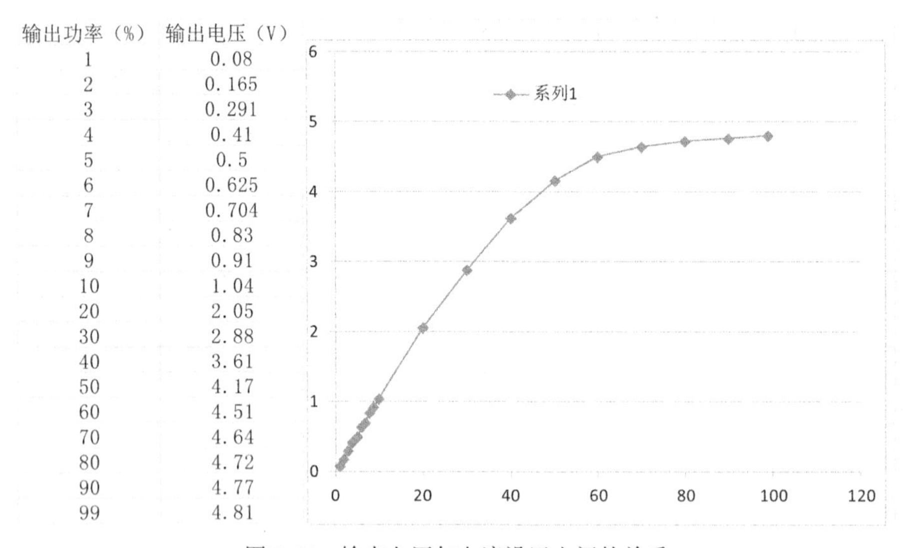

输出功率（%）	输出电压（V）
1	0.08
2	0.165
3	0.291
4	0.41
5	0.5
6	0.625
7	0.704
8	0.83
9	0.91
10	1.04
20	2.05
30	2.88
40	3.61
50	4.17
60	4.51
70	4.64
80	4.72
90	4.77
99	4.81

图 8.19　输出电压与电流设置之间的关系

通用的激光接口 LaserPULSE 信号一般是脉宽调制信号，用来控制激光器的激光输出脉冲，其频率就是实际的激光脉冲输出频率，决定了激光输出脉冲的密集程度。二氧化碳激光器通过该信号的占空比确定激光的输出功率，固体连续激光器通过脉宽信号改变声光

Q 开关的调制时间，可以调整激光脉冲的输出幅值和平均输出功率。普通激光器控制所需的 LaserPULSE 信号在脉冲光纤激光器中用作激光脉冲的同步信号使用，一般的脉冲光纤激光器要求该信号满足占空比为 50%的方波。

在图 8.18 中，通用的激光接口 LaserPULSE 信号由集成开发环境软件 PSoC Creator 提供的片内数字系统脉宽调制模块(Pulse Width Modulator-PWM)电路器件 PWM_LaserPulse 输出实现。脉宽调制器件 PWM_LaserPul 的时钟输入信号由时钟器件 Clock_Based 提供。光纤激光器初始化时，初始化程序通过控制寄存器 Control_SetPRRon 输出 0 选择 2 选 1 数字多路复用器连接 PWM_LaserPulse 允许端到高电平；光纤激光器初始化完成以后，控制寄存器 Control_SetPRRon 输出 1 把 PWM_LaserPulse 允许端连接到 LaserGate[3：3]，直接通过 LaserGate 命令控制 LaserPULSE 信号的输出。脉宽调制器 PWM_LaserPulse 周期和比较值参数由 CPU 根据激光频率和脉宽信号直接写入。激光频率和脉宽信号的获取是通过 T1、T2、T3 触发信号由局部总线锁存来的，实现过程将在下一节介绍。

另外，在图 8.18 中，由时钟器件 Clock_2 产生精度为±0.25%的 24MHz 时钟信号，该信号通过 P1[2]端口后由片外硬件系统布线连接到桥接芯片 PCI9052 的局部时钟信号输入端，作为局部总线的工作时钟，该时钟信号由硬件数字系统直接驱动输出，不受软件和 CPU 的控制，系统初始化完成以后即可稳定输出；设置为强输出工作模式的 P4[7]、P15[5]和 P2[0]三个数字端口分别输出用于光纤激光器接口的主振荡器输出允许控制工作信号 Pin_MO、急停信号 Pin_Emergency 和功率锁存触发信号 Pin_FD_Latch。这三个信号均通过片外硬件系统经扩展板上的光纤激光器控制接口插座直接连接到光纤激光器的控制端口。

8.3.3 片内计数器参数获取接口设计

产生激光控制信号 LaserPULSE 的脉宽调制器件 PWM_LaserPulse 需要设置的周期和比较值参数由 CPU 根据激光频率和脉宽信号直接通过程序写入更改，激光频率和脉宽信号的获取是关键。原来的激光专用控制卡采用 82C54 芯片中的三个 16 位定时器/计数器来产生激光控制信号 LaserPULSE，其中 T0 产生 LaserPULSE 信号的频率，T1 产生 LaserPULSE 信号的预置脉冲值，T2 产生 LaserPULSE 信号的脉宽。因此只需要从总线中获取 T0、T1、T2 的工作模式和计数初始值，CPU 通过计算以后可以通过数字系统接口函数更改 PWM_LaserPulse 设置参数实现激光控制信号 LaserPULSE 的频率值和占空比。82C54 提供的外部接口电路是 8 位数字接口，16 位总线方式工作的局部总线中的数据总线只用到了低字节，因此需要从 8 位数据传输的过程中获取 16 位的计数初始值。82C54 定时计数初始值的写入顺序是由 82C54 芯片的控制字决定的，存在多种写入顺序，原有控制卡的使用顺序为：写入控制字→写入选定计数器计数初值的低 8 位→写入选定计数器计数初值的高 8 位，因此对每一个计数器的初始值的写入均占用了三次数据总线的输出周期。硬件设计的时候已经确定了每一个定时器的工作模式，同时我们也可以通过控制字的锁存信号 CT_CTRL 和初始值锁存信号 T0~T2 来确定下一个初始值所属的定时器/计数器，因此控制字不需要获取，只需要依次获取每一个定时器/计数器的计数初始值即可。根据 82C54 定时计数初始值的写入顺序设计的由片内数字系统硬件实现的三个定时器/计数器计数初始值的获取电路原理图如图 8.20 所示。

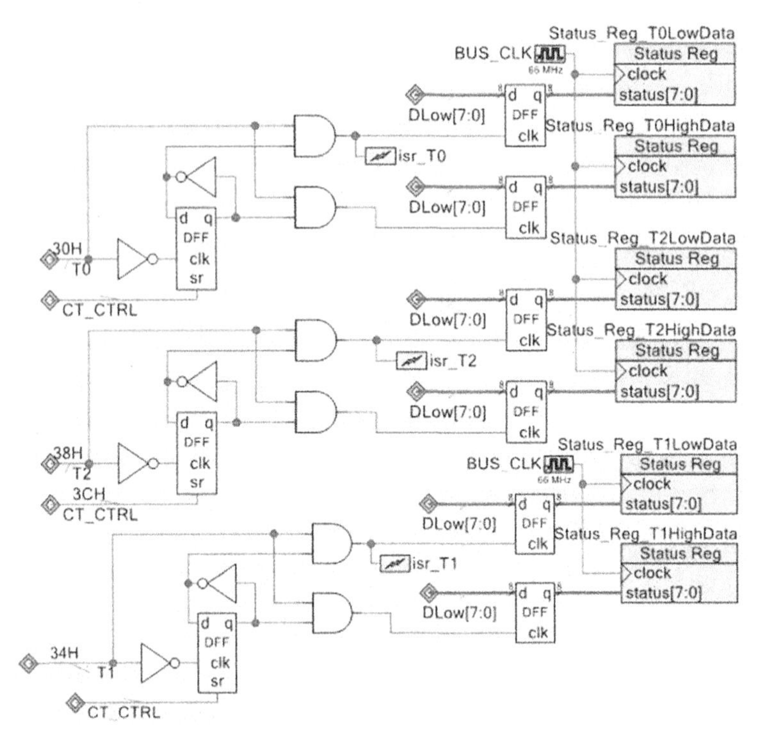

图 8.20　片内通用激光器控制系统电路原理图

图 8.20 中采用一个带有预置复位信号端的 D 触发器、两个反向器和两个与门实现分离每一路计数器计数初始值获取的触发信号，确定所接收到的计数初始值到底是高字节数据还是低字节数据，然后由两个 8 位数据还原成一个 16 位的计数值初始值。采用控制字的锁存信号 CT_CTRL 复位 D 触发器，保证低字节和高字节的获取不会产生混淆，每一次 CT_CTRL 有效时三个 D 触发器均复位，只有在对应通道的数据有效时该通道的数据锁存信号才会有效。在产生低 8 位数据锁存信号的同时触发该计数器的中断信号 isr_T0、isr_T1 和 isr_T2，每一个通道两个字节的计数初始值的读取和数据合并操作在对应通道的中断服务程序中完成。获取了 T0～T2 的计数器初始值以后，通过 T0 的计数初始值计算出 LaserPULSE 信号的频率参数，通过 T1 的计数初始值计算出 LaserTickle 信号的预置脉宽参数，通过 T2 的计数初始值计算出 LaserPULSE 信号的脉冲宽度参数，通过 LaserPULSE 信号所需的频率参数和脉宽参数计算出脉宽调制器 PWM_LaserPulse 的周期计数参数和脉宽计数参数，由 CPU 写入脉宽调制器 PWM_LaserPulse。经过大量的实际应用检验该电路完全达到了设计要求。

8.3.4　片内激光数字扫描头功能接口设计

激光在工业上的应用越来越普及，对激光的精确控制除了控制激光功率、激光开关外，最主要的是激光定位的控制。无论是激光标记、激光焊接、激光切割、激光微加工技术，还是激光 3D 打印、激光校准、激光手术技术都需要实现对激光的精确定位控制。众多激光定位控制技术中，最常用的是通过控制激光振镜(激光反射镜)达到精确控制激光定位的目的。一般通过把 2 片或 3 片振镜、振镜驱动电机以及其驱动电路封装在一起集中控制，以此实现激光的 2D 或 3D 控制，这就是激光扫描头。随着激光技术、计算机技术的飞速发展，由于数字接口具有抗干扰能力强、速度快、控制精确等优点，数字接口的激光扫描头正逐步取代模拟扫描头。数字扫描头信号接口协议中，目前以 XY2-100 协议为主，在激光工业中激光数字扫描头的 XYZ 轴定位信号广泛采用 XY2-100 同步串行接口协议。

XY2-100 协议采用同步串行传输方式向 x 轴、y 轴、z 轴传输激光定位信号。由于 XY2-100 接口的扫描头内集成了 2 轴或 3 轴的激光扫描振镜，与普通同步串行通信不同，XY2-100 协议采用共用时钟信号和同步信号，数据信号分离的方式进行数据传输。这种设计方式不仅有利于实现多维激光定位控制，而且可以更好地实现多维控制信号同步传输，只要把扫描头内部振镜电机控制系统设计好，就能够真正做到激光多维控制信号的同步控制。

XY2-100 协议中，信号传输采用差分驱动方式，有利于提高抗干扰能力、传输距离可以到最大 100m。

XY2-100 采用 1 个时钟信号 CLK、一个帧同步信号 SYNC、三个数据信号 x、y、z(其中 z 轴可选)和一个可选的状态数据信号 STATUS 实现系统定位控制信号与数字扫描头之间的数据传输。

XY2-100 定义的 CLK 信号为 2MHz 的方波信号，传输速率为 1Mbps。经过对一些激光数字扫描头的实际测试，多数扫描头的时钟 CLK 频率可以达到 22MHz，最大传输速率 11Mbps。同步信号 SYNC 以持续一个时钟周期的低电平之后的上升沿作为一帧定位数据传输的开始同步信号，高电平的持续时间为 19 个时钟周期，包含 3 位控制位和 16 位定位位置数据，最后一个时钟周期的低电平传输数据的偶校验位，也作为下一帧数据的开始触发信号。XY2-100 串行同步传输时序如图 8.21 所示。

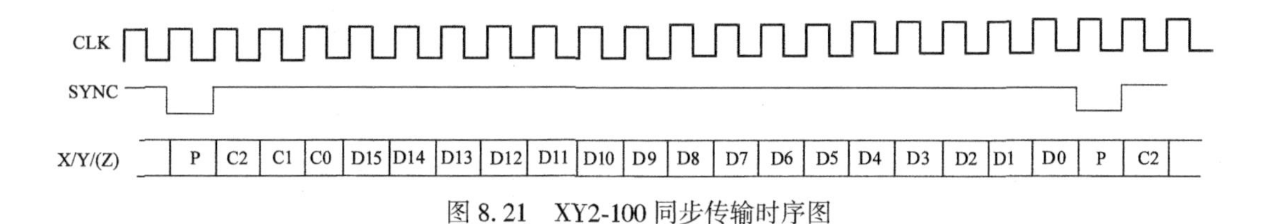

图 8.21　XY2-100 同步传输时序图

由图 8.21 可知，XY2-100 在共用时钟信号 CLK 和同步信号 SYNC 的情况下可以同时 x 、y 、z 三轴控制信号，其中 Z 轴为可选择数据，两轴激光数字扫描头一般不提供。XY2-100 接口不仅简化了传输线路，而且可以实现三轴信号的同时传输，在一定程度上又具有并行功能。这是通用的同步串行协议 SPI 和 I^2C 所不具有的，因此集成开发环境开发系统软件 PSoC Creator 所提供的实现 SPI 协议和 I^2C 协议的器件不能用来实现 XY2-100 协议。

根据 XY2-100 协议时序图，采用片内硬件实现 XY2-100 控制接口的电路原理图如图 8.22 所示。

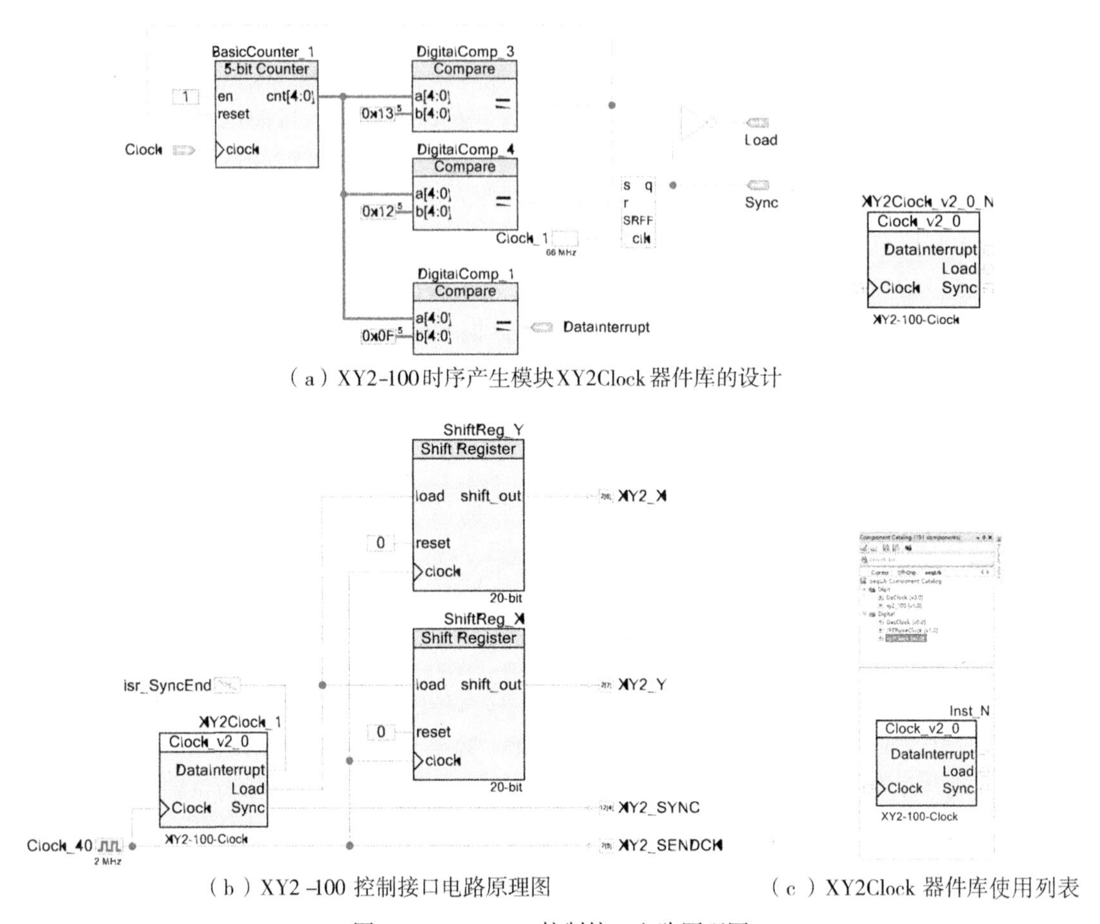

（a）XY2-100时序产生模块XY2Clock 器件库的设计

（b）XY2 -100 控制接口电路原理图　　（c）XY2Clock 器件库使用列表

图 8.22　XY2-100 控制接口电路原理图

XY2-100 控制接口电路实现的关键是同步信号 SYNC 的产生输出，图 8.22 中采用两个 20 位移位寄存器实现 X、Y 轴定位数据的串行传输，为了实现同步信号产生电路的多处复用和原理图的简化，同步时钟信号 SYNC 和其他一些所需的信号产生采用器件库文件的方式实现。集成开发环境开发系统软件 PSoC Creator 提供了较为方便的用户自定义的器件库文件的设计工具系统。只需要在新建项目时选择新建库项目(Library project)即可采用与普通应用系统开发相同的界面完成用户自定义硬件或者软件实现的数字系统或者模拟系统的用户自定义元器件库，相对于普通的应用系统开发来说，开发环境软件中由系统软件提供的能够直接用于用户自定义器件开发的模块受到了极大的限制。图 8.22(a) 即为 XY2-100 时序产生模块 XY2Clock 器件库的设计电路原理图，其右侧为所形成的自定义 Clock_v2_0 器件封装形式，可以自由地编辑自己所喜欢的外观。

XY2-100 时序产生模块 XY2Clock 器件实现使用一个 5 位的基础计数器、三个 5 位数字比较器、一个 RS 触发器和一个反向器实现 XY2-100 协议所需的同步时钟信号时序。5 位的基础计数器 BasicCounter_1 的时钟输入端由数字输入信号 Clock 提供，基础计数器直接对数字输入信号 Clock 进行计数，计数的结果由 cnt[4：0]总线输出，作为数字比较器的数字总线输入端。三个数字比较器均采用数值相等时触发输出信号的方式工作，图 8.22 中的 DigitalComp_4 比较器在计数到第 19 个时钟脉冲周期时输出高电平信号，该信号连接到 RS 触发器的 R 端进行复位，Sync 变为低电平；当计数到第 20 个时钟脉冲时，DigitalComp_4 输出信号变为低电平，同时 DigitalComp_3 输出高电平触发 RS 寄存器的 S 端，Sync 输出高电平。数字输出信号 Sync 经过一个反向器以后形成 Load 信号，作为移位寄存器装载数据的触发信号输出。向移位寄存器更新输出 XY 轴坐标数据的中断服务程序的触发信号由数字比较器 DigitalComp_1 在数字计数器计数到第 17 个脉冲时输出，中断触发信号 DataInterrupt 持续一个时钟周期。

图 8.22(a)所示的 XY2-100 时序产生模块 XY2Clock 器件库的设计完成以后编译输出可重复使用的用户自定义元器件库文件，本案形成的元器件库文件名为 oegLibrary. cyprj。在使用该库文件进行设计的应用系统集成开发环境中，通过单击“Project”→“Dependencies...”→“New Entry”后定位编译后的元器件库文件所在位置选择并打开 oegLibrary. cyprj 文件，集成开发环境会把已经编译好的元器件库文件在器件种类栏(Component catalog)增加一个页面列出所有编译好的用户自定义元器件，可以重复使用，如图 8.22(c)所示。

采用用户自定义的 XY2-100 时序产生自定义模块 XY2Clock 库器件设计的 XY2-100 控制接口实现电路原理图如图 8.22(b)所示，图中由时钟产生器 Clock_40 产生 2MHz 标准时钟，该信号一方面作为自定义模块器件 XY2Clock 的时钟输入端，另一方面直接驱动 P2[5]端口作为 XY2-100 接口的发送时钟 XY2_SENDCK 输出。自定义模块 XY2Clock 器件通过数字输出信号 Sync 直接驱动 P12[4] 端口作为 XY2-100 接口的同步输出信号 XY2_SYNC。实际的 XY 轴 16 位定位信号从总线上获取以后，分别在 16 位定位信号的最高位添加控制信号 C2C1C0=001b，三位控制信号表示接下来传输的是 16 位数字定位坐标信号，形成 19 位数据，19 位数据异或计算得到第 20 位数据即图 8.21 中的 P 值。通过软件得到的 20 位数据在由中断触发信号 isr_SyncEnd 产生的中断服务程序中分别写入到 20 位的移位寄存器 ShiftReg_X 和 ShiftReg_Y 中，移位寄存器 ShiftReg_X 和 ShiftReg_Y 数据装载直接由 XY2Clock 器件的 Load 信号触发。ShiftReg_X 和 ShiftReg_Y 的移位输出信号分别直接控制 P2[6]和 P2[7]端口，作为 XY2-100 接口串行发送的 XY 轴坐标输出信号 XY2_X 和 XY2_Y。

8.3.5 片内激光模拟扫描头接口的数字串行 DAC 接口功能设计

激光专用数字扫描头正在越来越多地替代激光模拟扫描头，逐渐成为激光工业控制中的主流，但是激光工业中还有一部分设备依然采用激光模拟扫描头来实现激光的定位控制。激光模拟扫描头接口接收的是 X、Y 两轴模拟电压信号，或者 X、Y、Z 三轴模拟电压信号的激光定位控制信号。另外采用激光数字扫描头进行激光定位控制时，激光数字扫描头如果是用在雷管编码系统中，雷管激光编码的防爆保护系统也需要提供模拟激光定位信号，和激光数字扫描头反馈的实际位置电压模拟信号一起，用来判断激光扫描头是否误动作。因此激光专用控制卡还需要保留 X、Y 两轴，或者 X、Y、Z 三轴 16 位分辨率的数模转换电路。本案例采用在控制卡主板上放置两片串行接口的数模转换电路 DAC8831 实现 X、Y 两路数字-模拟转换，需要时可以通过外加扩展电路的方式再输出两轴模拟信号。

由图 8.13 所示的模拟激光扫描头控制功能片外实现原理图可知，DAC8831 的低电平有效的 LDAC 引脚已经连接到低电平，根据 DAC8831 的数据手册[29]，DAC8831 芯片数字串行接口的时序信号关系如图 8.23 所示。

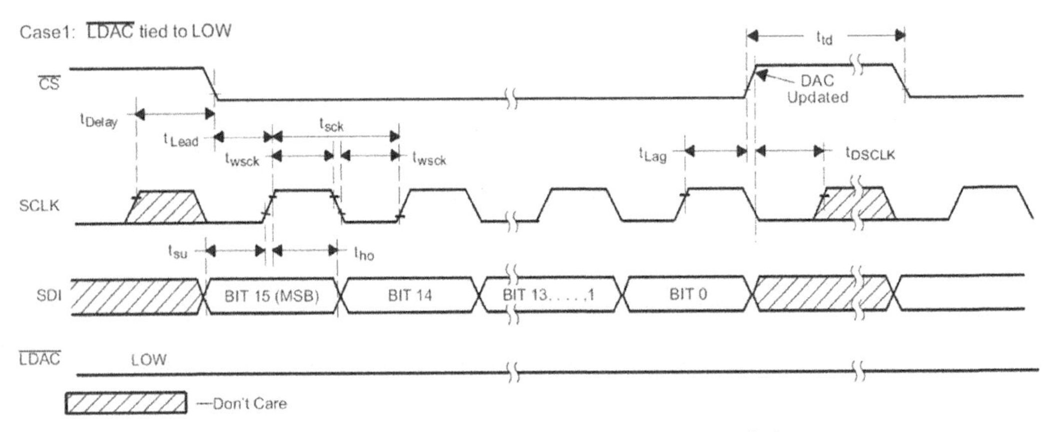

图 8.23　DAC8831 芯片数字串行接口的时序图[29]

DAC8831 芯片数字串行接口协议符合时钟频率可达 50 MHz 的快速同步串行 SPI 接口协议，单个 DAC8831 芯片独立工作时，可以采用集成开发环境软件 PSoC Creator 所提供的实现 SPI 协议数字接口模块实现控制接口的设计。采用这种方式片内硬件系统可以快速的完成 DAC8831 芯片的数字接口设计，但是两路或者 3 路 DAC8831 实现坐标模拟信号输出时，很难做到模拟坐标信号的同时更新。

借鉴 8.3.4 小节所描述的 XY2-100 数字接口电路的实现方式，合并两片或者三片 DAC8831 数模转换电路串行数字接口中的片选信号(低电平有效的 CS)和串行时钟信号(SCLK)，采用两片或者三片 16 位的移位寄存器分别输出两路或者三路串行数字信号(SDIx、SDIy、SDIz)分别独立连接对应着 DAC8831 芯片。由于共用了片选信号(CS)和串行时钟信号(SCLK)，可以很好地解决坐标点的同步更新问题。片内数字系统与 DAC8831 芯片数字串行接口电路原理图如图 8.24 所示。

如图 8.23 所示，DAC8831 芯片数字串行接口只关心片选信号 CS 有效范围内的时钟信号，不关心片选信号 CS 无效时的时钟信号状态，因此可以采用图 8.24(a)所示的电路原理图设计 DAC 时序产生模块 DacClock 器件。图中片选信号 CS 有效开始时间由 CPU 通过控制寄存器发出的有效信号 Load 作用于 RS 触发器的 S 置位端确定，RS 触发器的 Q 输出信号此时为高电平，反向后作为低电平有效的片选信号 CS 输出，同时片选信号 CS 作用于分频数设置为 2 的分频器 FreqDiv_1 的复位端 reset 启动分频器 FreqDiv_1 工作，输出时钟信号 Clock 二分频后的串行时钟信号 SCLK，同时五位基础计数器 BasicCounter_1 对串

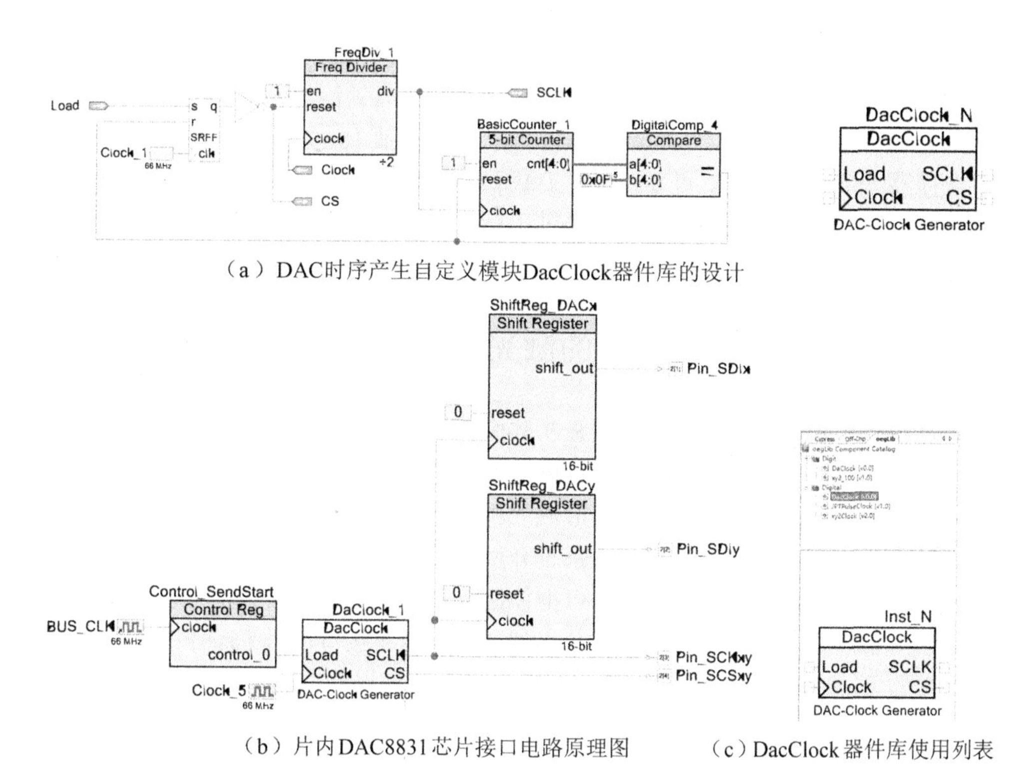

（a）DAC时序产生自定义模块DacClock器件库的设计

（b）片内DAC8831芯片接口电路原理图　　（c）DacClock器件库使用列表

图 8.24　片内数字系统与 DAC8831 芯片数字串行接口电路原理图

行时钟信号 SCLK 计数。由于 5 位数字比较器 DigitalComp_4 的 b 端设定值 0x0F，0x0F + 1=16，当串行时钟信号 SCLK 输出的时钟数量达到 16 时，DigitalComp_4 输出高电平作用于 RS 触发器的 R 复位端，选信号 CS 变为无效，分频器 FreqDiv_1 停止输出串行时钟信号 SCLK。同时令信号 CS 变为无效的 DigitalComp_4 的高电平输出复位基础计数器 BasicCounter_1，BasicCounter_1 计数值清零，准备下一轮的计数。设计完成后的自定义 DAC8831 数字接口时序产生电路元器件如图 8.24(a)右边器件 DAC-Clock Generator 所示。使用该自定义器件时，只需要 CPU 通过软件向控制寄存器写入一个高电平脉冲信号，就可以启动一次 16 位数据的串行传输。

图 8.24(c)为在器件种类栏(Component catalog)所增加的一个页面列出所编译好的用户自定义元器件 DAC-Clock Generator 列表，从该列表中把自定义元器件 DAC-Clock Generator 拖放到 8.24(b)所示的原理图中进行连线即可使用。采用用户自定义元件 DAC-Clock Generator 和两个 16 位的移位寄存器在芯片内部实现两片 DAC8831 芯片接口电路原理图如图 8.24(b)所示。图 8.24(b)中，时序信号产生元件 DacClock_1 由 CPU 向 1 位工作的控制寄存器 Control_SendStart 写入一个高电平到 DacClock_1 的启动传输输入端 Load 即可启动一次 16 位数据的传输，DacClock_1 输出串行时钟信号 SCLK 直接通过 P2[3]端口输出 XY 轴共用的串行时钟信号 Pin_SCKxy，DacClock_1 输出串行片选信号 CS 直接通过 P2[4]端口输出 XY 轴共用的串行片选信号 Pin_SCSxy。XY 轴使用的串行数据信号 Pin_

SDIx 和 Pin_SDIy 分别由两个 16 位的移位寄存器 ShiftReg_DACx 和 ShiftReg_DACy 的移位串行信号输出端 Shift_out 驱动 P2[1]端口和 P2[2]端口提供。两个 16 位移位寄存器 ShiftReg_DACx 和 ShiftReg_DACy 的移位操作直接由串行时钟信号 SCLK 控制。

从图 8.24(b)可见，CPU 从局部数据总线获取 XY 轴 16 位的坐标信号以后，分别写入移位寄存器 ShiftReg_DACx 和 ShiftReg_DACy，然后向 1 位工作的控制寄存器 Control_SendStart 写入一个高电平脉冲即可实现通过串行方式同时完成 XY 轴 16 位数字坐标信号的电压模拟输出。

8.4　基于 PSoC5LP 的激光控制系统片内软件设计

本节所述的功能软件设计全部是在 8.3 节描述的片内数字系统硬件设计的基础上进行的，硬件设计是基础框架，软件设计是具体的硬件功能实现，二者相互作用缺一不可。软件设计完成以后，和硬件系统共同编译形成二进制目标文件，下传到芯片内部的 Flash 存储器中，形成系统固件，完成实际应用系统开发。

设计过程中根据软件参与程度，可以把控制信号的输出状态接口信号分成 4 类。第一类信号直接由硬件完成，不需要软件参与，如通用激光器接口信号 LaserFPS，通过局部数据总线锁存的 LaserFPS 信号不需要 CPU 的参与，由锁存器的输出端直接驱动 P6[5]端口输出 Pin_LaserFPS 与激光器控制接口相应信号端连接；采用相同处理方式输出的控制信号还有 4 对继电器隔离输出的无源端口控制信号 Pin_DOL，7 位扩展的 TTL 电平输出数字信号 Pin_DOH。不需要软件参与直接通过硬件连接读取的状态信号有：4 个光电耦合数字输入信号 Pin_OPTI0 和 7 个扩展的 TTL 电平输入数字信号 Pin_DIH 由译码器产生的选通信号控制数据总线状态信号直接连接到局部数据总线。第二类接口信号由硬件锁存数据总线的数据后，不需要对数据进行进一步加工处理但是需要有不同的输出方式，以不同的输出方式由 CPU 转发出去，如 8 位数字组成的光纤激光功率设定信号，CPU 通过状态寄存器 Status_Reg_FiberPower 从数据锁存器获取以后，一个方面通过控制寄存器向光纤激光专用控制接口直接发送 8 位的数字信号 Pin_FD，CPU 同时输出激光功率数据锁存信号 Pin_FD_Latch；另一方面 CPU 控制一个 8 位的电流型数字模拟转换器输出根据激光设置功率变化的模拟信号 Pin_LaserPower。第三类接口信号，CPU 获取由硬件锁存的接口数据后需要进一步加工处理，然后才能转发出去的信号，主要有用于激光定位的坐标信号和用于激光调制脉冲控制的脉宽调制信号，软件设计部分的主要功能所完成的就是这一类信号的处理。第四类接口信号是根据激光器的类型自动产生的直接由 CPU 控制相应端口输出的控制信号，如光纤激光器接口信号 Pin_MO、Pin_Emergency、Pin_GuidLaser、Pin_FD_Latch 等数字输出信号。

8.4.1　中断服务程序接口软件设计

PSoC5LP 实现的激光专用控制系统采用片内的数字系统硬件接口电路完成与 PCI9052 局部总线的数据交换，数据交换过程中不需要软件参与，接口电路直接通过片上硬件系统完成控制和状态信号的转接；需要软件参与才能实现的功能信号采用中断方式设计接口软件程序。中断服务程序中完成操作的程序要做到尽可能短小和快速，对于需要较多时间执行的功能软件，首先在中断服务程序中获取关键数据，然后通过设置关键数据改变标志的方式通知主程序在主程序中完成其他较为复杂、耗时较多、程序较长的接口功能。在主程序中设计实现的功能可以充分利用系统的空闲时间完成，即使被其他程序中断该功能的执行过程也不会造成较大影响。另外，要充分利用片上数字系统硬件部分的并行执行功能，例如采用移位寄存器完成同步串行协议的接口功能，在并行数据变成串行信号输出的整个过程中除了 CPU 向移位寄存器提供数据操作以外均不需要 CPU 的参与，此时 CPU 可以做其他更重要的工作。

PSoC5LP 片上系统实现硬件中断设计的方法主要是：首先在硬件原理图中放置中断元件 Interrupt，用来定义硬件触发的中断，Interrupt 所连接的信号即为中断源，一般设置为上升沿中断（RISING_EDGE），也可以设计为电平中断（LEVEL）和派生中断（DERIVED）。设置为上升沿中断，也就是该信号在任意一个上升沿到来的时刻，都会触发硬件中断，中断控制器向 CPU 申请中断，转向中断服务程序的执行。放置中断元件后，在调用应用系统构建（Build→ Generate Application）过程完成以后，系统会自动产生与该中断元件相关联的中断应用接口（API）程序相关的函数，其中一个用于指定中断服务程序入口的函数为“void 中断元件名称_StartEx(cyisraddress address)”，通常采用该函数来指定需要执行的中断服务程序。

采用 C 语言设计中断程序时，首先要使用宏语句 CY_ISR_PROTO(FuncName)来声明中断服务程序的名称，其次要采用以宏语句 CY_ISR(FuncName)为开头的方式编写中断服务程序，最后在主程序中调用“void 中断元件名称_StartEx(cyisraddress address)”函数指定中断服务程序入口。

以光纤激光器功率改变中断为例，在硬件原理图中放置的中断元件名称为 isr_FD_Latch，该信号与光纤激光功率锁存触发信号 FD_Latch 同源，光纤激光器功率改变中断服务程序的编写步骤如下：

（1）头文件中声明光纤激光器功率设置锁存中断 FD_LatchInterrupt：

```
CY_ISR_PROTO(FD_LatchInterrupt);
```

（2）在程序实现文件中编制中断服务程序：

```
CY_ISR(FD_LatchInterrupt)
{
    LaserPower = Status_Reg_FiberPower_Read();
    SetLaserPower(LaserPower);
}
```

（3）在主程序中指定中断服务程序入口：

```
int main()
{
……
isr_FD_Latch_StartEx(FD_LatchInterrupt); //设置中断向量
……
```

```
}
```

8.4.2　片内局部总线接口软件设计

完整的片内局部总线接口主程序如下：

```
int main( )
{
    //设置中断向量
    isr_yReach_StartEx( yReachInterrupt) ;
    isr_T0_StartEx( Timer0Interrupt) ;
    isr_T2_StartEx( Timer2Interrupt) ;
    isr_FD_Latch_StartEx( FD_LatchInterrupt) ;
    isr_LaserPulseWidth_StartEx( JPTLaserPulseWidthInterrupt) ;
    isr_LaserType_StartEx( LaserTypeInterrupt) ;
    isr_SyncEnd_StartEx( SyncEndInterrupt) ;
    CYGlobalIntEnable; /* Enable global interrupts */
    //初始化全局变量
    XY2FinishedFlag = TRUE;
    DacFinishedFlag = TRUE;
    SyncEndFlag = TRUE;
    FirstTimeFlag = TRUE;
    T0Enable = FALSE;
    T1Enable = FALSE;
    T2Enable = FALSE;
    GateHFlag = FALSE;
    GateLFlag = FALSE;
    LaserPulseChanged = FALSE;
    LaserTypeChanged = FALSE;
    xReachFlag = FALSE;
    yReachFlag = FALSE;
    EXTxChanged = FALSE;
    EXTyChanged = FALSE;
    XY2_StartFlag = FALSE;
    TimerFrqData = 20u; //20 kHz
    TimerPWData = 25u;    //
    LaserInitiate( ) ;
    cmp0 = 0u;
//设置激光作用点默认坐标
    DAx = 32768u;
```

```
DAy =32768u;
DAx = DAx | 0x010000;
DAy = DAy | 0x010000;
xy2_100_x = GetSendDataWithParity(DAx);
xy2_100_y = GetSendDataWithParity(DAy);
ShiftReg_X_WriteData(xy2_100_x);
ShiftReg_Y_WriteData(xy2_100_y);
DacX = 32768u;
DacY = 32768u;
ShiftReg_DACx_WriteRegValue(DacX);
ShiftReg_DACy_WriteRegValue(DacY);
for(;;)
{
    if(yReachFlag)// 激光作用点坐标改变
    {
        Dac8831AndXY2_Hard_SendData(DAx,DAy); // 串行发送激光作用点坐
标
        yReachFlag = FALSE;
    }
    if(SyncEndFlag)        // xy2_100 接口激光作用点坐标数据写入
    {
        ShiftReg_X_WriteData(xy2_100_x);
        ShiftReg_Y_WriteData(xy2_100_y);
        SyncEndFlag = FALSE;
    }
    if(T0Enable) //激光脉冲频率改变
    {
        PWM_LaserPulse_WritePeriod(Freq);
        PWM_LaserPulse_WriteCompare(Freq / 2);
        T0Enable = FALSE;
    }
    if(T1Enable) //激光预置脉冲带宽改变
    {
        LaserPulseWidth=cmp0 * 1000/Freq;
        if(LaserType == 0x04u)
        {
            WriteJPTLaserPulseWidth();
        }
```

```
                T1Enable = FALSE;
            }
            if(T2Enable) //激光脉冲脉宽占空比改变
            {
                if(LaserType == 0x04u)//IPG Fiber laser
                {
                    LaserPower=cmp * 255/Freq;
                    SetLaserPower(LaserPower);
                }
                PWM_LaserPulse_WriteCompare(cmp);//20210601
                T2Enable = FALSE;
            }
            if(LaserPulseChanged)
            {
                WriteJPTLaserPulseWidth();
                LaserPulseChanged = FALSE;
            }
            if(LaserTypeChanged) //激光器类型改变
            {
                if((LaserType == 0x04u) || (LaserType == 0x05u))
                {
                    ResetFiberLaser();
                    Control_SetPRRon_Write(0u);//Swith PWM enable to 1
                }
                else
                {
                    Control_SetPRRon_Write(1u);
                }
                LaserTypeChanged = FALSE;
            }
        }
}
```

8.4.3　片内通用激光器控制软件设计

用于激光器控制的中断服务程序：

```
CY_ISR_PROTO(Timer0Interrupt);
CY_ISR_PROTO(Timer1Interrupt);
CY_ISR_PROTO(Timer2Interrupt);
```

```
CY_ISR_PROTO(FD_LatchInterrupt);
CY_ISR_PROTO(JPTLaserPulseWidthInterrupt);
CY_ISR_PROTO(LaserTypeInterrupt);
CY_ISR(Timer0Interrupt)
{
    Freq = Status_Reg_T0HighData_Status | (Status_Reg_T0LowData_Status << 8u);
    T0Enable = TRUE;
}
CY_ISR(Timer1Interrupt)
{
    cmp0 = Status_Reg_T1HighData_Status | (Status_Reg_T1LowData_Status << 8u);
    T1Enable = TRUE;
}
CY_ISR(Timer2Interrupt)
{
    cmp = Status_Reg_T2HighData_Status | (Status_Reg_T2LowData_Status << 8u);
    T2Enable = TRUE;
}
CY_ISR(FD_LatchInterrupt)
{
    LaserPower = Status_Reg_FiberPower_Read();
    SetLaserPower(LaserPower);
}
CY_ISR(LaserTypeInterrupt)
{
    LaserType = Status_Reg_LaserType_Read();
    LaserTypeChanged = TRUE;
}
CY_ISR(JPTLaserPulseWidthInterrupt)
{
    LaserPulseWidth = Status_Reg_LPLowData_Status | (Status_Reg_LPHighData_
Status << 8u);
    LaserPulseChanged = TRUE;
}
```

激光控制头文件中包含、实现文件程序中完成的功能接口函数有：

```
void SetLaserFrq(uint32 LaserFrq);
void SetLaserPulseWidth(uint32 LaserPulseWidth);
void SetLaserPulse(uint32 LaserFrq,uint32 LaserPulseWidth);
```

```
void InitLaserPowerDAC(void);
void SetLaserPower(uint8 bPower);
void InitFiberLaser(void);
void ResetFiberLaser(void);
void IDac8Test(void);
void WritePulseWidth(uint8 PulseWidth);
void WriteJPTLaserPulseWidth(void);
```

其中 InitFiberLaser()函数完成光纤激光器的初始化，具体实现如下：

```
void InitFiberLaser(void)
{
    ClearMO();
    ClearPA();
    ClearGuidLaser();
    SetEmergency();
    PWM_LaserPulse_WritePeriod(159u); //25kHz 20uS
    PWM_LaserPulse_WriteCompare(79u);
    Control_SetPRRon_Write(0u);//Swith PWM enable to 1 to out PRR
    LaserPower=100u;//Set fiber laser Power to 39%
    SetLaserPower(LaserPower);
    SetMO();
    CyDelay(20);
    SetPA();
    if((LaserType == 0x04u) || (LaserType == 0x05u))
    {
        Control_SetPRRon_Write(0u);//Swith PWM enable to 1
    }
    else
    {
        Control_SetPRRon_Write(1u);//Swith PWM enable to PA controlling the PRR
    }
    EnableGuidLaser(); //Swith to using RL4 control the red GuidLaser
}
```

主程序中从“if(T0Enable) //激光脉冲频率改变”语句开始到主函数 main()结束均为激光专用控制程序。

8.4.4　片内激光数字/模拟扫描头接口功能软件设计

激光作用点坐标设置数据获取中断服务程序：

```
CY_ISR_PROTO(yReachInterrupt);
```

```
CY_ISR(yReachInterrupt)
{
    DAx = (Status_Reg_HighByteX_Status << 8u) | Status_Reg_LowByteX_Status;
    DAy = (Status_Reg_HighByteY_Status << 8u) | Status_Reg_LowByteY_Status;
    yReachFlag = TRUE;
}
```

激光作用点坐标设置头文件包含、实现文件程序中完成的功能接口函数有：

```
uint32 GetSendDataWithParity(uint32 ShiftData);
void xy2_100_SendData(uint16 ShiftDataX,uint16 ShiftDataY);
void DAC8831_SendData(uint16 ShiftDataX,uint16 ShiftDataY);
void Dac8831AndXY2_Hard_SendData(uint16 ShiftDataX,uint16 ShiftDataY);
void xy2_Soft_SendData(uint16 ShiftDataX,uint16 ShiftDataY);
void DAC8832_Soft_SendData(uint16 ShiftDataX,uint16 ShiftDataY);
void DAC8832AndXY2_Soft_SendData(uint16 ShiftDataX,uint16 ShiftDataY);
```

其中，函数 Dac8831AndXY2_Hard_SendData(uint16 ShiftDataX, uint16 ShiftDataY)为完成模拟激光扫描头定位信号接口的功能函数，同时在该函数中计算出数字扫描头接口 XY2-100 协议所需 20 位同步串行输出数据，函数中使用到的变量 xy2_100_x、xy2_100_y 是全局面的，具体实现方式如下：

```
void Dac8831AndXY2_Hard_SendData(uint16 ShiftDataX,uint16 ShiftDataY)
{
    uint32 DataX,DataY;//,DacX,DacY;
    DataX = ShiftDataX | 0x010000;
    DataY = ShiftDataY | 0x010000;
    xy2_100_x = GetSendDataWithParity(DataX);
    xy2_100_y = GetSendDataWithParity(DataY);
    DacX = ShiftDataX;
    DacY = ShiftDataY;
    ShiftReg_DACx_WriteRegValue(DacX);
    ShiftReg_DACy_WriteRegValue(DacY);
    Control_SendStart_Write(1u);
}
```

数字扫描头接口 XY2-100 协议所需两个 20 位含有控制位和校验位的同步串行输出坐标数据 xy2_100_x、xy2_100_y 的更新在主程序中完成，主程序中这一部分程序的功能实现代码为：

```
if(yReachFlag) &&
{
    Dac8831AndXY2_Hard_SendData(DAx,DAy);
    yReachFlag = FALSE;
```

```
}
if(SyncEndFlag)
{
    ShiftReg_X_WriteData(xy2_100_x); //XY2-100 协议接口 X 轴数据更新
    ShiftReg_Y_WriteData(xy2_100_y);//XY2-100 协议接口 Y 轴数据更新
    SyncEndFlag = FALSE;
}
```

第9章 USB接口嵌入式激光控制系统设计

俗话说，“有心栽花花不开，无心插柳柳成荫”。第8章介绍的PSoC52LP系列中的CY8C5268AXI-LP047芯片完成的PCI接口激光控制系统，成了这个俗语中的“柳”。由于有这棵无心所插的“柳”，原有的成熟软件控制系统不需要做任何修改就可直接使用，单纯从硬件系统的升级改造就实现了整个控制系统性能质的飞跃，可靠性得到了极大提高，因此得到了最广泛的使用。

当初在进行USB接口激光控制系统设计开发过程中，为了验证最新的片上可编程系统芯片在激光控制系统中的有效性，我们通过基于原有的PCI专用激光控制卡所实现的功能进行硬件改造设计，制作了基于PCI总线接口的采用片上可编程系统实验试用芯片完成激光控制接口电路设计的激光控制实验验证系统。该系统选用了当时最具代表性的PSoC5系列芯片中功能最全的一个实验试用芯片设计实验模型激光控制卡，为了减少前期软件开发设计的成本，减少软件工程师的投入，充分利用现有激光专用控制系统软件来实现硬件设计的性能验证，极大地增加了硬件设计的难度。特别是在激光脉冲控制信号的实现过程中，硬件上采用了最原始的信号处理方法，把原来由软件实现的把脉宽调制信号的频率和占空比参数通过计算转变成对82C54芯片所包含的三个计数器的操作过程，通过硬件系统逆向设计实现。为了不改变激光控制系统中的控制软件，完全通过硬件设计的方式逆向工作还原出最原始的脉宽调制器的频率和占空比两个参数。当然结果也出乎意料，在做完了相关功能测试获得成功之后，在把这些通过验证的功能移植到USB接口的激光专用控制系统的时候，我们制作的这款用于实验验证的PCI控制卡已经完全取代了原有的控制卡，并得到了最为广泛的使用。正是由于这款卡的性能和可靠性得到了广泛的认可，我们的设计目标基于USB接口的激光专用控制系统，反而由于控制系统软件的系统功能移植问题迟迟得不到有效应用，系统开发由于软件和硬件的接口问题以及USB控制的优越性没有得到具体应用的充分体现、系统使用没有紧迫性要求等原因一拖再拖。虽然最终产品开发成功，但使用的广泛性、普及性反而不如中间形成的仅仅靠硬件升级的PCI接口激光专用控制卡这个中间产品。

本章主要介绍基于PSoC52LP系列中的CY8C5268AXI-LP047芯片实现USB接口激光控制系统设计和实现过程、采用SD卡实现激光控制数据的本地化嵌入式存储管理以及激光相关控制功能软件的本地化嵌入式片上系统实现。采用PSoC52LP系列芯片片内系数字系统集成的一个USB 2.0全速传输(Full Speed)引擎实现与主控计算机的通信用来接收激光控制数据；通过集成了文件系统库(File System Library)，采用SPI同步串行通信模式完成SD卡文件系统控制接口的元器件emFile实现激光控制数据的本地化存储；片上系统芯片PSoC52LP作为本地激光控制系统的主控芯片元件，实现本地化独立进行激光控制工作的嵌入式激光控制系统。通过 CY8C5268AXI-LP047 芯片完成激光控制接口电路的设计和实现部分，由于在第 8 章当中已经做了详细描述和介绍，本章将只列出其中的原理图不做进一步的介绍。

9.1　嵌入式激光控制系统片外实现原理

采用 PSoC52LP 系列 CY8C5268AXI-LP047 芯片实现的带有 USB 接口和本地 SD 卡存储激光控制数据功能，能够实现脱机激光标记控制的激光控制系统片外实现电路原理图如图 9.1 和图 9.2 所示。

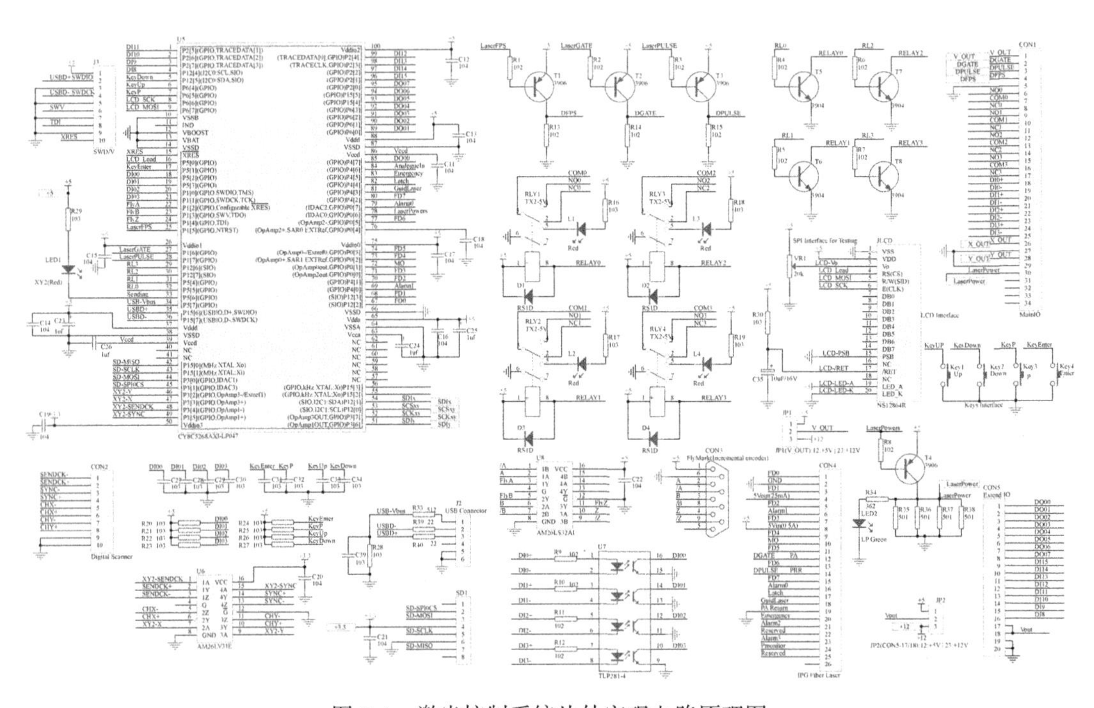

图 9.1　激光控制系统片外实现电路原理图

图 9.3 中，采用和第 8 章描述的原理相同的方式完成的激光控制功能包括：

(1) 通过 J3 插座完成芯片编程功能；

(2) 通过贴片型 3906 三极管 T1、T2、T3 分别输出通用激光控制信号 DFPS、DGATE、DPULSE；

(3) 通过贴片型 3904 三极管 T5、T6、T7、T8 分别驱动 RL1、RL2、RL3、RL4 继电器输出 4 组无源节点 NC0、NO0、COM0 ~ NC3、NO3、COM3；

(4) 通过贴片型光电耦合集成电路 TLP281-4 芯片 U7 输入 4 个光电隔离输入数字信号 DI00 ~ DI03；

(5) 通过 CON4 插座输出光纤激光器控制接口信号；

(6) 通过贴片型 3906 三极管 T4 输出光纤激光器功率设置的模拟输出信号；

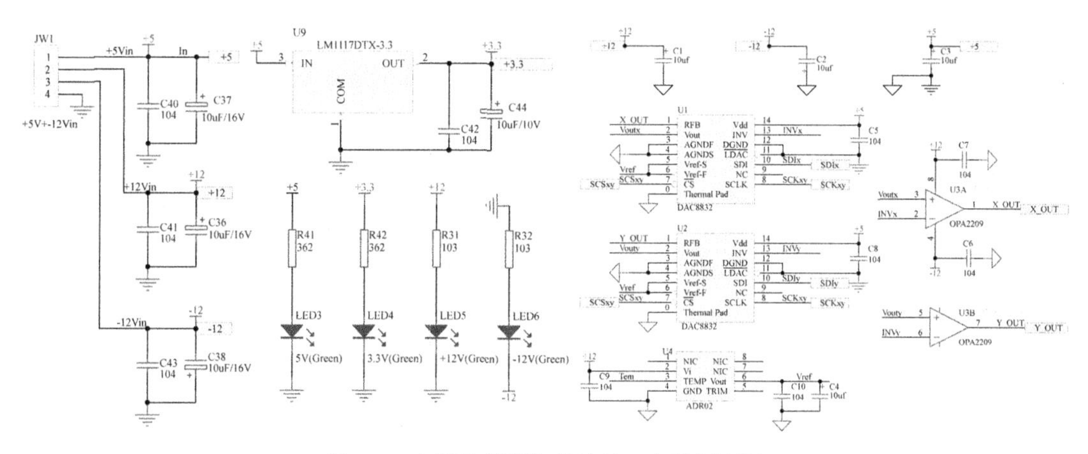

图 9.2　电源和模拟扫描头接口电路原理图

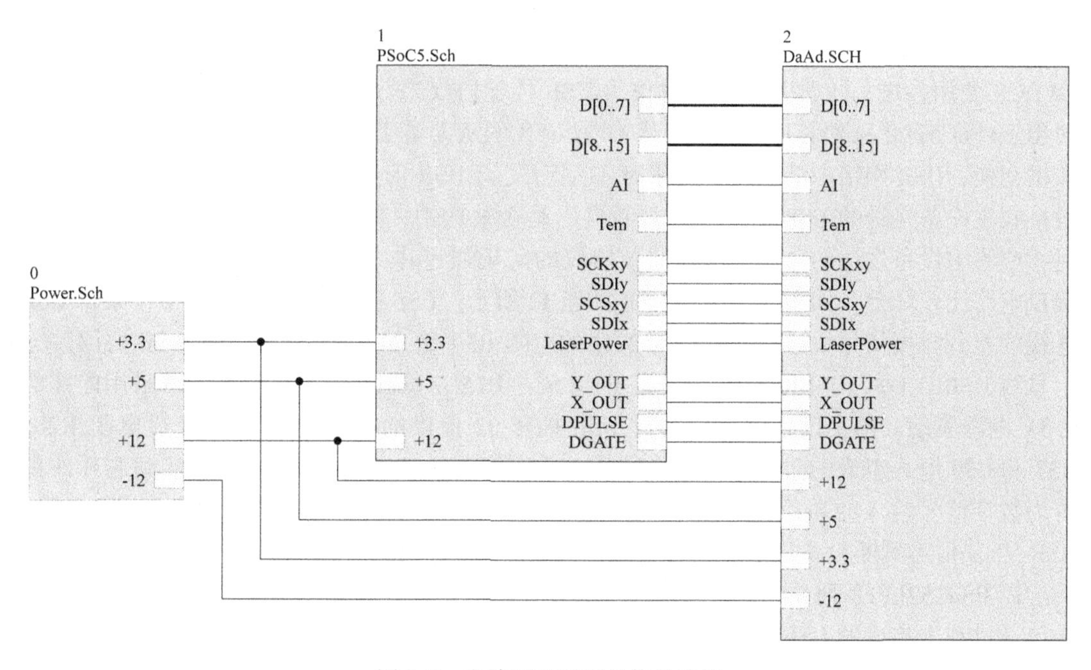

图 9.3　电路原理图间的信号连接

(7)通过 CON5 插座扩展输出 8 位 TTL 电平数字信号 DO00~DO07 和输入 8 位 TTL 电平数字信号 DI8~DI15；

(8)采用 3.3V 供电的低电压型差分驱动芯片 AM26LV31E 提供 XY2-100 数字扫描头接口信号由 CON2 插座直接以激光数字扫描头接口的由 SENDCK+、SENDCK-、SYNC+、SYNC-、CHX+、CHX-、CHY+、CHY-组成的 4 组差分接口信号；

(9)共用同步串行片选信号 SCSxy 和同步串行时钟信号 SCKxy，分别使用同步串行数据信号 SDIx、SDIy 与图 9.2 中由两片 16 位串行接口 DAC 芯片 DAC8832 组成的数字模拟转换器 U1、U2 接口，传输 16 位的数字坐标信号，完成激光模拟扫描图位置坐标定位模拟电压信号 X_OUT、Y_OUT 输出。

这些信号的设计原理和实现方法在第 8 章都做了详细描述。所不同的地方是 XY2-100 数字扫描头接口信号的提供驱动芯片由第 8 章的 5V 供电差分信号驱动芯片 AM26C31 变成了低电压型的 AM26LV31E；激光模拟扫描头接口信号提供的 DAC 芯片由第 8 章介绍的 DAC8811 换成了 DAC8832，两个芯片的不同点在于：一方面封装不同，DAC8811 采用的是 SO-14 封装，DAC8832 采用的是 QFN-14 封装，SO-14 封装形式更有利手工焊接方式装配，QFN-14 封装形式采用手工焊接装配比较困难；另一方面，上电复位后默认缺省的输出模拟信号对应的数字码不同，DAC8811 为最小数字码 0，DAC8832 为中间数字码 32768。由于模拟扫描头振镜伺服电机上电复位时自动锁定停留在中间值，因此采用 DAC8832 的复位默认输出更有利于控制器与激光模拟扫描头的模拟信号接口适配。

9.1.1　USB 接口的实现

图 9.1 中，PSoC52LP 系列 CY8C5268AXI-LP047 芯片的多功能服用端口 P15[6]、P15[7]在上电复位时作为采用 SWD/V 协议进行数据传输的编程功能接口信号线 SWDIO、SWDCK 使用，进入正常工作状态时作为 USB 传输协议差分信号线 USBIO D+、USBIO D-使用。PSoC52LP 系列芯片的 USB 引擎作为 USB 的从设备实现与主设备之间的信号传输和数据交换，USB 网络中的从设备从来都不主动发起 USB 信道的主动控制权，USB 引擎通过接收主设备发送的 USB 描述符来判断自己是否被选中，只有主设备的通信对象为自身时才应答主设备发送的命令。USB 通信协议的实现通过片内集成的 USB 引擎完成，外部接口电路比较简单，如图 9.1 中的 USB 插座 J2 所示。USB 插座 J2 接口电路中，来自 USB 连线的差分数据信号线通过电阻值为 22Ω 的电阻 R39 和 R40 连接到芯片的 USB 协议差分信号线 USBIO D+、USBIO D-，也就是 P15[6]、P15[7]端口。由于 USB 引擎采用内部的 3.3V 电源驱动，由主设备驱动后通过 USB 插座 J2 提供的 USB 电源信号经过电阻 R28、R33 和 C39 电容组成的阻容滤波网络处理以后所得到的 USB-Vbus 信号，连接到芯片的设置为数字信号输入的通用输入输出(GPIO)端口 P5[6]，CPU 通过连接到端口 P5[6]的 USB-Vbus 信号判断设备是否已经与通过有效的 USB 插座相连接的主设备建立物理连接。

以 PSoC52LP 系列片上系统芯片为核心设计的激光控制系统与上位计算机的 USB 通信协议通过片上集成的 USB 引擎完成，采用 USB2.0 传输速率为 12Mbps 的全速(Full-Speed)从设备模式工作，在集成开发环境 PSoC Creator 软件中的原理图编辑器中放置 USBFS 器件，构建应用程序框架后通过调用 USBFS 器件的应用接口函数与 USB 的主设备实现信息交换。本节使用的上位机 USB 设备驱动程序为 USBLaserControl.inf 和 cyusb3.sys，通过 USB 开发包 EZ-USB FX3 DVK 设计实现。USB 开发包 *EZ-USB FX3 DVK* 由系统芯片提供商开发，下载链接地址为：http：//www.cypress.com/？app = dlm3&fileid = 41928&userid = 363608526&newID = 7118835。

9.1.2　SD 卡文件系统控制接口

图 9.1 中，SD 卡文件系统控制接口所需的信号 SD-SPI0CS、SD-MOSI、SD-SCLK、

SD-MISO 由 PSoC52LP 系列片上系统芯片集成开发环境 PSoC Creator 软件中的原理图编辑器中放置 emFile 器件后配置到 P3[0]、P3[1]、P15[0]、P15[1]端口，直接连接到 Micro SD 卡插座 SD1，SD 卡采用 3.3V 电源，通过 SD1 插座提供。

集成开发环境 PSoC Creator 软件中放置的芯片内部数字通信系统中的 emFile 器件通过 GPIO 端口引脚完成 SD 卡的物理连接，emFile 器件集成了 SEGGER Microcontroller 提供的用于操控 FAT 文件系统的库函数。文件操作的具体过程在软件中调用 emFile 器件应用程序接口实现。

9.1.3 NS12864R 显示器接口

CY8C5268AXI-LP047 芯片与 128×64 像素显示器 NS12864R 的连接采用 SPI 同步串行接口电路完成显示数据传输，由 P5[0]、P6[6]和 P6[7]端口输出 LCD_Load、LCD_SCK 和 LCD_MOSI 信号，通过图 9.1 中的单排座 JLCD 直接与 NS12864R 显示器相连接。显示器 NS12864R 采用 5V 供电，由电阻 R30 和电容 C35 实现上电复位，通过 VR1 电位器调节液晶背光。

显示器 NS12864R 集成了通用汉字的 32×32 点阵字模，可以完成两排共 16 个汉字的显示，设计在系统初始化时通过汉字显示初始化欢迎信息，初始化完成以后按照自定义的 8×6 点阵英文方式显示控制和调试信息。

9.1.4 增量速度编码器接口

另外，系统还提供了测速系统接口。图 9.1 中，增量编码型测速机构增量编码器输出的三组差分速度信号通过 DB9 型插座 CON3 接入，经过 AM26LS32AI 四通道差分接收集成芯片 U8 的三个通道处理后得到三组速度信号 FlyA、FlyB 和 FlyZ，分别连接到 P1[2]、P1[3]和 P1[4]三个数字输入端口，通过片内的计数器和定时器后可以计算出激光作用工件的移动速度，用来作为激光定位信号的坐标补偿信号，实现移动工件的飞行激光标记等功能。

9.1.5 按钮键盘输入接口

按钮键盘 K1、K2、K3 和 K4 分别连接键盘状态信号 KeyUP、KeyDown、KeyP 和 KeyEnter，分别通过上拉电阻 R24～R27 和滤波电容 C31～C34 组成的硬件消除抖动电路后分别连接到 P6[4]、P12[5]、P6[5]和 P5[1]端口所对应的数字输入引脚，通过 CPU 直接读取按钮键盘键值，读取键值后由软件根据键盘键值完成不同的操作。

9.2 嵌入式激光控制系统印刷电路板制作

采用 PSoC5.Sch 文件保存如图 9.1 所示电路原理图，DaAd.SCH 文件保存如图 9.2 所示的电路原理图的右半部，Power.Sch 文件保存如图 9.2 所示的电路原理图的左半部，因此，图 9.3 通过文件名把三张原理图中相同的电路网络标号连接到一起。通过图 9.3 所示的原理图间的信号连接处理之后，所有原理图中相同的网络标号会形成同一个网络标号，共同映射到同一张印刷电路板，据此制作的激光控制系统印刷电路板 3D 显示图如图 9.4 所示。

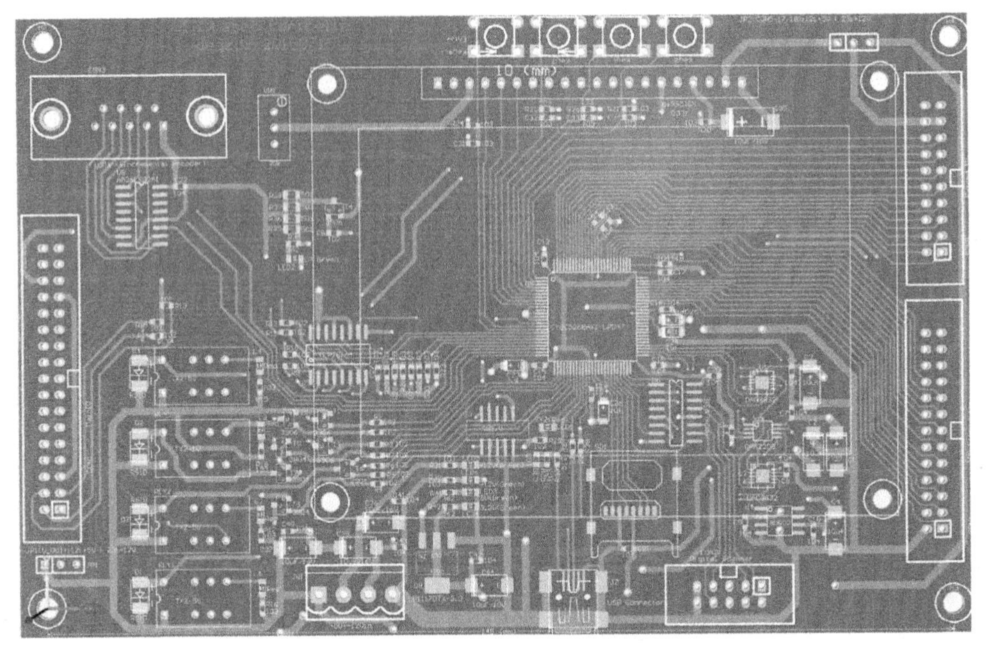

图 9.4 激光控制系统印刷电路板 3D 显示图

9.3 嵌入式激光控制系统片内硬件实现

以 PSoC52LP 系列片上系统芯片为核心设计的嵌入式激光控制系统片内数字系统和模拟系统硬件共同实现的电路原理图如图 9.5、图 9.6 和图 9.7 所示。其中嵌入式激光控制系统的主要功能通过图 9.5 所示的电路完成，图 9.6 为激光数字扫描头所普遍采用的两路激光定位数字信号 XY2-100 通信协议的实现电路原理图，图 9.7 为用于产生激光模拟扫描头控制的两路模拟输出信号串行 DAC 数字-模拟转换集成电路芯片 DAC8832 接口协议的实现电路原理图。

图 9.5 中，采用三个状寄存器分别获取 Status_Reg_OPTI、Status_Reg_ExtIn 和 Status_Reg_Alarm 为 CPU 提供分别获取激光应用系统反馈的状态信号的通路接口，这些状态信号分别对应四路光电隔离输入状态信号 Pin_OPTI、8 位扩展的 TTL 电平输入数字信号和三位激光器工作状态反馈数字信号。采用三个控制寄存器 Control_Reg_ExtOut、Control_Reg_RL 和 Control_Reg_LaserPower 为 CPU 提供通过软件控制的数字输出信号，分别为 8 位扩展的 TTL 电平输出数字信号、四路由贴片三极管驱动继电器输出无源节点的控制信号 Pin_RL 和用于设置光纤激光器输出功率的 8 位数字信号 Pin_FD。激光器控制所需的脉宽调制信号 Pin_LaserPulse 和激光发射开关控制信号 Pin_LaserGate 由 CPU 通过软件写入

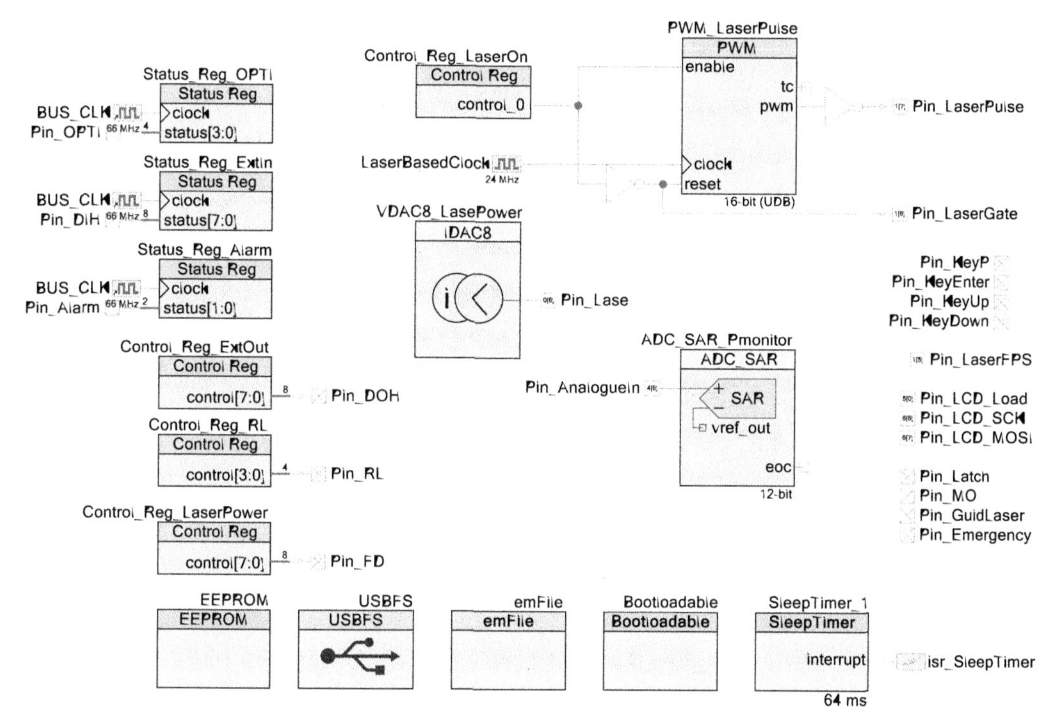

图 9.5 嵌入式激光控制系统的主要功能实现

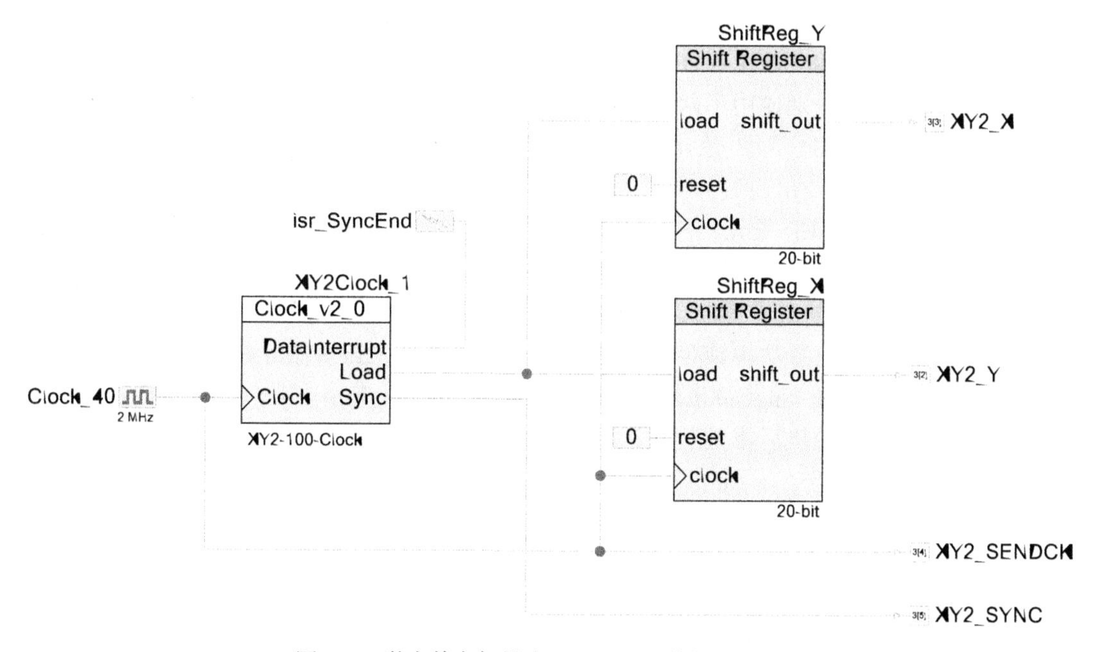

图 9.6 激光数字扫描头 XY2-100 通信协议的实现

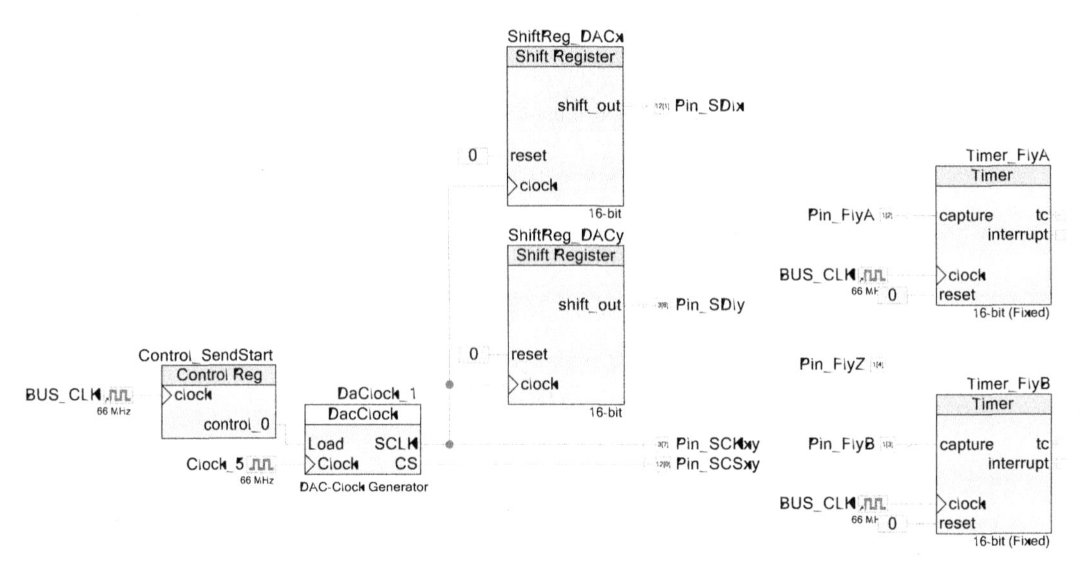

图 9.7　激光模拟扫描头串行 DAC 接口协议的实现

数据的一位控制寄存器 Control_Reg_LaserOn 直接实现，脉宽调制信号 Pin_LaserPulse 频率和占空比 CPU 通过脉宽调制器件 PWM_LaserPulse 的应用程序接口函数所设置的周期参数 Period 和比较值参数 CMP Value 1 / CMP Value2 共同决定。由于激光器控制接口信号 LaserGate 和 LaserPulse 是通过 Pin_LaserGate 和 Pin_LaserPulse 信号驱动芯片外部单独的贴片封装 PNP 型开关三极管 3906 得到的，激光器控制接口信号 LaserGate 和 LaserPulse 与控制信号 Pin_LaserGate 和 Pin_LaserPulse 是反向的，因此两个控制信号 Pin_LaserGate 和 Pin_LaserPulse 输出之前分别使用了两个反向器。用于控制光纤激光器功率设定值的 8 位数字信号作为数字驱动源写入 8 位电流型数字模拟转换器 VDAC8_LasePower，VDAC8_LasePower 的模拟电流输出通过片外的三极管转换成模拟电压输出，用于驱动片外 LED 发光二极管，通过片外 LED 发光二极管的亮度指示光纤激光器所设置的激光输出功率大小，同时该信号也用于雷管激光编码系统的过功率保护信号源。

直接由 CPU 驱动的激光控制信号还有：激光首脉冲抑制信号 Pin_LaserFPS，用于光纤激光器控制的激光设置功率锁存信号 Pin_Latch、激光器主振荡器开关信号 Pin_MO、激光器红光指示控制信号 Pin_GuidLaser、激光器急停信号 Pin_Emergency。由 CPU 直接读取的状态信号还有用于脱机后本地化激光控制功能设定的键盘状态信号 KeyUP、KeyDown、KeyP 和 KeyEnter。

图中所示的片内系统集成的逐次逼近寄存器 SAR(Successive Approximation Register)型模拟-数字转换模块器件 ADC_SAR_Pmonitor 完成模拟输入信号 Pin_AnalogueIn 的数据采集，其结果直接由 CPU 读取。目前大多数光纤激光器不再提供实际激光输出功率的反馈信号，因此该信号可以用作如系统工作环境温度测量等模拟信号的采集。

在图 9.5 中，可以设置为 512 B 到 2 KB 容量的 E^2PROM 存储器器件 EEPROM 用来在线更改保存激光控制参数；全速 USB 器件(Full Speed USB) USBFS 用来通过片内集成的

USB 2.0 引擎实现与上位机的数据交换；SD (Secure Digital) 文件系统库 (File System Library) 器件 emFile 用来实现激光应用系统控制数据的本地化存储；引导加载程序和可引导加载程序 (Bootloader and Bootloadable) 器件 Bootloadable 用来管理应用程序代码和/或数据更新片内设备闪存的过程；睡眠定时器器件 SleepTimer_1 用来产生控制器内部定时中断信号，在定时中断程序中输出脉冲信号，当系统用于雷管激光编码时该信号用来作为超时报警保护的信号源。

图 9.6 所示的激光数字扫描头 XY2-100 通信协议的实现电路原理图在第 8 章做了详细介绍，这里不再赘述。

图 9.7 所示的激光模拟扫描头串行 DAC 接口协议的实现电路原理图中靠左部分的串行 DAC 接口协议的实现在第 8 章做了详细介绍，这里不再赘述。图 9.7 中靠右部分实现增量编码型测速机构增量编码器输出三路脉冲信号的计数功能实现，通过计数值计算激光作用对象工件的实际运行速度，该速度用来补偿激光作用位置坐标控制信号的坐标值，完成飞行标记等功能。

9.4 嵌入式激光控制系统片内系统软件设计

嵌入式激光控制系统片内系统软件按照激光标记控制系统的方式进行设计，分为在线控制和离线控制两种方式，两种方式的切换可自动实现。当系统作为从设备通过 USB 接口连接到主控计算机时，系统自动切换到在线工作方式，激光标记控制过程由控制计算机的激光标记专用控制软件通过本系统实现激光标记应用系统的控制；当设备从控制计算机的 USB 接口移除时，系统自动转换到本地工作方式，实现脱机的离线控制，通过读取保存于 SD 卡上的激光标记数据文件获取控制信息，完成脱机独立工作的嵌入式激光应用系统的控制。

在集成开发环境 PSoC Creator 软件中采用 C 语言完成 PSoC52LP 系列芯片的片内软件开发，所使用的 C 编译器是专门针对 ARM 嵌入式处理器的开发工具 GCC (GNU Compiler Collection)，该工具目前的最新版本是 ARM_GCC_541。

具有独立工作能力的嵌入式激光控制系统工作流程为：系统初始化完成以后，根据 USB-Vbus 引脚电压情况判断系统是否和主控计算机连接，如果已经通过 USB 接口连接到主控计算机，则系统进入联机工作状态；如果没有连接上位专用控制计算机则进入脱机工作模式，根据所保存的激光控制模式进入本地独立激光控制状态。

系统联机工作时，控制系统作为主控计算机的 USB 外围从设备工作，系统通过片内集成的 USB 引擎监控并接收主控计算机发送过来的所有信息数据，如果是激光控制相关的数据就把这些数据保存下来作为命令执行的依据，如果这些数据是需要直接执行的指令或者命令就立即执行。为了做到激光控制的实时性，上位控制计算机首先把激光应用系统的控制流程数据和控制模式数据按照协议规定的格式发送到控制系统，激光控制数据传输完成以后再发送控制命令，通过本地控制系统实施具体的激光应用系统需要完成的激光控制动作和过程。本地控制系统接收到激光应用系统的激光控制数据和控制模式数据时，把所接收到的激光控制数据和控制模式以控制对象为单位存储到本地的 SD 卡或者片上静态随机存储器中；当接收到的是控制命令时，激光控制系统根据已经保存的控制模式的要求和激光控制过程数据执行上位计算机所要求的动作。

激光控制模式分为自动控制模式和手动控制模式两种。系统工作于自动控制模式时，需要通过上位控制计算机设置系统是否已经进入自动工作状态，当检测到自动工作状态标志为有效时，系统进入自动工作状态。系统已经设置为自动控制模式并且已经进入自动控制状态时，在执行命令所包含的激光操作之前监视连接到 4 个光电耦合器件的数字输入信号状态，可以在激光参数中设置通过光电耦合器件连接的 4 个状态信号中的一个输入数字信号作为激光自动控制开始触发信号，当系统监视到激光参数中设定作为激光自动控制开始触发信号的那一个光耦输入信号为有效时，启动一轮激光操作控制动作，激光操作控制动作数据直接通过本地 SD 卡或者从片内的数据存储器中读取，本轮激光操作控制动作完成以后停止激光操作控制动作，同时启动 4 个继电器隔离的输出信号中由激光参数中设定作为激光操作自动控制结束输出信号的那一个继电器输出本轮激光操作控制结束信号。本轮激光操作控制结束以后重新检测激光工作模式是否改变，系统是否还是处在自动工作状态，当条件依然满足时重新监视启动激光操作光耦输入信号的有效性，如果该光耦输入信号有效，则进入第 2 轮激光自动控制状态，重复第 1 轮的相同动作。

激光控制模式为自动模式并且系统已经进入自动工作状态时，系统通过光耦输入的数字信号触发激光输出动作和通过继电器输出激光控制完成信号，激光应用系统的控制可以完全脱离上位控制计算机和本地键盘独立工作。这种方式非常适合于流水线工作的激光应用系统，如在雷管生产流水线中作为最后一道工序工作的雷管激光编码设备，系统通过连接到启动激光操作光耦输入端的雷管到位检测开关信号传感器检测雷管到达编码工位信号，通过该信号触发启动雷管激光编码。系统根据雷管编码规则自动产生雷管编码系列号并控制激光把该系列号标记在雷管管壳上实现激光编码，编码完成以后通过激光操作控制结束继电器输出编码完成无源触点数字信号，告知其他系统雷管激光编码完成可以进行下一步动作。雷管生产线在接收到雷管编码结束标志时，通过机械控制系统把已经完成激光编码的雷管从编码工位移走，同时把等待编码的雷管传输到编码工位启动从下一轮编码动作。无论是在联机工作激光控制模式还是脱机工作激光操作控制模式，本地系统都是在一次连续的控制输出完成以后到进入下一轮激光操作控制之前重新检测系统的工作模式和是否依然处在自动工作状态来确定下一步动作。激光自动控制状态可以通过上位计算机发送的控制命令把自动控制模式转变为手动控制模式或者直接停止自动工作状态的方式退出，独立工作时可以通过本地键盘更改激光工作模式把自动模式改成手动模式或者停止自动工作状态两种方式来完成。

激光控制模式设置为手动模式时，系统不需要检测通过光电耦合器件输入的启动激光操作触发信号，直接由联机工作时上位机发送启动命令或者独立工作时由本地键盘输入启动开始信号，系统完成激光操作控制动作的具体实施。系统处于联机工作时直接由上位计算机通过 USB 端口发送控制命令来启动操作，也可以在脱机工作时通过键盘按钮按键直接启动一次激光操作动作输出，一次激光操作动作输出完成后系统触发激光操作控制结束继电器输出激光控制完成信号，同时系统进入空闲状态等待下一次命令的动作到来。

上位机通过 USB 接口交换的数据主要有两种类型：第一种类型为激光应用系统的控

制命令数据，包括基本的激光操作动作命令和完成一次已经保存数据的激光操作动作的所有动作命令。这一类命令的所传输的数据较少，耗费的传输时间较短，在上位机软件环境允许的情况下，可以做到接近于实时控制。第二种类型是激光应用系统控制数据的传输，包括激光定位坐标信号、激光开关信号、激光器本身的控制信号等等，这一类数据是激光应用系统中最主要的控制数据，系统数据传输所耗费的时间也最长。这一类数据的传输可以充分利用上位机软件在进行控制对象设计编辑的时候按照对象的方式进行封装，以激光标记为例，可以把完成一行字的标记作为一个对象，可以把一幅图像的标记作为一个对象，也可以把代表数字序列号的一个条形码或者二维码形成的图片标记作为一个对象，还可以把整个页面的标记作为一个对象进行封装。上位机在编辑完每一个对象的时候，可以充分利用上位计算机编辑另外一个对象的后台空闲时间启动已经编制好的控制对象的传输任务。如此做的目的是减小全部对象一次传输所造成的时间延时，当上位机完成控制对象编辑工作时，上位机所编辑的所有对象数据都已经全部下传完毕，上位机启动下位机输出激光控制动作时不需要再传输激光作用对象的位置坐标等信息，只需要发送简短的控制命令即可完成整个应用系统所编辑的控制对象的激光输出功能。

对于上位控制计算机系统来说，USB 设备的数据传输任务的启动时间是由操作系统系统软件根据计算机系统本身的任务调度优先秩序决定的，控制软件并不能确定每一次数据传输的具体启动时间。上位控制计算机采用按照控制对象编辑过程中的封装形式启动多次传输的方式，可以有效利用系统空闲时间完成大量数据的下传，弥补 USB 全速设备的数据传输时延和系统实时性控制之间的矛盾问题。

激光应用系统控制设备也就是下位机在接收到一个完整的控制对象时按照对象的序号组织数据保存到本地 SD 卡或者片上静态随机存储器中，上位机控制软件对象编排方式也是按照序号的方式进行组织，当某一个控制对象需要改变相关参数时，参数修改完成以后上位控制计算机重新完成该对象的一次传输，下位机覆盖相同对象上一次的传输数据，保证本地 SD 卡或者片上静态随机存储器中保存的激光控制对象数据总是最新一次接收到的由上位机专用激光控制软件下传的数据。

下面以激光标记控制系统为例介绍片内控制系统软件设计。

9.4.1 激光控制相关的数据结构

1. 激光参数数据结构

激光标记应用系统激光参数数据结构定义为：

```
//Laser parameters(44 Byte)
typedef struct _LaserParameter
{
    uint8   LaserType; //激光器类型
    /*    LaserType:
        0: Diode Laser;
        1: IPG Fiber Laser;
        2: SPI Fiber Laser (Reserved);
```

```
        3: JPT Fiber Laser;
        4: 瑞科 Fiber Laser(same as IPG);
        5: CO2 Laser (same as Diode Laser);
        */
    uint32  FRQ;            //激光脉冲频率(单位 Hz)
    uint32  PulseWidth;     //激光脉冲宽(单位 μs)
    uint32  Speed;          //激光标记速度(单位 mm/s)
    uint32  MoveSpeed;      //激光移动速度(单位 mm/s)
    uint8 FiberLaserPower;      //光纤激光输出功率 0%~100%
    uint8 JPTLaserPulseWidth; //Fiber laser PulseWidth: ns
    uint16  PreLaserOnDelay; //开激光提前时间(单位 μs)
    uint16  LaserOnDelay;   //开激光延时时间(单位 μs)
    uint16  LaserOffDelay;  //关激光延时时间(单位 μs)
    uint16  LineIntermediateDelay;  //激光标记线条中间延时时间(单位 μs)
    uint16  MoveIntermediateDelay;  //移动(激光起点定位)线条中间延时时间(单
位 μs)
    uint16  TurningPointDelay;  //激光标记线条折点处延时时间(单位 μs)
    uint16 Scale;   //激光标记范围(单位 mm) Mark area
    float32 LineResolution;   //激光标记线条分辨率(单位 mm)
    float32 MoveResolution;   //移动线条分辨率(单位 mm)
    uint16 LineDelta;   //通过 LineResolution 参数计算出的激光移动坐标增量, 直接
作用于每次更改 DAC 的数字增减量(Count of DAC value calculate from LineResolution)
    uint16 MoveDelta;   //通过 MoveResolution 参数计算出的激光定位坐标增量, 直
接作用于每次更改 DAC 的数字增减量(Count of DAC value calculate from MoveResolution)
    uint16 DistanceCompensation;    //距离补偿(单位 mm)
    uint8 StartMarkingSignal;   //开始激光标记触发信号(四个光耦输入之一) Specify
the start mark signal via host
    uint8 EndMarkingSignal;   //结束激光标记输出信号(四个继电器输出之一)
Specify the end mark signal via host 1~4: RL0~RL4; 0: No Relay output
    uint8 GuidLaserSignal;   //红光指示输出信号 Specify the GuidLaser signal via host
1~4: RL0~RL4; 0: No Relay output    //BOOL IsChanged;    //激光参数已经更改标
志
} LaserParameters;
```

激光参数 LaserParameters 结构中，激光标记速度 Speed 是指激光在激光标记工作平面内的激光移动速度，程序中通过 LineTo( ) 函数控制激光的开启时间，激光开启输出后改变激光扫描头中 XY 坐标位置实现的。激光移动速度 MoveSpeed 是指在激光没有输出的情况下激光标记工作平面内的激光坐标位置由当前位置移动到激光作用起始位置的移动速度，程序中通过 MoveTo( ) 函数控制激光关闭后改变激光扫描头中 XY 坐标位置实现。激

光参数 LaserParameters 结构中的另外一些激光参数，包括开激光提前时间 PreLaserOnDelay、开激光延时时间 LaserOnDelay、关激光延时时间 LaserOffDelay、激光标记线条中间延时时间 LineIntermediateDelay、移动（激光起点定位）线条中间延时时间 MoveIntermediateDelay、激光标记线条折点处延时时间 TurningPointDelay、激光标记范围 Scale、激光标记线条分辨率 LineResolution、移动线条分辨率 MoveResolution、激光移动坐标增量 LineDelta、激光定位坐标增量 MoveDelta 和距离补偿 DistanceCompensation，这些参数都是为了计算和实现精确的激光标记速度 Speed 和激光定位速度 MoveSpeed 而设定的。

第 8 章讲述的激光专用控制卡激光标记速度的计算过程中，由于激光控制计算机通过软件难以实现精确定时，因此激光标记速度包括移动速度的计算是不准确的。而 PSoC5LP 嵌入式系统中可以采用硬件定时的方法实现精确定时，因此通过改变线段中的延时来确定激光移动速度的方法对激光速度的计算和控制也就精确得多，可以做到更为精细的控制。

定义了激光参数结构 LaserParameters，采用"LaserParameters LP;"语句声明全局激光参数变量 LP。

2. 激光状态数据结构

激光标记应用系统激光状态数据结构定义为：

```
typedef struct _LaserStatus
{
    uint8   IsMarking:1;  //正在标记标志 0/1
    uint8   IsAutoMarking:1;  //自动标记标志 0/1
    uint8   IsStartGuidLaser:1;  //开始红光指示标志
    uint8   IsCommunication:1;  // USB 通信标志 0/1
    uint8   IsTesting:1;  //测试标志
    uint8   IsStartMarkEnable:1;  //标记结束标志
    uint8   IsCaculation:1;  //正在计算参数标志 Calculating the Params
    uint8   IsOneLineStart:1;  //是接收到的第 1 条线标志 Start to Receiving new line
    uint8 OptiInputStatus;  //光耦输入状态 Optical In
    uint8 ExtraInputStatus;  //扩展的 TTL 电平输入状态 TTL in
    uint8   RelayStatus;  //继电器输出状态 OutStatus
    uint8   ExtraOutState;  //扩展的 TTL 电平输出状态 TTL out
    uint8 USBInLength;  // USB IN 端点数据长度 Specify the byte counts IN to host
    uint32 PointCount;  // OUT 端点数据中一条线中所含的坐标个数
    uint32 FrameCount;  //数据帧长度 Specify the byte numbers of all data should OUT
from host
    uint32 CurrentPointCount;  //当前坐标个数
    uint32 LineCount;  //主机下传的一个对象中线条数量 Specify the line numbers of
one object should OUT from host
    uint16 CurrentLineCount;  //对象线条中的当前线条数数量序号 Specify the current
line number of object lines
```

uint32 ObjectCount； //主机下传的页面中的对象数量 Specify the Object numbers of one page should OUT from host

uint32 GuidLaserObjectCount； //红光指示对象数量 Specify the Object numbers of one page should OUT from host

uint32 CurrentObjectCount； //当前页面中当前对向序号 Specify the current Object number of page

uint8 BufferBreakCount； //缓存分割情况

/ * LS. BufferBreakCount = 0：No Break；
  LS. BufferBreakCount = 1：LS. PointCount Break to 2，there is only 1 byte；
  LS. BufferBreakCount = 2：PointXY Break to 2，there is only 1 byte；
  LS. BufferBreakCount = 3：PointXY Break to 2，there is only 2 byte；
  LS. BufferBreakCount = 4：PointXY Break to 2，there is only 3 byte； * /

uint32 ReceivedCount； //一条线所占的字节数 Specify the byte numbers of one line have received from host

} LaserStatus；

定义了激光状态数据结构 LaserStatus，采用"LaserStatus LS；"语句声明全局激光状态变量 LS。

3. 其他数据结构

激光标记应用系统中还用到其他一些数据结构，包括：

(1)当前点状态数据结构(Current Point Status)：

```
typedef struct _currentLinePoint
{
    uint16   x;//CurrentX:0~65535
    uint16   y;//CurrentY:0~65535
    uint16 Count;//0~65535
    uint16 DeltaX;
    uint16 DeltaY;
} currentLinePoint;
```

线中的坐标点数字结构(One line's point)：

```
typedef struct _PositonPoint
{
    uint16 x;//0~65535
    uint16 y;//0~65535
} PositonPoint;
```

(2)标记对象数据结构：

```
typedef struct _Object
{
    uint16 ObjectCount;  //0~65535
```

```
    uint32 FRQ;            //Hz
    uint16 PulseWidth;  //Fiber laser (PRR PulseWidth):us; Diode laser:us
    uint32 Speed;          //mm/s
    uint32 MoveSpeed;//mm/s
    uint8 FiberLaserPower;//0~255
    uint8 LaserPulseWidth;     //Fiber laser PulseWidth:ns
    uint16 LinesCount;         //0~65535
} Object;
```

(3)页面内容数据结构：

```
typedef struct _PageObject
{
    uint16 ObjectsCount;
} PageObject;
```

同时，通过语句"currentLinePoint currentPoint;"声明全局变量 currentPoint 用来指明当前的激光坐标。

系统监视 USB 总线的状态标志定义：

```
//USB Status
#define DataIsReceived       (0u)
#define ObjectIsReceiving       (2u)
#define PltFileIsReceiving       (4u)
#define MarkingFileIsReceiving   (6u)
#define OneLineIsReceiving       (8u)
#define MarkingBufferIsReceiving      (10u)
#define ObjectsDataIsReceiving      (12u)
#define GuidDataIsReceiving       (14u)
//Received Data Status
#define NoDataIsReceived       (0u)
#define ObjectIsReceived      (2u)
#define PltFileIsReceived      (4u)
#define MarkingFileIsReceived       (6u)
#define OneLineIsReceived       (8u)
#define MarkingBufferIsReceived       (10u)
#define MarkingBufferIsFull       (12u)
#define ObjectsDataIsReceived       (14u)
#define GuidDataIsReceived       (16u)
```

以位域(Bit field)方式定义全局标志变量 flag，每个标志位占用一位，17 个标志位共用三个字节：

```
struct
```

```
{
    uint8 KeyPressed:1;
    uint8 KeyUp:1;
    uint8 KeyDown:1;
    uint8 KeyP:1;
    uint8 KeyEnter:1;
    uint8 KeyScreen:1;
    uint8 InOperation:1;
    uint8 ParameterChanged:1;
    uint8 IsAdjustCount:1;
    uint8 HasAdjustCount:1;
    uint8 CommandChanged:1;
    uint8 LaserIsOn:1;
    uint8 MOIsOn:1;
    uint8 ResetLaserIsOn:1;
    uint8 GuidLaserIsOn:1;
    uint8 USBIsOn:1;
    uint8 StatusChanged:1;
} Flag;
```

9.4.2　激光标记控制片内软件实现

定义了上述数据结构以后，激光标记控制功能的实现就比较容易了。激光标记功能是通过控制激光的开关时间和控制激光二维扫描头来实现的。激光标记幅面是由安装在激光扫描头上的平面聚焦镜(f-θ 镜)决定的，可以根据实际应用场景更换 f-θ 镜来改变激光工作面的激光标记幅面。确定了激光标记幅面也就确定了 16 位数字的 x、y 坐标幅值范围，根据 x、y 坐标幅值范围和所需要的激光标记速度可以计算出激光移动时需要在移动途中所停留的时间，从而精确控制激光坐标位置和激光开关时间。

为了实现激光标记控制，除了第 8 章所述的一些基本控制以外，还需要完成的函数包括：

```
//Marking controll
void SetXY(uint16 x,uint16 y);  //设置激光作用位置 XY 坐标值
void Position(uint16 x,uint16 y,uint16 DelayTime);  //根据 DelayTime 参数定位激光作用位置坐标值 xy
void LineTo(uint16 PositonX,uint16 PositonY);  //从当前位置划线到坐标(PositonX,PositonY)
void MarkOneLine(PositonPoint xy[ ],uint16 PointCounts);  //根据给定的坐标点数和具体坐标标记一条线
void MoveTo(uint16 x,uint16 y);  //激光作用点移动到坐标值(x,y)
```

void MoveToTest(uint16 x, uint16 y) ;　//激光作用点移动到坐标值(x,y)测试函数

void StartLineTo (uint16 PositonX, uint16 Positony) ;　//开始划线到坐标(PositonX, PositonY)

void EndLine(void) ;　//结束划线(最后一条线已经标记完成)

void StartMarkSignal(void) ;　//根据 LP. EndMarkingSignal 参数输出标记开始时的继电器状态

void EndMarkSignal(void) ;　//根据 LP. EndMarkingSignal 参数输出标记完成后的继电器状态

void SetXYTest(void) ;　// SetXY( )函数测试

void CalculateIntermediateDelay(void) ;　//计算移动中每个线段的延时时间

void SetLP(void) ;　//根据 USB 接收到的数据设置激光参数

void displayLP(void) ;　//通过本地液晶显示屏显示激光参数

void ProcessingLineData(void) ;　// USB 接口 OneLineIsReceived 标志有效时处理该线条数据

void WriteObjectHeader0(void) ;　//使用片内数据存储器存储激光标记数据时写入对象开始数据

void ReadObjectHeader0(void) ;　//从片内数据存储器中读出对象的开始数据

void WritePointCount(uint16 Count) ;　//向 SD 卡中写入坐标点的数量 Count

uint16 ReadPointCount(FS_FILE * pFile) ;　//从 SD 卡中读出坐标点的数量 Count

void WriteOnePoint(PositonPoint Cp) ;　//向 SD 卡中写入一个坐标点 Cp

PositonPoint ReadOnePoint(void) ;　//从 SD 卡中读出一个坐标点 Cp

void BufferLineData(void) ;　//使用内部数据存储器缓存划线数据

void FileLineData(void) ;　//使用内部数据存储器缓存绘图仪格式文件 . PLT 文件数据

void WriteOneLine(PositonPoint Cp[ ], uint16 Count) ;　//向 SD 卡中写入一条线的所有坐标点 Cp

void ReadOneLine(uint16 Count) ;　//从 SD 卡中读出一条线

void MarkObjectFromSdCard(void) ;　//标记从 SD 卡中读取的对象

void WriteBuffer0(uint8 buf[ ], uint32 count) ;　//把缓存的数据写入 SD 卡

void MarkOneObjectFromSdCard(void) ;　//标记一个从 SD 卡中读取的对象

void MarkObjectDirectFromSdCard(void) ;　//直接标记从 SD 卡中读取的对象(本地操作)

void MarkObjectBuffered(void) ;　//标记片内数据存储器中缓存的对象

void FileMarkingData(void) ;　//缓存按文件方式发送的激光标记数据

void SetObjecParameters(void) ;　//按照已经接收到的数据设置对象参数

void BufferMarkingData(void) ;　//缓存激光标记数据

void WriteObjectHeader(void) ;　//向 SD 卡写入对象的激光参数

void ReadObjectHeader(FS_FILE * pFile) ;　//从 SD 卡读出对象的情况参数

void WriteBuffer(uint8 buf[ ], uint32 count) ;　//把缓存的数据写入到 SD 卡中

void ReceiveObjectsData(void)；　//接收对象数据

void MarkObjectsDataFromSdCard(uint32 count)；　//激光标记从SD卡读出的所有对象数据

void ObjectsStartMark(void)；　//对象激光标记开始时包括显示激光参数保存的辅助操作

void ObjectsAutoMark(void)；　//自动对象激光标记开始时包括显示激光参数保存的辅助操作

void StopObjectsAutoMark(void)；　//停止自动标记时的辅助操作

void ReceiveGuidLaserData(void)；　//接收红光指示数据

void GuidLaserOneLine(PositonPoint xy[],uint16 PointCounts)；　//红光只是一条线

void GuidLaserFromSdCard(uint32 ObjectCounts)；　//从SD卡读取数据进行红光指示

void StartGuidLaser(void)；　//开始红光指示时的辅助操作

void AutoGuidLaser(void)；　//自动红光指示时的辅助操作

void StopAutoGuidLaser(void)；　//停止自动红光指示时的辅助操作

限于篇幅，这些函数就不一一列举，这里只列出MarkObjectsDataFromSdCard()函数的实现过程，具体如下：

```
void MarkObjectsDataFromSdCard(uint32 ObjectCounts)
{
    uint16 i,k,PointCount;
    DisplayBuffer[0]=0;
    sprintf(DisplayBuffer," ObjCounts: %5ld",ObjectCounts);
    DisplaySoftChars(DisplayBuffer,3u,0u);
    SleepTimer_1_Stop();
    for(k=0;k<ObjectCounts;k++)
    {
        DisplayBuffer[0]=0;
        sprintf(DisplayBuffer," CurrentObj:%5d",k+1);
        DisplaySoftChars(DisplayBuffer,4u,0u);
        sdObjectFileName[k][0] =0u;
        sprintf(sdObjectFileName[k],"%08x.bin",k);
        pObjectFile = FS_FOpen(sdObjectFileName[k],"rb");
        /* Check if file was created */
        if(! pObjectFile)
        {
            DisplayBuffer[0]=0;
            strcat(DisplayBuffer,"Error:");
            strcat(DisplayBuffer,sdObjectFileName[k]);
            DisplaySoftChars(DisplayBuffer,6u,0u);
```

```
            SleepTimer_1_Start();//20161117
            EndMarkSignal();      //20161117
            return;
        }
        LS.LineCount = 0u;
        ReadObjectHeader(pObjectFile);
        LaserFPSON();
        if(k == 0)
        {
            StartMarkSignal();
        }
        for(i = 0;i<LS.LineCount;i++)
        {
            PointCount = ReadPointCount(pObjectFile);
            ReadLinePoints(PointCount);
            MarkOneLine(PointXY,PointCount);
        }
        FS_FClose(pObjectFile);
        LaserFPSOFF();
    }
    SleepTimer_1_Start();
    EndMarkSignal();
}
```

9.4.3 USB 通信功能实现

在集成开发环境 PSoC Creator 软件中放置了全速 USB 器件 USBFS 后，通过双击该器件图标完成 USB 引擎硬件参数设置。USB 引擎硬件参数通过设备描述符(Device Descriptor)、配置描述符(Configuration Descriptor)、接口描述符(Interface Descriptor)、端点描述符(Endpoint Descriptor)、字符串描述符(String Descriptor)、其他杂项描述符(Other Miscellaneous Descriptor Types)等实现 USB 设备规范。这些参数的含义和设置过程可以参考 USBFS 器件手册和《USB 101：通用串行总线 2.0 简介》[31][32]，限于篇幅这里不过多介绍。上位机驱动程序的开发可以通过 SuiteUSB 3.4 工具完成，SuiteUSB 3.4 工具的下载地址为 https://www.cypress.com/documentation/software-and-drivers/suiteusb-34-usb-development-tools-visual-studio。

本设计中设置了两个端点 EP1 和 EP2，如图 9.8 所示。

两个端点 EP1 和 EP2 均设置为批量传输方式(Bulk Transfers)，端点 EP1 为上行端口(IN)，用于返回主机所要求的信息；端点 EP2 为下行端口(OUT)，用于上位计算机即 USB 主机向从设备传输控制信息、激光控制参数、激光控制数据等，这是数据传输的最主

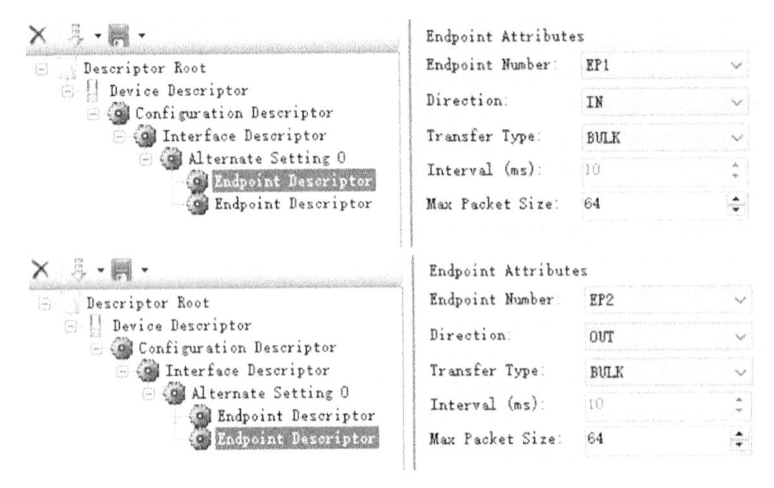

图 9.8　USB 端点设置

要通道和方式。

系统通过 CheckUSB_Status( ) 函数检测 USB 的连接情况并完成相关的初始化工作，CheckUSB_ Status( )函数的实现代码为：

```
void CheckUSB_Status(void)
{    //USB insert to Host
    if((USBFS_VBusPresent()) && (! bUSBVbusPresent))
    {
        ClearScreen();
        DisplayCString(2u,0u," Enumerate...          ");
        USBFS_SetPowerStatus(USBFS_DEVICE_STATUS_SELF_POWERED);
        USBFS_Start(0, USBFS_DWR_VDDD_OPERATION); /* Start USBFS Component based on power settings in DWR */
        while(! USBFS_GetConfiguration())/* Wait for Device to enumerate */
        {
            if(! USBFS_VBusPresent())
            break;
        }
        /* Enumeration is done,enable OUT endpoint for receive data from Host */
        #if(USBFS_EP_MM == USBFS__EP_DMAAUTO)
            AutoDMAInitiate();
        #endif /* AutoDMA */
        USBFS_EnableOutEP(USBFS_EP2);
        bUSBVbusPresent = TRUE;
```

```
        DisplayCString(1u,0u,"-→>Host Control<<---");
        DisplayCString(2u,0u," Linking ... OK!        ");
        Flag.USBIsOn = TRUE;
        Flag.StatusChanged = TRUE;
    }
    if(!USBFS_VBusPresent() && bUSBVbusPresent) //USB Removed
    {
        KeyScreen(KeyOperationNumber);
        USBFS_Stop();
        bUSBVbusPresent = FALSE;
        Flag.USBIsOn = FALSE;
        Flag.StatusChanged = TRUE;
        Flag.KeyScreen = TRUE;
    }
    if(bUSBVbusPresent) //Have insert to Host
    {
        #if(USBFS_EP_MM != USBFS_EP_DMAAUTO)
            Bulk_Transfer();
        #else
            Auto_Transfer();
        #endif /* Not AutoDMA */
    }
}
```

系统完成的与 USB 相关的其他功能实现函数还有：

```
void Bulk_Transfer(void);  //批量传述
void Auto_Transfer(void);  //自动传输
void AutoDMAInitiate(void);  //自动 DMA 初始化
void CheckEndPoints(void);  //端点检测
void FillInBuffer(void);  //填充上传缓冲区数据
void ProcessingCommandData(void);  //处理命令数据
void CheckUSB_Status(void);  //检测 USB 状态
void DisplayEPxStatus(void);  //显示端点状态
```

其中，命令数据处理函数 ProcessingCommandData()完成与上位控制计算机激光标记数据传输通信协议的实现。

9.4.4 SD 卡本地数据保存功能实现

下面以实现激光标记控制功能的激光应用系统为例说明在本地 SD 卡上本地化保存激光标记数据保存功能实现。

1. 激光控制系统中关于SD卡的操作过程

在集成开发环境PSoC Creator软件中通过元件目录窗口(Component Catalog window)→"通信模块(Communications)"→"文件系统(File System)"→ emFile SPI模式器件(emFile SPI Mode)放置emFile SPI模式器件后，在浏览器中打开"https://www.cypress.com/documen-tation/ component-datasheets/file-system-library-emfile"页面下载文件系统库文件，根据emFile器件手册Component-File System Library (emFile) V1.20 Datasheet.pdf所描述的设置过程进行项目的编译和项目的连接选项设置[30]。在调用emFile器件库函数使用SD卡完成数据存储的实现程序需要首先在头文件中包含"FS.h"文件以后才能使用。

2. 激光控制系统中SD卡本地数据保存功能软件实现

全局参数定义:

```
char8 sdFileName[16];  //测试文件名称
char8 sdWorkFileName[16];  //系统工作文件名称
char8 sdParaFileName[16];  //参数保存文件名称
char8 sdObjectFileName[50][13];  //激光标记对象文件名称
FS_FILE * pGodFile;  //参数保存文件句柄
FS_FILE * pObjectFile;  //激光标记对象文件句柄
typedef struct {  //磁盘信息数据结构
  U32 NumTotalClusters;  //簇总数
  U32 NumFreeClusters;  //可用簇数量
  U16 SectorsPerCluster;  //每一簇所含的扇区数
  U16 BytesPerSector;  //每个扇区所存放的此结束
} FS_DISK_INFO1;
typedef struct _FS_FIND_DATA1  //用于文件的数据结构
{
    uint8 Attributes;  //文件属性
    uint32 CreationTime;  //创建时间
    uint32 LastAccessTime;  //最后存取时间
    uint32 LastWriteTime;  //最后写入时间
    uint32 FileSize;  //文件大小
    char8 *sFileName;  //文件名称
    int16 SizeofFileName;  //文件名称长度
    FS__DIR Dir;  //子目录属性
} FS_FIND_DATA1;
```

其中文件属性Attributes定义为:

```
#define FS_ATTR_READ_ONLY  0x01
#define FS_ATTR_HIDDEN     0x02
#define FS_ATTR_SYSTEM     0x04
#define FS_ATTR_ARCHIVE    0x20
```

```
#define FS_ATTR_DIRECTORY   0x10
```

SD 卡本地数据保存功能函数包括：

```
void InitializeSDcard(void);  //初始化
void ReadDataFromSdCard(void);  //读数据
void AppendDataToSdCard(uint8 * Data,uint8 DataSize);  //添加数据
void WriteDataToSdCard(uint8 * Data,uint8 DataSize);  //写入数据
void DispalyHexData(uint8 * Data,uint32 DataSize);  //在 LCD 中显示数据
void GetSdCardInformations(void);  //获取 SD 卡信息
void ReadWorkFileFromSdCard(void);  //读工作文件
void SdTest(void);  // SD 卡测试函数(SD 卡系统调试时使用)
void FindDirectoryFiles(void);  //查找并通过 LCD 显示目录文件
void ReadSDSectors(void);  //获取扇区数据并通过 LCD 显示
void SoftDispalyHexData(uint8 * Data,uint32 DataSize);  //按照 8×6 自定义字库显示数据
void DispalyHexData(uint8 * Data,uint32 DataSize);  //按照系统默认字库显示数据
void SaveData(uint8 *buf,uint32 length);  //保存数据
```

保存和读取激光标记参数的专用函数有：

```
BOOL ReadLpFromSD(void);  //从 SD 卡读取激光参数
void WriteLpToSD(void);  //把激光参数写入到 SD 卡中
void WriteLpToEEPROM(void);  //把激光参数写入到由片内 Flash 模拟的 E2PROM 中
BOOL ReadLpFromEEPROM(void);  //从 E2PROM 读取激光参数
```

9.4.5 脱机工作时本地化键盘控制功能实现

完成激光标记功能的嵌入式激光控制系统设计了 4 个键盘：功能选择键 KeyP、逐次加 1 上行键 KeyUp、逐次减 1 下行键 KeyDown 和确认回车键 KeyEnter。4 个键盘信息的硬件处理和按键状态获取方法与第 4 章类似，主要在功能设置方面有很大的改进，同时定义了更多功能。本系统通过 4 个按键组合中的功能选择键 KeyP 定义的功能主要有：红光指示开启(GuidLaser ON)、红光指示停止(GuidLaser OFF)、调整激光控制对象数量(Adjust Object Counts)、进入激光自动标记状态(Auto Mark)、退出激光自动标记状态(Stop Auto Mark)等 5 种主要操作功能。

另外，根据功能选择键 KeyP 的按键状态情况，如果没有按下功能选择键 KeyP，或者已经退出功能选择键 KeyP 工作状态，可以通过按下确认回车键 KeyEnter 的次数来直接控制激光输出开关。该功能可以直接通过键盘的方式测试所控制的激光器是否有激光输出来判断激光器的好坏。

4 个按键状态的读取和功能处理只有在设备从主控计算机拔出 USB 连接线以后才有效，并且是通过 USB 连接线的连接情况来自动切换的。另外，为了保证激光标记过程的精确性和提高激光标记质量，系统在进行对象激光标记的过程中也忽略了按键操作，只有

本次激光标记完全结束以后才重新扫描按键状态。

本地化键盘控制软件实现并且在其他系统中调用的功能函数有：

```
BOOL IsKeyPPressed(void);  //查询功能选择键 KeyP 按键状态
BOOL IsKeyEnterPressed(void);  //查询确认回车键 KeyEnter 按键状态
BOOL IsAnyKeyPressed(void);  //查询所有 4 个按键的按键状态
void ReadKey(void);  //读取键盘状态
void KeyProcess(void);  //键盘处理程序
void ClearScreen(void);  // LCD 屏幕显示数据清楚
void LocalAutoMarkScreen(void);  //本地独立工作时激光自动标记状态屏幕显示
void HostAutoMarkScreen(void);  //连接工作时激光自动标记状态屏幕显示
void KeyScreen(uint8 op);  //按键操作状态 LCD 屏幕显示
void AdjustObjectCountsScreen(uint8 op);  //调整输出对象数量 LCD 屏幕显示
void GuidLaserScreen(void);  //红光指示操作 LCD 屏幕显示
void StatusDisplay(uint8 OptI,uint8 ExtI);  //状态栏状态更新
```

其中，键盘处理程序 KeyProcess()函数完成了最主要的键盘处理功能，函数功能实现代码过长，不在此列举展示。下面分别列举实现代码较短的三个函数 LocalAutoMarkScreen()函数、HostAutoMarkScreen()函数和 AdjustObjectCountsScreen()函数的实现代码：

```
void LocalAutoMarkScreen(void)
{
    DisplayCString(1u,0u,"====Local Control====");
    DisplayCString(2u,0u,"   Auto Marking...     ");
    DisplayCString(3u,0u,"                       ");
    DisplayCString(4u,0u,"                       ");
    DisplayCString(5u,0u,"                       ");
    DisplayCString(6u,0u,"Stop Signal&Press <P>");
    StatusDisplay(LS.OptiInputStatus,LS.ExtraInputStatus);
}
void HostAutoMarkScreen(void)
{
    DisplayCString(1u,0u,"____Host Control_____");
    DisplayCString(2u,0u,"   Auto Marking...     ");
    DisplayCString(3u,0u,"                       ");
    DisplayCString(4u,0u,"                       ");
    DisplayCString(5u,0u,"                       ");
    DisplayCString(6u,0u,"                       ");
    StatusDisplay(LS.OptiInputStatus,LS.ExtraInputStatus);
}
void AdjustObjectCountsScreen(uint8 op)
```

```
{
    DisplayCString(0u,0u," USB Laser Controller");
    DisplayCString(1u,0u,"Select Operations:    ");
    char8 s[20];
    char fill[6];
    uint8 i;
    for(i=0;i<5;i++)
    {
        fill[i] = 12u;  //not filled Right Arrow
    }
    if(Flag.InOperation)
    {
        switch(op)
        {
            case 0u:
                fill[0] = 13u;   //filled Right Arrow
                break;
            case 1u:
                fill[1] = 13u;   //filled Right Arrow
                break;
            case 2u:
                fill[2] = 13u;   //filled Right Arrow
                break;
            case 3u:
                fill[3] = 13u;   //filled Right Arrow
                break;
            case 4u:
                fill[4] = 13u;   //filled Right Arrow
                break;
            default:
                break;
        }
    }
    DisplayBuffer[0]=' ';
    DisplayBuffer[1]=fill[0];    //Filled or Not Right Arrow
    DisplayBuffer[2]=0;
    strcat(DisplayBuffer," GuidLaser ON          ");
    DisplaySoftChars(DisplayBuffer,2u,0u);
```

```
    DisplayBuffer[1] = fill[1];    //Filled or Not Right Arrow
    DisplayBuffer[2] = 0;
    strcat(DisplayBuffer," GuidLaser OFF        ");
    DisplaySoftChars(DisplayBuffer,3u,0u);
    DisplayBuffer[1] = fill[2];    //Filled or Not Right Arrow
    DisplayBuffer[2] = 0;
    sprintf(s," ObjectCounts:%04ld ",LS.ObjectCount);
    strcat(DisplayBuffer,s);
    DisplayBuffer[20] = 11u;   //Up-Down Arrow
    DisplaySoftChars(DisplayBuffer,4u,0u);
    DisplayBuffer[1] = fill[3];   //Filled or Not Right Arrow
    DisplayBuffer[2] = 0;
    strcat(DisplayBuffer," Auto Mark             ");
    DisplaySoftChars(DisplayBuffer,5u,0u);
    DisplayBuffer[1] = fill[4];   //Filled or Not Right Arrow
    DisplayBuffer[2] = 0;
    strcat(DisplayBuffer," Stop Auto Mark       ");
    DisplaySoftChars(DisplayBuffer,6u,0u);
    StatusDisplay(LS.OptiInputStatus,LS.ExtraInputStatus);
}
```

9.4.6　本地显示和控制功能实现

采用中文字体内置的 LCD 控制器 ST7920 集成电路驱动的 LCD 显示模块 NS12864R 的数据接口由 CPU 直接控制的 P5[0]、P6[6]和 P6[7]端口输出 LCD_Load、LCD_SCK 和 LCD_MOSI 连接信号实现。基本的同步串行通信波形的产生由下面 6 个基本函数完成:

```
void DisplayEnable(void)// P5[0]
{
    Pin_LCD_Load_Write(1u);
}
void DisplayDisable(void)// P5[0]
{
    Pin_LCD_Load_Write(0u);
}
void SetSCK(void)// P6[6]
{
    Pin_LCD_SCK_Write(1u);
}
void SetSID(void)// P6[6]
```

```
{
    Pin_LCD_MOSI_Write(1u);
}
void ClearSCK(void)// P6[7]
{
    Pin_LCD_SCK_Write(0u);
}
void ClearSID(void)// P6[7]
{
    Pin_LCD_MOSI_Write(0u);
}
```

通过这 6 个基本接口函数设计完成发送一个字节数据的函数 SendByte( ):

```
/ * ---SendByte(BYTE Data)
    usingP5[0]、P6[6] and P6[7] to send Data to st7920--- * /
void SendByte(BYTE Data)
{
    BYTE i;
    for(i=0;i<8;i++)
    {
        ClearSCK();
        if((Data & BIT7) = = BIT7)
        {
            SetSID();
        }else
        {
            ClearSID();
        }
        SetSCK();
        Data = Data << 1;
    }
}
```

进一步编制向 LCD 显示器发送指令的函数 WriteInstruction( ) 和发送数据的函数 WriteData( ):

```
void WriteInstruction(BYTE Instruction)
{
    BYTE temp;
    DisplayEnable();
    temp = 0xF8;
```

```
        SendByte(temp);
        temp = Instruction;
        temp &= 0xf0;
        SendByte(temp);
        temp = Instruction;
        temp &= 0x0f;
        temp <<= 4;
        temp &= 0xf0;
        SendByte(temp);
        DisplayDisable();
    }
    void WriteData(BYTE Data)
    {
        BYTE temp;
        DisplayEnable();
        temp = 0xFA;
        SendByte(temp);
        temp = Data;
        temp &= 0xf0;
        SendByte(temp);
        temp = Data;
        temp &= 0x0f;
        temp <<= 4;
        temp &= 0xf0;
        SendByte(temp);
        DisplayDisable();
        CyDelayUs(40u);
    }
```

通过指令发送函数 WriteInstruction()和数据发送函数 WriteData()可以进一步实现系统所需的所有 LCD 显示功能。下面列举系统实现的一些主要函数，函数参数中 * bChar 或者 * string 表示要显示的西文或者中文串；lNumber 或者 wNumber 表示需要显示的数字；bPosX 或者 xpos 表示显示的起始行坐标，bPosY 或者 ypos 表示显示的起始列坐标；函数名中带有 Soft 符号串的表示该函数采用的是按照自定义的 8×6 点阵字模方式显示，此时行坐标的起始范围为 0~7，列做标准起始范围为 0~21。按照图形像素方式显示时，每次发送两个字节 16 个像素，像素点排列方式为 MSB~LSB，此时行坐标的起始范围为 0~63，列做标准起始范围为 0~7。

```
    void Set16Pixel(WORD wData,BYTE xpos,BYTE ypos);    //像素显示
    void GraphicClearAll(void);  //清除所有像素点数据(清屏幕)
```

void DisplaySoftChars(char * bChar,BYTE bPosX,BYTE bPosY); //西文符号串显示

void DisplaySoftString(char * bChar,BYTE bPosX,BYTE bPosY); //西文符号串显示

void DisplayCString(BYTE bPosX,BYTE bPosY,char * bChar); //显示中文串

void LongDecSoftDisplay(DWORD lNumber,BYTE bPosX,BYTE bPosY); //10 进制无符号长整数显示

void LONGDecSoftDisplay(LONG lNumber,BYTE bPosX,BYTE bPosY); //10 进制有符号长整数显示

void IntDecSoftDisplay(WORD wNumber,BYTE bPosX,BYTE bPosY); //10 进制无符号整数显示

void IntHexSoftDisplay(WORD wNumber,BYTE bPosX,BYTE bPosY); //16 进制有符号整数显示

void INTDecSoftDisplay(INT wNumber,BYTE bPosX,BYTE bPosY); //10 进制有符号整数显示

符号串和数字混合显示的函数有:

void StringAndLongDecSoftDisplay(const char * string,DWORD lNumber,BYTE bPosX,BYTE bPosY);

void StringAndLONGDecSoftDisplay(const char * string,LONG lNumber,BYTE bPosX,BYTE bPosY);

void StringAndIntDecSoftDisplay(const char * string,WORD wNumber,BYTE bPosX,BYTE bPosY);

void StringAndIntHexSoftDisplay(const char * string,WORD wNumber,BYTE bPosX,BYTE bPosY);

void StringAndINTGDecSoftDisplay(const char * string,INT wNumber,BYTE bPosX,BYTE bPosY);

采用特殊格式显示的函数有:

void PowerDisplay(BYTE Data); //Power Display "P-XX" format. Data is the XX is decimal. XX is 00-99(%)

void PowerPDisplay(BYTE Data); //Power program Display "P.-XX" format. XX is decimal. XX is 00-99(%)

void FrqDisplay(BYTE Data); //Frequency Display "F-XX" format. Data is the XX is decimal. XX is 20-80(kHz)

void FrqPDisplay(BYTE Data); //Frequency Program Display "F.-XX" format. XX is decimal. XX is 20-80(kHz)

void ErrorDisplay(BYTE Data); //Display "Erxx"

void GraphicModeInit(void); //画图形模式显示初始化

void CnlLaserDisplay(void); //单位图标显示

void WelcomeDisplay(void); //欢迎界面显示

void ByteHexDisplay(BYTE BNumber,BYTE add); //系统默认字模 16 进制字节显示

void ByteHexSoftDisplay(BYTE BNumber,BYTE bPosX,BYTE bPosY);　//8×6 点阵字模 16 进制字节显示

9.4.7　系统主程序

系统所实现的功能主要通过各个专用的软件模块完成，完整的主程序代码如下：

```
#include <device. h>
#ifndef oegFunctions_H
#define oegFunctions_H
#include " oegFunctions. h"
#endif
int main( )
{
    InitiateAll( ) ;
    for( ; ; )
    {
        GetLaserStatus( ) ;
        if( LS. IsStartMarkEnable)//
        {
            if( LS. IsAutoMarking)
            {
                AutoCounts ++;
                    if( Flag. USBIsOn)
                    {
                        HostAutoMarkScreen( ) ;
                    } else
                    {
                        LocalAutoMarkScreen( ) ;
                    }
                MarkObjectsDataFromSdCard( LS. ObjectCount) ;
                DisplayBuffer[ 0] =0;
                sprintf( DisplayBuffer," MarkCounts:%5ld" ,AutoCounts) ;
                DisplaySoftChars( DisplayBuffer,5u,0u) ;
            }
            else if( LS. IsStartGuidLaser)
            {
                GuidCount ++;
                    GuidLaserScreen( ) ;
                GuidLaserFromSdCard( LS. GuidLaserObjectCount) ;
```

```
                DisplayBuffer[0]=0;
                sprintf(DisplayBuffer," GuidCounts: %ld",GuidCount);
                DisplaySoftChars(DisplayBuffer,5u,0u);
            }
        }
        CheckUSB_Status();
        ProcessCommand();
        ProcessReceivedData();
        if(Flag.StatusChanged)
        {
            Flag.StatusChanged = FALSE;
            StatusDisplay(LS.OptiInputStatus,LS.ExtraInputStatus);
        }
        if(! Flag.USBIsOn)//Manual Control
        {
            ReadKey();
            KeyProcess();
        }
    }
}
```

9.5 USB 激光标记控制系统通信协议

USB 接口采用 Full-Speed(12Mbps) USB2.0 device 模式。端口设置为 EP1：传输方向 IN，传输模式 BULK，每次最大传输 64 字节；EP2：传输方向 OUT，传输模式 BULK，每次最大传输 64 字节。在总线设备中，控制计算机为主设备，USBLaserController 为从设备。

(1)数据传输方向：OUT(COMMAND)：下行控制命令，计算机→控制器；IN (STATUS)：上行状态信息，计算机←控制器。

数据传输方式按照标准 BULK 逻辑传输方式组织，具体数据包所包含的内容由片内集成的 USB 引擎完成，下面主要从具体传输的数据进行描述。

IN 命令由上位机发出，设备返回激光标记系统状态，最大传输 64 字节。OUT 数据主要分为两种，即控制命令和激光标记数据，具体后面描述。

(2)数据帧格式：P1[B1B2...B64]P2[B1B2...B64]...Pn[B1B2...Bi]。

表示该组数据共有 n 帧(Pn)数据，其中：

第 1 帧(P1)到第 n-1 帧(Pn-1)均由 64 字节(B1B2...B64)组成，第 n 帧(Pn)只有 i 字节(B1B2...Bi)组成，第 n 帧(Pn)帧为本组数据的结束帧；该组数据发送的总长度为 $64\times(n-1)+i$ 字节(Byte)。

9.5.1　读设备状态和参数

计算机 Host：发送 IN 命令；

控制器 USBLaserController 应答主机，上传的数据帧格式：P1[B0B1…B37]（1 帧数据 38 字节），其中：

(1)P1[B0] = LS. OptiInputStatus：1～4 号光耦输入，低 4 位有效，每个光耦占用一位；

(2)P1[B1] = LS. ExtraInputStatus：8 位扩展的数字输入状态，每位数字占用一位；

(3)P1[B2] = LS. RelayStatus：1～4 号继电器输出情况，低 4 位有效，每个继电器占用一位；

(4)P1[B3] = LS. ExtraOutState：8 位扩展的数字输出状态，每位数字占用一位；

(5)P1[B4] = LP. LaserType：激光器类型：

0：Diode Laser；1：IPG Fiber Laser；2：SPI Fiber Laser；3：JPT Fiber Laser；4：瑞科 Fiber Laser；5：CO2 Laser；

(6) P1 [B5] = LP. FiberLaserPower：光纤激光功率；1 字节 0：Minimum，255：Maxmum；

(7)P1[B6～B9] = LP. FRQ：激光频率，单位 Hz；4 字节，高字节在前，低字节在后；

(8)P1[B10～B11] = LP. PulseWidth：激光脉冲宽度，单位 nS；2 字节，高字节在前，低字节在后；

(9)P1[B12～B15] = LP. Speed：激光标记速度，单位 mm/s；4 字节，高字节在前，低字节在后；

(10)P1[B16～B19] = LP. MoveSpeed：激光移动速度，单位 mm/s；4 字节，高字节在前，低字节在后；

(11)P1[B20～B21] = LP. PreLaserOnDelay(μs)：开激光提前时间，单位 μs，2 字节，高字节在前，低字节在后；

(12)P1[B22～B23] = LP. LaserOnDelay(μs)：开激光延时时间，单位 μs；2 字节，高字节在前，低字节在后；

(13)P1[B24～B25] = LP. LaserOffDelay(μs)：关激光延时时间，单位 μs；2 字节，高字节在前，低字节在后；

(14)P1[B26] = LP. GuidLaserSignal：红光指示输出信号(0～4)，分别对应 1～4 号继电器输出，0 表示无输出(继电器不动作)，缺省参数为 4；

(15)P1[B27～B28] = LP. TurningPointDelay(μs)：折点延时时间，单位 μs；2 字节，高字节在前，低字节在后；

(16)P1[B29～B30] = LP. Scale(mm)：激光标记范围，单位 mm；2 字节，高字节在前，低字节在后；

(17)P1[B31] = LP. StartMarkingSignal：激光自动标记时的标记开始信号(1～4)，分别对应 1～4 号光耦输入，缺省参数为 1；

(18)P1[B32] = LP. EndMarkingSignal：激光标记完成后输出信号(0~4)，分别对应1~4号继电器输出，0表示无输出(继电器不动作)，缺省参数为1；

(19)P1[B33] = LP. JPTLaserPulseWidth：JPT激光器激光输出脉宽信号，即实际的激光脉宽；

(20)P1[B34~B37] = LS. ObjectCount：激光标记的实际输出对象数量；四字节，低字节在前高字节在后。

9.5.2 设置激光参数

数据帧格式：P1[B0B2...B30]（1帧数据31字节），其中：

(1)P1[B0]=50为标志字节，表示该组数据为激光参数；

(2)P1[B1]= FiberLaserPower：光纤激光功率；1字节0：Minimum，255：Maxmum；

(3)P1[B2~B5]= Frequency：激光频率，单位Hz；4字节，高字节在前，低字节在后；

(4)P1[B6~B7]= PulseWidth：激光脉冲宽度，单位ns；2字节，高字节在前，低字节在后；

(5)P1[B8~B11]= Speed：激光标记速度，单位mm/s；4字节，高字节在前，低字节在后；

(6)P1[B12~B15]= MoveSpeed：激光移动速度，单位mm/s；4字节，高字节在前，低字节在后；

(7)P1[B16~B17]= PreLaserOnDelay（μs）：开激光提前时间，单位μs，2字节，高字节在前，低字节在后；

(8)P1[B18~B19]= LaserOnDelay（μs）：开激光延时时间，单位μs；2字节，高字节在前，低字节在后；

(9)P1[B20~B21]= LaserOffDelay（μs）：关激光延时时间，单位μs；2字节，高字节在前，低字节在后；

(10)P1[B22~B23]= TurningPointDelay（μs）：折点延时时间，单位μs；2字节，高字节在前，低字节在后；

(11)P1[B24]=LaserType：激光器类型：0：Diode Laser；1：IPG Fiber Laser；2：SPI Fiber Laser；3：JPT Fiber Laser；4：瑞科Fiber Laser；5：CO2 Laser；

(12)P1[B25~B26]= Scale(mm)：激光标记范围，单位mm；2字节，高字节在前，低字节在后；

(13)P1[B27]= GuidLaserSignal：红光指示输出信号(0~4)，分别对应1~4号继电器输出，0表示无输出(继电器不动作)，缺省参数为4；

(14)P1[B28]= StartMarkingSignal：激光自动标记时的标记开始信号(1~4)，分别对应1~4号光耦输入，缺省参数为1；

(15)P1[B29]= EndMarkingSignal：激光标记完成后输出信号(0~4)，分别对应1~4号继电器输出，0表示无输出(继电器不动作)，缺省参数为1；

(16)P1[B30]= JPTLaserPulseWidth：JPT激光器激光输出脉宽信号，即实际的激光

脉宽。

9.5.3　激光标记系统控制和测试命令码

数据帧格式：P1[B1](1 帧数据，1 字节)，其中：

(1)P1[B1]=1：I/O 测试。由设备调用自身函数 TestOutput()完成。

(2)P1[B1]=2：xy2-100 串行数据校验测试。由设备调用自身函数 EvenParityTest()完成。

(3)P1[B1]=3：xy2-100 串行数据发送测试。由设备调用自身函数 xy_100_SendDataTest()完成。

(4)P1[B1]=4：SD 卡读写数据测试。由设备调用自身函数 SdTest()完成。

(5)P1[B1]=5：SD 卡写入数据测试。由设备调用自身函数 WriteDataToSdCard()完成。

(6)P1[B1]=6：SD 卡读出数据测试。由设备调用自身函数 ReadDataFromSdCard()完成。

(7)P1[B1]=7：SD 卡追加数据测试。由设备调用自身函数 AppendDataToSdCard()完成。

(8)P1[B1]=8：SD 卡信息测试。由设备调用自身函数 GetSdCardInformations()完成。

(9)P1[B1]=9：激光功率测试。由设备调用自身函数 SetLaserPowerTest ()完成。

(10)P1[B1]=10：SD 卡工作文件读取测试。由设备调用自身函数 ReadWorkFileFromSdCard ()完成。

(11)P1[B1]=11，P1[B2]=光纤激光功率：开激光。

(12)P1[B1]=12，P1[B2]=光纤激光功率：关激光。

(13)P1[B1B2B3B4B5]：移动坐标命令。其中 P1[B1]=13；P1[B2~B3]=x 坐标，2 字节，高字节在前，低字节在后；P1[B4~B5]=y 坐标，2 字节，高字节在前，低字节在后。

(14)P1[B1B2B3B4B5B6B7B8B9]：划线命令。其中 P1[B1]=14；P1[B2~B3]=x0 坐标，2 字节，高字节在前，低字节在后；P1[B4~B5]=y0 坐标，2 字节，高字节在前，低字节在后；P1[B6~B7]=x1 坐标，2 字节，高字节在前，低字节在后；P1[B8~B9]=y1 坐标，2 字节，高字节在前，低字节在后。

(15)P1[B1B2]：继电器输出直接控制命令。其中 P1[B1]=15；P1[B2]=控制数据：bit0：Relay1；bit1：Relay2；bit2：Relay3；bit3：Relay4。默认标记开始信号为硬件 OPTI0；标记完成信号为 Relay1。

(16)P1[B1B2B3B4B5]：LineTo(x，y)划线命令(开激光跳转)。其中 P1[B1]=16；P1[B2~B3]=x 坐标，2 字节，高字节在前，低字节在后；P1[B4~B5]=y 坐标，2 字节，高字节在前，低字节在后。

(17)P1[B1B2B3B4B5]：MoveTo (x，y)跳转命令(关激光跳转)。其中 P1[B1]=17；P1[B2~B3]=x 坐标，2 字节，高字节在前，低字节在后；P1[B4~B5]=y 坐标，2 字节，高字节在前，低字节在后。

(18)P1[B1]：停止划线命令(延时关激光)。其中 P1[B1]=18。

(19)P1[B1B2]：扩展口直接输出控制命令。其中 P1[B1]=19；P1[B2]=控制数据：8bit TTL 电平输出，总输出电流<100mA。

(20)P1[B1]=50：设置激光参数，后续具体参数(参见 9.5.2)。

(21)P1[B1B2...]：P1[B1]=0x00，P1[B2]=0Xaa：传坐标划线命令，即每次传一条线所有坐标，传输完成后激光标记该线条(参见 9.5.4)。

(22)P1[B1B2...]：P1[B1]=0x00，P1[B2]=0X55：传对象标记命令，即每次传一个对象的全部线条所有坐标，传输完成后激光标记该对象。

(23)P1[B1B2...]：P1[B1]=0x00，P1[B2]=0Xbb：SD 卡缓存对象线条标记命令(参见 9.5.5)。

(24)P1[B1B2...]：P1[B1]=0x00，P1[B2]=0X00：SD 卡缓存对象逐点标记命令(参见 9.5.6)。

(25)P1[B1B2...]：P1[B1]=0x00，P1[B2]=0X01：内存缓存对象标记命令(参见 9.5.7)。

(26)P1[B1B2...]：P1[B1]=0x00，P1[B2]=0X02~0x05：SD 缓存对象群标记命令(参见 9.5.8)。

(27)P1[B1B2...]：P1[B1]=0x00，P1[B2]=0X12~0x14：红光指示命令(参见 9.5.9)。

P1[B1]=15~49，51~254：保留。

9.5.4 传坐标划线命令

数据帧格式：P1[B1B2B3B4B5...Bn]P2[B1B2...B64]...Pn[B1B2 ...Bi]，其中：

(1)P1[B1B2B3B4]：激光标记坐标开始标志，其中：P1[B1]=0x00；P1[B2]=0Xaa；P1[B3~B4]=本次线段传输的线条所含的坐标点数，2 字节，高字节在前，低字节在后；

(2)P1[B5...Bn]P2[B1]~Pn-1[Bi]：具体坐标值依次排列，每个坐标含有 4 字节即(x 高 8 位，x 低 8 位，y 高 8 位，y 低 8 位)。

传坐标划线命令为激光划线测试命令，每次传输完整的一条线所含有的所有坐标，设备接收到一整条线的所有坐标后，按照当前默认的激光标记参数完成激光标记。该命令直接使用通信缓冲区中的数据进行激光标记，没有数据转存，命令接收后直接输出执行。

9.5.5 SD 卡缓存对象线条标记命令

/* PLTfile→SD→mark */

数据帧格式：P1[B1B2...B64]P2[B1B2...B64]...Pn[B1B2 ...Bi]，其中：

P1[B1B2...B30]：对象开始标志及对象参数，其中：P1[B1]=0x00；P1[B2]=0Xbb；P1[B3B4B5B6]=本次传输对象总字节数(含开始标志)；P1[B6...B30]：激光频率、脉宽、标记速度、移动速度、激光功率、线条总数，每个参数 4 字节，低字节在前，高字节在后，共 24 字节。P1[B31]开始为每条线的具体坐标，具体为：

第一条线所含坐标点数 2 字节(低字节在前，高字节在后)+ x0+y0+…xn+yn(每个坐标 4 字节，低字节在前，高字节在后)+第二条线所含坐标点数 2 字节+ x0+y0+…xn+yn +…，依次类推，直到所有线条传输完毕。

SD 卡缓存对象线条标记命令为通过 SD 卡把所接收到的对象所有线条保存以后启动激光标记该对象的测试命令。每次传输完整的一个对象所包含的所有条线的所有坐标，设备接收到一个对象所包含条线的所有坐标后，按照当前默认的激光标记参数完成激光标记。该命令首先把接触到的激光标记数据保存到 SD 卡上，所有数据结收后从 SD 卡上读取该对象的所有数据启动激光标记。

9.5.6　SD 卡缓存对象逐点标记命令

/ * PLTfile→SD→Marking(ReadPoint→Mark→ReadPoint→Mark. . .) * /

数据帧格式：P1[B1B2…B64]P2[B1B2…B64]…Pn[B1B2 …Bi] ，其中：

P1[B1B2…B30]：对象开始标志及对象参数，其中：P1[B1] = 0x00；P1[B2] = 0X00；P1[B3B4B5B6]=本次传输对象总字节数(含开始标志)；P1[B6…B30]：激光频率、脉宽、标记速度、移动速度、激光功率、线条总数，每个参数 4 字节，低字节在前，高字节在后，共 24 字节。P1[B31]开始为每条线的具体坐标，具体为：

第一条线坐标点数 2 字节(低字节在前，高字节在后)+ x0+y0+…xn+yn(每个坐标 4 字节，低字节在前，高字节在后)+第二条线坐标点数 2 字节+ x0+y0+…xn+yn+…，依次类推，直到所有线条传输完毕。

SD 卡缓存对象逐点标记命令为通过 SD 卡把所接收到的对象激光标记参数以及对象所包含的所有线条保存到 SD 卡以后启动激光标记该对象的测试命令。每次传输的数据包含对象的激光标记参数和完整的一个对象所包含的所有条线的所有坐标，设备接收到一个对象所包含条线的所有坐标后，按照当前命令所接收到的激光标记参数完成激光标记。该命令首先把接触到的激光标记参数和激光标记线条坐标数据保存到 SD 卡上，所有数据结收后从 SD 卡上读取该对象的激光标记参数和所有线条坐标数据启动激光标记。

9.5.7　内存缓存对象标记命令

/ * PLTfile→Marking(RAM(1KB)→Mark→RAM(1KB)→Mark. . .) * /

数据帧格式：P1[B1B2…B64]P2[B1B2…B64]…Pn[B1B2 …Bi]，其中：

P1[B1B2…B30]：对象开始标志及对象参数，其中：P1[B1] = 0x00；P1[B2] = 0X01；P1[B3B4B5B6]=本次传输对象总字节数(含开始标志)；P1[B6…B30]：激光频率、脉宽、标记速度、移动速度、激光功率、线条总数，每个参数 4 字节，低字节在前，高字节在后，共 24 字节。P1[B31]开始为每条线的具体坐标，具体为：

第一条线坐标点数 2 字节(低字节在前，高字节在后)+x0+y0+…xn+yn(每个坐标 4 字节，低字节在前，高字节在后)+第二条线坐标点数 2 字节+x0+y0+…xn+yn+…，依次类推，直到所有线条传输完毕。

内存缓存对象标记命令为通过片内静态 RAM 把所接收到的对象激光标记参数以及对

象所包含的所有线条保存到 RAM 以后启动激光标记该对象的测试命令。每次传输的数据包含对象的激光标记参数和完整的一个对象所包含的所有条线的所有坐标，设备接收到一个对象所包含条线的所有坐标后，按照当前命令所接收到的激光标记参数完成激光标记。该命令首先把接触到的激光标记参数和激光标记线条坐标数据保存到 RAM 中，所有数据结收后从 RAM 读取该对象的激光标记参数和所有线条坐标数据启动激光标记。

9.5.8 SD 卡缓存对象群标记命令

该命令由数据传输命令和控制标记命令组成。

1. SD 卡缓存对象群数据传输命令

/ * Objects→SD * /

数据帧格式：P1[B1B2…B64]P2[B1B2…B64]…Pn[B1B2 …Bi]，其中：

P1[B1B2…B30]：对象数据传输标志及对象参数，其中：P1[B1]=0x00；P1[B2]=0X02；P1[B3B4B5B6]=本次传输对象总字节数(含开始标志)；P1[B7B8B9B10]=本次传输对象序号(对象名称)：

对象序号(对象名称)由 4 字节组成(低字节在前，高字节在后)，编号由 0x0000 开始，顺序编号，激光参数相同的线条均可以作为同一个对象进行编号。若有相同对象序号多次传输，则以后面传输的对象覆盖前面传输的对象。P1[B11…B34]：激光频率、脉宽、标记速度、移动速度、激光功率、线条总数，每个参数 4 字节，低字节在前，高字节在后，共 24 字节。P1[B35]开始为每条线的具体坐标，具体为：

第一条线坐标点数 2 字节(低字节在前，高字节在后)+x0+y0+…xn+yn(每个坐标 4 字节，低字节在前，高字节在后)+ 第二条线坐标点数 2 字节+x0+y0+…xn+yn+…，依次类推，直到该对象所有线条传输完毕。

SD 缓存对象群数据传输命令只传输一个对象的所有数据，包括该对象的激光标记参数和该对象所有线条的坐标数据，设备把该数据保存到 SD 卡后就完成任务，不做激光输出动作。如果激光标志对象中有多个对象，则启动多次本命令完成多个对象的数据传输。

2. SD 卡缓存对象群标记开始命令

/ * SD→Mark Objects * /

数据帧格式：P1[B1B2 B3B4B5B6](6 字节)，其中：

P1[B1B2 B3B4B5B6]：对象群标记开始标志及对象数量，其中：P1[B1]=0x00；P1[B2]=0X03；P1[B3B4B5B6]=已经传输对象总数；对象总数由 4 字节组成(低字节在前，高字节在后)。

对象总数是已经传输的对象数量。如在本节中编号由 0000 开始，到 55 编号结束，则该对象总数为 56(下同)。该命令发出后，控制器从 SD 卡读取数据完成激光标记，直到激光标记结束才能响应主机命令。

3. SD 卡缓存对象群自动标记控制命令

/ * SD→autoMark Objects * /

数据帧格式：P1[B1B2 B3B4B5B6](6 字节)，其中：

P1[B1B2 B3B4B5B6]：对象群开始标志及对象数量，其中：P1[B1]=0x00；P1[B2]=0X04；P1[B3B4B5B6]=已经传输对象总数；对象总数由4字节组成(低字节在前，高字节在后)。

该命令发出后，控制器从SD卡读取数据数据完成激光标记，直到标记结束才能响应主机命令。标记开始信号由9.5.2小节中的“P1[B28]= StartMarkingSignal”确定，标记完成信号由9.5.2小节中的“P1[B29]= EndMarkingSignal”确定。

4. SD卡缓存对象群自动标记结束控制命令

/＊ SD→autoMark End＊/

数据帧格式：P1[B1B2 B3B4B5B6](6字节)，其中：

P1[B1B2 B3B4B5B6]：对象群开始标志及对象数量，其中：P1[B1]=0x00；P1[B2]=0X05；P1[B3B4B5B6]=已经传输对象总数；对象总数由4字节组成(低字节在前，高字节在后)。

该命令发出后，控制器退出自动标记状态。

9.5.9　红光指示命令

该命令由红光指示数据传输命令和控制红光指示命令组成。

1. 红光指示数据传输命令

/＊ GuidLaser Data→SD＊/

数据帧格式：P1[B1B2…B64]P2[B1B2…B64]…Pn[B1B2 …Bi]，其中：

P1[B1B2…B30]：红光指示数据传输开始标志及对象参数，其中：P1[B1]=0x00；P1[B2]=0X12；P1[B3B4B5B6]=本次传输对象总字节数(含开始标志)；P1[B7B8B9B10]=本次传输对象序号(对象名称)：对象序号(对象名称)由4字节组成(低字节在前，高字节在后)，编号由0x0000开始，顺序编号，激光参数相同的线条均可以作为同一个对象进行编号。若有相同对象序号多次传输，则以后面传输的对象覆盖前面传输的对象。

P1[B11…B34]：激光频率、脉宽、标记速度、移动速度、激光功率、线条总数，每个参数4字节，低字节在前，高字节在后，共24字节。P1[B35]开始为每条线的具体坐标，具体为：第一条线坐标点数2字节(低字节在前，高字节在后)+x0+y0+…xn+yn(每个坐标4字节，低字节在前，高字节在后)+第二条线坐标点数2字节+x0+y0+…+xn+yn+…，依次类推，直到该对象所有线条传输完毕。

2. 红光指示开始命令

/＊ SD→Objects GuidLaser ＊/

数据帧格式：P1[B1B2 B3B4B5B6](6字节)，其中：

P1[B1B2 B3B4B5B6]：红光指示开始标志及对象数量，其中：P1[B1]=0x00；P1[B2]=0X13；P1[B3B4B5B6]=已经传输对象总数；对象总数由4字节组成(低字节在前，高字节在后)。

对象总数是已经传输的对象数量。如在9.5.9.1中编号由0000开始，到55编号结束，则该对象总数为56。该命令发出后，控制器从SD卡读取数据完成红光指示，直到收到红光指示结束命令才停止红光指示。

3. 红光指示结束控制命令

/ * SD→Stop GuidLaser * /

数据帧格式：P1[B1B2 B3B4B5B6](6字节)，其中P1[B1B2 B3B4B5B6]：红光指示结束标志及对象数量，其中：P1[B1]=0x00；P1[B2]=0X14；P1[B3B4B5B6]=已经传输对象总数，对象总数由4字节组成(低字节在前，高字节在后)。

该命令发出后，控制器退出红光指示状态。

9.5.10 SD卡缓存文件标记命令

该命令由数据传输命令和控制标记命令组成。

文件名称(编号)由4字节组成，从0开始编号；一个文件由多个页面组成，页面名称(编号)由4字节组成，从0开始编号；一个页面由多个对象组成，对象名称(编号)由4字节组成，从0开始编号。文件格式为：

“文件开始 文件编号 页面总数n[页面0 对象总数m [对象0 对象1 ...对象m]页面1 对象总数m [对象0 对象1 ...对象m]...页面n 对象总数m [对象0 对象1 ...对象m] 文件结束”。

/ * Objects→SD * /→/ * SD→Mark Objects * /

数据帧格式：P1[B1B2...B64]P2[B1B2...B64]...Pn[B1B2 ...Bi]，其中：

P1[B1B2...B30]：对象数据传输标志及对象参数，其中：P1[B1]=0x00；P1[B2]=0Xbb；P1[B3B4B5B6]=本次传输对象总字节数(含开始标志)；P1[B7B8B9B10]=本次传输对象序号(对象名称)：对象序号(对象名称)由4字节组成(低字节在前，高字节在后)，编号由0x0000开始，顺序编号，激光参数相同的线条均可以作为同一个对象进行编号。若有相同对象序号多次传输，则以后面传输的对象覆盖前面传输的对象。P1[B11...B34]：激光频率、脉宽、标记速度、移动速度、激光功率、线条总数，每个参数4字节，低字节在前，高字节在后，共24字节。P1[B35]开始为每条线的具体坐标，具体为：第一条线坐标点数2字节(低字节在前，高字节在后)+x0+y0+...+xn+yn(每个坐标4字节，低字节在前，高字节在后)+第二条线坐标点数2字节+x0+y0+...xn+yn+...，依次类推，直到该对象所有线条传输完毕。

9.5.11 激光标记流程

激光标机时，首先按照9.5.2所述方式设置激光参数，然后按照9.5.8小节1所述传输对象群数据(编辑对象0→传输对象0→编辑对象1→传输对象1→···→编辑对象n→传输对象n)，其次按照9.5.1所述读取状态，最后按照9.5.8的2所述发送开始标记命令。

9.5.2节所介绍方式设置的激光参数保存在SD卡中，只要有一次设置即可。每次上电启动时自动加载上次保存的数据。9.5.8小节的3和4可以作为脱机标记使用。

具体步骤为：第1步采用9.5.2节所介绍的方式设置激光参数；第2步采用9.5.8.1

小节所介绍的方式传输对象群数据(编辑对象 0 后传输对象 0 数据，编辑对象 1 后传输对象 1 数据，……，编辑对象 n 后传输对象 n 数据)；第 3 步需要标记开始信号时(自动标记)采用 9. 5. 2 节所介绍的方式读状态；第 4 步采用 9. 5. 8. 2 小节所介绍的方式发送标记开始命令。

参 考 文 献

[1] 赵德正．基于 PSoC 技术的嵌入式系统设计［J］．湖北工业大学学报，2006，21（3）：132-134.

[2] Dave Van Ess. Understanding PSoC® 1 Switched Capacitor Analog Blocks［EB/OL］. https：//www. cypress. com/file/42191/download，2017-04-27.

[3] 赵德正，黄学鹏．基于 PSoC 的电流检测系统［J］．武汉大学学报（工学版），2006，39（3）：124-127.

[4] PSoC® 1［EB/OL］. https：//www. cypress. com/products/psoc-1，2021-02-21.

[5] CY8C27143，CY8C27243，CY8C27443，CY8C27543，CY8C27643：PSoC® Programmable System-on-Chip［EB/OL］. https：//www. cypress. com/documentation/datasheets/CY8C27143-CY8C27243-CY8C27443-CY8C27543-CY8C27643-psoc-programmable-system? source = search &cat=technical_ documents，2020-06-05.

[6] AN2027-PSoC® 1-32. 768kHz External Crystal Oscillator［EB/OL］. https：//www. cypress. com/documentation/application-notes/an2027-psoc-1-32768-khz-external-crystal-oscillator，2020-05-28.

[7] PSoC® 1 ISSP Programming Specifications［EB/OL］. https：//www. cypress. com/documentation/programming-specifications/psoc-1-issp-programming-specifications-cy8c21x12-cy8c21x23，2017-08-18.

[8] I2C Hardware Block Data Sheets-I2CHW［EB/OL］. https：//www. cypress. com/documentation/ other-resources/i2c-hardware-block-data-sheets-i2chw，2020-06-20.

[9] 王卫星．单片机原理与接口技术［M］．北京：中国农业出版社，2013.

[10] Increasing the Output Power of the PSoC 1 Switch Mode Pump（SMP）-KBA94769［EB/OL］. https：//community. cypress. com/t5/Knowledge-Base-Articles/Increasing-the-Output-Power-of-the-PSoC-1-Switch-Mode-Pump-SMP/ta-p/247777，2014-11-12.

[11] CY8CPLC20，CY8CLED16P01，CY8C29X66，CY8C27X43，CY8C24X94，CY8C24X23，CY8C24X23A，CY8C22X13，CY8C21X34，CY8C21X34B，CY8C21X23，CY7C64215，CY7C603XX，CY8CNP1XX，and CYWUSB6953 PSoC® Programmable System-on-chip Technical Reference Manual（TRM）［EB/OL］. https：//www. cypress. com/documentation/technical-reference-manuals/cy8cplc20-cy8cled16p01-cy8c29x66-cy8c27x43-cy8c24x94？source=search&cat=technical_documents，2021-01-18.

[12] PSoC® 5LP Architecture TRM［EB/OL］. https：//www. cypress. com/documentation/technical-reference-manuals/psoc-5lp-architecture-trm，2020-05-26.

[13] PSoC® 5LP：CY8C52LP Family Datasheet：Programmable System-on-Chip [EB/OL]. https：//www. cypress. com/ documentation/ datasheets/ psoc-5lp-cy8c52lp-family-datasheet-programmable-system-chip-psoc? source=search&cat=technical_documents，2020-05-26.
[14] AN2239-PSoC® 1-Selecting The Right ADC [EB/OL]. https：//www. cypress. com/ documentation/ application-notes/ an2239-psoc-1-selecting-right-adc，2017-05-31.
[15] 赵德正．雷管激光编码中的防爆保护系统[J]．火工品，2006(3)：46-49.
[16] 赵德正．具有防爆保护功能的雷管激光编码系统的设计与实现[J]．武汉大学学报(工学版)，2007，40(4)：109-112.
[17] 赵德正，王德民．基于 PCI 接口的激光控制系统研究[J]．武汉大学学报(工学版)，2005，38(6)：138-141.
[18] 鄂国爆鉴字[2014]第 1 号．M-FPL-10K 雷管卡口编码一体机[Z]．科学技术成果鉴定证书，湖北省国防科学技术办公室，2014(1)：22-23.
[19] 吴善泽．工业电雷管卡口装配工位人机隔离方案研究[J]．机械研究与应用．2015(02)：136-138.
[20] 严龙，李红军，王东风，等．气缸位置分布对管壳体卡痕的影响[J]．机械研究与应用．2013(05)：83-85.
[21] 张东平，秦卫东，吴平召，等．一种新的导爆管雷管装配自动化生产工艺技术[J]．江西科学．2013(05)：669-670.
[22] 李强．电雷管卡口设备的自动化剖析[J]．企业技术开发．2016(11)：97-98.
[23] 赵德正，赵兵，黄学鹏．雷管卡口激光编码系统设计[J]．湖北工业大学学报，2017，32(4)：15-25.
[24] IPG 20W 激光器说明书 [EB/OL]. https：//wenku. baidu. com/ view/ 4c1ce924a45177232f60a280. html，2014-05-22.
[25] YDFLP 系列激光器使用说明书 [EB/OL]. https：//www. docin. com/ p-1980065562. html，2013-07-01.
[26] 国防科学技术工业委员会工业雷管编码工序安全技术暂行规定．科工爆[2002]276 号. 2002. 5.
[27] 公安部、国防科工委 工业雷管编码基本规则及技术条件．公通字[2002]67 号．2002. 12.
[28] PCI Local Bus Specification Revision 3. 0 [EB/OL]. https：//pcisig. com/ specifications? field_technology_value% 5B% 5D = conventional&field_revision_value% 5B% 5D = 3&speclib=，2004-02-03.
[29] DAC8831 16-Bit，Ultra-Low Power，Voltage Output Digital to Analog Converter [EB/OL]. http：//focus. ti. com/ docs/ prod/ folders/ print/ dac8831. html，2007-09-14.
[30] Component-File System Library (emFile) V1. 20 Datasheet [EB/OL]. https：//www. cypress. com/ documentation/ component-datasheets/ file-system-library-emfile，2020-06-23.
[31] AN57294-USB 101：An Introduction to Universal Serial Bus 2. 0 [EB/OL]. https：//www. cypress. com/ documentation/ application-notes/ an57294-usb-101-introduction-

universal-serial-bus-20，2021-03-03.
[32] Full Speed USB (USBFS) [EB/OL]. https://www.cypress.com/documentation/component-datasheets/full-speed-usb-usbfs，2018-03-19.
[33] 赵德正，舒乃秋，张志立，等．基于 FBG 传感器网络的 GIS 触头温度在线监测系统[J]. 武汉大学学报(工学版)，2011，44(4)：538-541.

后 记

“子曰：‘书不尽言，言不尽意。’然则圣人之意，其不可见乎？子曰：‘圣人立象以尽意，设卦以尽情为，系辞焉以尽其言，变而通之以尽利，鼓之舞之以尽神。’”——《周易·系辞上》

孔子说：“文字不能完全表达语言，语言不能完全表达思想。”那么圣人的思想是不是就见不到了？孔子说：“圣人通过创立物象表达其思想，通过设立卦象反映事情的发展规律，通过卦辞爻辞表达想说的话，通过改变、融会贯通来得到最好的结果，通过鼓动、舞动的方式来展现神奇的道理”。

这段话形象地描述了孔子讲解周易过程中的一个细节。子曰：“易：穷则变，变则通，通则久。”我们今天不也是这样做的吗？

千言万语难以表达心中所想。两千多年前孔子就有了结论：文字不能完全表达语言，语言不能完全表达心中所想。下笔书写之前，心中有太多的想法，可是不知如何表达，一直纠结于从哪里开始到哪里结束，哪个系统应该放在前面，哪些系统应该详细介绍，哪些系统可以略微介绍甚至舍去？越想越觉得不易，越想越觉得艰难，迟迟难以决断。纠结总要解除，系统需要一个个地介绍，落笔是一个飞跃，可以畅快淋漓地尽情表达。书写途中，可以一直向前，从心所欲，不受限制；一个系统开始后，功能介绍、硬件设计、软件实现……，所有的表达都是理所当然。从一个系统到另一个系统的转变还是会有所纠结，但是不会影响总体的进度。渐渐地发现要适当收缩，适当简化，否则字数就会超出太多。

最终还是结束了。这是一个艰难的决定，纠结于还没有完全表达出自己的想法，还有很多可以书写的内容和想法；看看页码，又觉得可以停止了，字数好像超出了预期，还是停止吧。“物有本末，事有终始”，这一次的终点，何尝不是下一次的起点呢？

心中有千言万语需要表达，下笔后却发现可能一句话足矣，甚至可以不下笔不用书写，这是理所当然的事情为何要写出来呢？原来还是夫子那句话：“书不尽言，言不尽意！”